中小型水电站电气二次系统
技术问答

胡 楠 周海霞 李建国 郭云涛 编

中国电力出版社
CHINA ELECTRIC POWER PRESS

内 容 提 要

本书以问答的形式介绍了中小型水电站电气二次系统技术。本书共分 11 章，包括变电站综合自动化基础，互感器二次接线和测量，二次接线和直流电源初步，继电保护基础、微机保护及自动装置，常用的线路保护，常用的母线保护、电机保护和电容器保护，常用的变压器保护，计算机监控和水电厂自动化基础，计算机监控系统（SCADA）和可编程控制器（PLC），网络通信基础，火灾自动报警系统。

本书侧重于实用性，融入了电气自动化新产品、新技术、新规范。本书可供从事电气二次设计、施工和安装等工作的专业技术人员参考使用。

图书在版编目(CIP)数据

中小型水电站电气二次系统技术问答/胡楠等编 .—北京：中国电力出版社，2018.12
ISBN 978 - 7 - 5198 - 2719 - 9

Ⅰ.①中…　Ⅱ.①胡…　Ⅲ.①水力发电站－电气设备－二次系统－问题解答

Ⅳ.①TV734 - 44

中国版本图书馆 CIP 数据核字(2018)第 284607 号

出版发行：中国电力出版社
地　　址：北京市东城区北京站西街 19 号（邮政编码 100005）
网　　址：http://www.cepp.sgcc.com.cn
责任编辑：娄雪芳（010-63412375）
责任校对：黄　蓓　郝军燕
装帧设计：张俊霞
责任印制：钱兴根

印　　刷：三河市万龙印装有限公司
版　　次：2018 年 12 月第一版
印　　次：2018 年 12 月北京第一次印刷
开　　本：787 毫米×1092 毫米　16 开本
印　　张：20.25
字　　数：254 千字
定　　价：68.00 元

前 言

1984 年出版的《水电站机电设计手册 电气二次》自发行以来，曾长期作为水利水电工程的电气二次设计人员的必备工具书。随着水利水电建设的蓬勃发展，电气二次设计人员也在逐步发展进步，电气自动化新产品、新技术不断涌现，但该手册中很多内容现已陈旧过时，特别是其所引用的电气二次标准或规范，与现今我国和国际自动化标准或规范都有较大的差距。为了弥补缺陷、提高电气二次设计水平，我们编写了一些内部资料以培训电气二次设计人员。对这些内部培训资料进行了重新整编，形成了本书。编写本书的目的就是总结多年来在国内外电气二次设计工作中经常遇到的问题，融入自动化新产品、新技术、新规范，并尝试与国际标准接轨，对相关的新规程进行解读，希望能作为电气二次设计人员设计和培训指南，对从事电气设计、施工和安装等工作的专业人员有一定的借鉴作用。

作者从事水利水电工程电气二次专业设计多年，在大量的国内外电气二次设计和工程实践的基础上，从设计、施工相关的角度，将学习体会和工作经验以问答的方式总结编写在本书中，其大部分内容曾在电气二次设计人员培训中应用过。

本书介绍了变电站综合自动化基础，互感器二次接线和测量，二次接线和直流电源初步，继电保护基础、微机保护及自动装置，常用的线路保护，常用的母线保护、电机保护和电容器保护，常用的变压器保护，计算机监控和水电厂自动化基础，计算机监控系统（SCADA）和可编程控制器（PLC），网络通信基础，火灾自动报警系统。

本书的编写得到中水北方勘测设计研究有限责任公司同仁们的支持和帮助，在此表示衷心的感谢！

限于经验和水平，书中难免存在不妥之处，敬请读者批评指正。

编者

2018 年 12 月

目 录

第一章　变电站综合自动化基础

1 - 1　什么是智能电网？其有什么优点？目前面临着哪些挑战？

答：智能电网是将先进的传感量测技术、信息通信技术、分析决策技术和自动控制技术与能源电力技术（主要是通信、信息和现代管理技术）以及电网基础设施高度集成而形成的新型现代化电网。

与现有电网相比，智能电网体现出电力流、信息流和业务流高度融合的显著特点。智能电网主要优点如下：

（1）提高供电可靠性和电能质量，可获得电网全景信息，及时发现、预见可能发生的故障。

（2）提高能源使用效率，降低电能耗损。

（3）支撑节能减排政策。

（4）为运行管理展示全面、完整和精细的运营状态图，并能提供支持、实施方案和应对预案，具有巨大的经济效益。

智能电网面临的技术挑战如下：

（1）智能设备。是指基于计算机或微处理器的所有设备，包括控制器、远程终端单元（RTU）、智能电子设备（IED）和电力设备。

（2）通信系统。主要指通信媒体和开发中通信协议，以保证智能电网的互操作性和安全性。

（3）数据管理。是最耗时间、最艰巨的任务之一。

（4）网络安全。是指确保信息保密性、完整性和可用性。

（5）信息/数据的私密性管理是重大关键的问题。

（6）软件应用程序是智能电网每个功能的核心和节点。

智能电网面临的管理挑战如下：

（1）广泛的利益相关者。

（2）智能电网在人力、财力和环境要求等各方面的复杂性。

（3）智能电网的漫长过渡过程。

（4）确保系统的网络安全。

（5）对标准达成共识。

（6）标准的制定和支持。

1-2　坚强智能电网的主要特征和内涵包括哪些方面？

答：智能电网主要特征有坚强（以信息化、自动化、互动化为三个基本技术特征）、自愈、兼容、经济以及集成、优化，是实现双向的电力和信息的传送，以建立一个自动化的、广域分布的能源传输网络；它集中了分布式计算和通信的优点，传递实时信息，使电力在每台设备上达到实时的供需平衡。信息化采用数字化的方式来实现信息的采集和传输，自动化提高了电网运行控制和管理水平，互动化通过信息的实时沟通及分析使得整个系统良性互动与高效协调。

（1）坚强。在电网发生大扰动和故障时，仍能保持对用户供电能力而不发生大面积停电事故；在自然灾害、极端气候条件下或外力破坏下仍能布置电网安全运行；具有确保电力信息安全的能力。

（2）自愈。具有实时、在线和连续的安全评估和分析能力、强大的预警和预防控制能力，以及自动故障诊断、故障隔离和系统自我恢复的能力。

（3）兼容。支持可再生能源的有序、合理接入，适应分布式电源和微电网的接入，能够实现与用户的交互和高效互动，满足用户多样化的电力需求并提供对用户的增值服务。

（4）经济。支持电力市场运营和电力交易的有效开展，实现资源的优化配置，降低电网损耗，提高能源利用效率。

（5）集成。实现电网信息的高度集成和共享，采用统一的平台和模型，实现标准化、规范化和精益化管理。

（6）优化。优化资产的利用，降低投资成本和运行维护成本。

坚强智能电网的内涵包括坚强可靠、经济高效、清洁环保、透明开放和友好互动 5 个方面。包括发电、输电、变电、配电、用电、调度 6 个环节以及支撑各个环节的通信信息平台，是一项高度复杂的系统工程。

（1）坚强可靠是指具有坚强的网架结构、强大的电力输送能力和安全可靠的电力供应。

（2）经济高效是指提高电网运行和输送效率，降低运营成本，促进能源资源和电力资源的高效利用。

（3）清洁环保是指促进可再生能源发展与利用，降低能源消耗和污染物排放，提高清洁电能在终端能源消费中的比重。

（4）透明开放是指电网、电源和用户的信息透明共享以及电网的无歧视开放。

（5）友好互动是指实现电网运行方式的灵活调整；友好兼容各类电源和用户接入与退出，促进发电企业和用户主动参与电网运行调节。

1-3　在智能电网所属的各个技术领域应关注哪些重点设备？　现在开展了哪 10 类重点关键技术的研究？

答：在智能电网所属的各个技术领域应关注如下重点设备：

（1）发电领域。

1）常规能源。主要研制大型能源基地机组群接入电网的协调控制系统（参数实测、常规机组快速调节研究常规电源调峰技术等）及设备，水电、火电、核电机组优化控制系统，机组和设备状态监测与故障诊断系统等。

2）清洁能源。主要研制大规模可再生能源接入电网安全稳定控制系统、可再生能源发电站综合控制及可靠性评估系统（建模、系统仿真、并网运行控制等）、可再生能源功率预测系统、风光互补发电及接入系统等。

3）储能应用。研制大规模储能设备。

（2）输电领域。

1) 开发出标准统一、先进适用的输电线路状态监测装置（包括线路智能化巡视和运行维护管理集约化等）和系统。

2) 开发控制策略更先进、电压等级更高、控制容量更大的柔性交流输电装置。

3) 完成具备自主知识产权的柔性直流输电关键设备研制和试验。

（3）变电领域。研制智能变电站过程层、间隔层、站控层设备以及建设运行技术支持等方面的关键设备。例如变压器和高压设备的状态监测功能单元和变电站在线监测一体化和自诊断，包括装置的检测检定、技术保障体系、运行环境监测、运行维护管理集约化等。

（4）配电领域。

1) 研制先进的配电开关设备、节能配电变压器、控制保护一体化终端等关键设备（例如智能配电终端、智能化柱上断路器、状态监测与优化检修技术等）。

2) 完善和提升配电自动化系统并解决"信息孤岛"问题。例如研究配电网自愈、扩大事故紧急处理应用功能、系统互联以及经济优化运行、状态估计、负荷预测等高级应用。

3) 研制分布式电源与微网标准化换流装置、电能质量监测和治理装置、保护计量及监测装置、大容量高可靠性快速切换固态开关。

（5）用电领域。

1) 研制智能双向电能表、用电信息采集主站软件、（电动汽车）智能充放电设备，实现电力用户用电信息采集系统、营销管理系统等相关信息集成。

2) 研制智能小区/楼宇（包括用电信息采集、双向互动服务、小区配电自动化、用户侧分布式电源和储能、电动汽车充防电设施、智能家居等）、智能大用户服务、智能营业厅相关设备。

（6）调度领域。重点研究应用可视化技术、在线并行计算等技术、同步相量测量技术、网厂协调技术、安全防护技术和新一代通信技术，开发建设具有自主知识产权的智能电网调度技术支持系统。

（7）通信信息领域。以光纤化、网络化、智能化为特征的大容量、高速体系网络建设，研制骨干传输网、配电和用电通信网、通信支撑网、信息化基础设施（信息集成平台）、信息安全防护与运行维护、信息系统和高级应用等方面的关键设备。

现开展了如下 10 类重点专题关键技术的研究：

（1）风力发电和光伏发电并网。

（2）特高压交直流及相关设备研制。

（3）智能变电站及相关设备研制。

（4）超导储能系统。

（5）微电网技术框架和接入与分布式储能装置。

（6）双向互动营销和示范工程建设。

（7）高级量测技术。

（8）智能电网调度技术支持系统。

（9）智能电网通信信息技术。

（10）智能电网管理模式。

1-4 智能变电站主要涉及哪些技术领域？

答：变电站在电力系统中是电网输电和配电的集结点，作用是变换电压、交换功率和汇集、分配电能，是智能电网"电力流、信息流、业务流"三流汇集的焦点。智能变电站所涉及的技术领域主要包括变电站信息采集、智能传感、实时监测、状态诊断、自适应/自优化保护、广域保护、协调控制和站内智能一次设备等技术，具体研究内容为采用先进传感器、通信、信息、自动控制、人工智能技术，对电网运行数据进行统一断面无损采集，统一建立变电站实时全景模型；研究智能电网海量实时信息应用及信息体系架构技术；智能电网中变电站广域关联、配合、交互技术；智能电网广域信息交互及信息安全防护技术；智能变电站运行维护和试验技术；基于广域同步测量系统（WAMS）的广域保护技术；研究采用电力电子技术的智能设备。

1-5 智能变电站有哪些高级应用功能?

答: 智能变电站有如下高效应用功能:

(1) 设备状态可视化。采集主要一次设备(变压器、断路器等)状态信息可视化的远传。

(2) 智能告警及分析决策。实现对故障告警信息的分类和过滤,对变电站运行状态进行在线实时分析和推理,自动报告变电站异常并提出各种故障处理指导意见。

(3) 各种信息综合分析决策,将变电站故障分析结果以可视化界面综合展示。

(4) 支撑经济运行于优化控制,综合利用变压器自动调压、无功补偿设备自动调节等手段。

(5) 站域控制。实现站内自动控制装置(如备自投、母线分合运行)的协调。

(6) 基本与大用户及各类电源等外部协调交互信息的功能。

1-6 智能变电站自动化系统具有哪些功能?

答: 智能变电站自动化系统具有数据采集和处理、建实时数据库、顺序控制、防误闭锁、报警处理、事件顺序记忆及追忆、画面生成及显示、在线计算及制表、采集到的电能量处理、远动、人机联系、系统自诊断和自恢复、与其他职能设备的接口、各种运行管理、保护及故障信息管理、网络报文记录分析 16 项功能。

1-7 常规变电站智能化改造主要内容包括哪些?

答: 常规变电站智能化改造要实现一次主设备状态监测、信息建模标准化、信息传输网络化、高级功能和辅助系统智能化。

(1) 一次系统改造:对变电站关键一次设备增设状态监测功能单元,状态分析结果通过基于 DL/T 860《变电站通信网络和系统》(即 IEC 61850)与相关系统实现互动。

（2）二次系统改造：现阶段保护采用直采直跳方式，全站实现通信协议标准化，进一步完善站控级功能，根据需求增加智能高级应用。

1-8 数字化变电站智能化改造主要内容包括哪些?

答：数字化变电站智能化改造要实现一次主设备状态监测、高级功能和辅助系统智能化，改造重点是智能高级应用、一次设备和辅助设备的智能化改造。

（1）一次系统改造：在智能单元增加关键一次设备状态监测功能，状态分析结果通过基于 DL/T 860《变电站通信网络和系统（所有部分）》（即 IEC 61850）与相关系统实现互动。

（2）二次系统改造：间隔层优化整合设备功能，简化二次接线及网络；站控级功能、智能高级应用和辅助设备智能化改造同常规站改造。

1-9 什么是配电网的自愈?

答：配电网的自愈有两方面含义：一是系统故障后自动隔离故障并自动恢复供电，二是系统出现不安全状态后通过自动调节（预警及相应操作）使系统恢复到正常状态。实现配电网自愈既需要有高效的智能设备，又相应有强大应用软件支撑的智能配电主站，该主站能从全局角度，通过快速仿真等计算分析手段得到配电网优化运行方案，从而能够快速恢复配电网供电，调整潮流，提高馈线的负荷率，实现配电网优化运行。

1-10 什么是配电自动化和智能型配电自动化?

答：配电自动化：以一次网架和设备为基础，以配电自动化系统为核心，综合利用多种通信方式，实现对配电系统的监测与控制，并通过与相关应用系统的信息集成，实现配电系统的科学管理。配电自动化应以提高供电可靠性、改善供电质量、提升电网营运效率和满足客户需求为目的。我国配电自动化的第一阶段是引进国外自动化开关设备，第二阶段实现配电层次的 SCADA（数据采集与监视监控系统）功能，第三阶段是借助现代计算机、网络和通信技术实现各子系统之间资源共享，达到配电系统分层分布式控制和保护。

智能型配电自动化是在集成型系统的基础上，通过扩展配电网分布式电源的接入及管理功能，在快速仿真和预警分析的基础上进行配电网自愈控制，通过配电网优化和提高供电能力实现配电网的经济优化运行，以及与其他智能应用系统的互联，实现智能化应用。自动化和数字化是智能化的基础。

1-11　什么是配电自动化系统？　配电自动化系统与其他应用系统进行信息交互的内容有哪些?

答：配电自动化系统是一个统一的整体，包括馈线自动化、配变自动化、配电管理、需求侧管理，而配电自动化系统故障检测和处理是配电自动化系统的核心内容。配电自动化系统是实现配电网运行监视与控制的自动化系统，是指利用现代电子技术、通信技术、计算机及网络技术与电力设备相结合，将配电网在正常及事故情况下的监视、保护、控制、计量和供电部门的工作管理有机地融合在一起，具备配电 SCADA、馈线自动化、电网分析应用及与相关应用系统互联等功能，主要由配电主站、配电终端、子站（可选）和通信通道等部分组成。其中配电主站构建在标准、通用的软硬件基础平台上，具备可靠性、可用性、扩展性和安全性，是数据处理/存储、人机联系和实现各种应用功能的核心，主要实现配电网数据采集与监控等基本功能和电网拓扑分析应用等扩展功能，并与其他应用信息系统进行信息交互功能，为配电网调度指挥和审查管理提供技术支撑；配电智能终端是安装在一次设备运行现场的自动化装置，根据具体应用对象选择不同的类型；配电子站是主站与终端的中间设备，一般用于通信汇集，也可根据需要实现区域监控功能；通信通道（网络）是配电主站、配电终端和配电子站之间实现信息传输的通信网络。

配电自动化系统需要与上一级调度自动化系统、电网 GIS 平台、生产管理系统 PMS、营销管理信息系统、95598 系统等其他应用系统进行信息交互。交互内容有：

（1）与上一级调度自动化系统交互电气单线图、网络拓扑和设备信息、停电信息以及配电网实时数据、历史数据、电源信息。

（2）与电网 GIS 平台交互地理图、拓扑数据以及配电网实时数据、历史数据。

（3）与生产管理系统 PMS 交互配电网实时数据、历史数据。

（4）与营销管理信息系统交互营销数据、用户信息、用户故障信息等以及配电网实时数据、历史数据、电源信息。

（5）与 95598 系统交互用户故障信息和特殊情况信息。

1-12 什么是馈线自动化？

答：馈线自动化是利用自动化装置或系统，监视配电线路的运行状况，及时发现线路故障，迅速诊断故障区间并将故障区间隔离，快速恢复对非故障区间供电。其实施原则应具备必要的配电一次网架、设备和通信等基础条件，并与变电站/开关站出线等变化相配合。

1-13 用电信息采集系统在物理架构上分成哪些层次？

答：电力用电信息采集系统是对电力用户的用电信息进行采集、处理和实时监控的系统，实现用电信息的自动采集、计量异常监测、用电分析和管理、相关信息发布、分布式能源监控、智能用电设备的信息交互等功能。用电信息采集系统在物理架构上可分成为主站、通信通道、现场终端 3 个层次。主站层次主要由营销系统服务器（包括数据库服务器、磁盘阵列、应用服务器）、前置采集服务器（包括前置服务器、工作站、GPS 时钟、安全防护设备）以及相关的网络设备组成。

1-14 智能用电信息采集技术包括哪些？

答：智能用电信息采集技术包括数据加密、安全认证、信息安全传输、信息交互等数据采集技术；先进传感、谐波计量、安全防护、低功耗等智能电能表技术；采集终端、智能电能表等设备及系统研发。

1-15 常规变电站传统二次系统有哪些不足和主要问题？

答：常规变电站二次系统的特点是变电站采用单元间隔的布置形式，主要包括四个部分：继电保护、故障录波、当地监控以及远动部分，装置之间相对独立、缺乏整体的协调和功能优化，输入信息不能共享、接线比较复杂、系统扩展复杂，存在着五方面的不足：

（1）安全性、可靠性不高：结构复杂，自身没有诊断能力，主要靠检修和拒动或误动来发现问题。

（2）保护控制屏柜占地面积大（增加了征地投资），二次设备体积大、笨重。

（3）电能质量可控性不高，不能对谐波进线进行有效考虑和监视。

（4）实时计算速度慢、控制性不高，不能向调度中心及时提供运行参数，遥测、遥信信息无法实时送往调度中心。

（5）维护工作量大，常规装置易受环境温度影响，继电保护的整定值必须停电检查。

主要有以下具体问题：

（1）信息不共享。大致分为系统运行信息、设备运行状态信息、设备异常信息、事故信息。由于信息采集来自不同的互感器，作为变电站二次系统应用主要环节的测控、保护、故障录波器等信息的应用、处理分属于不同的专业管理部门，继电保护、故障录波、当地监控以及远动部分的硬件设备基本上按各自功能配置，独立运行。

（2）二次系统的硬件设备型号多、类别杂，很难达到标准化，功能灵活性差。

（3）大量电线电缆及端子排的使用，既增加了投资，又得花费大量人力从事众多装置间联系的设计、配线、安装、调试、修改或补充。资料表明，每一高压/中压变电站间隔有20～40条出线。

（4）常规二次系统是一个被动系统，继电保护、自动装置、远动装置等大多采用电磁型或小规模集成电路，动作速度慢，一般不超过0.02s；缺乏自检和自诊断能力，不能正常地指示其自身内部故障，因而必须定期对设备功能加以测试和校验，这不仅加重了维护工作量，更重要的是不能及时了解系统的改造状态甚至影响对一次系统的监视和控制，且灵敏度差，容易发生误动和拒动的现象。

（5）远动功能不够完善，提供给调度中心的信息量少、精度差，且变电站内自动控制和调节手段不全，缺乏协调和配合力量，难以满足电站实时监测和控制的要求。

（6）常规监控系统中主要由人来处理信息，能力有限，人是整个监控系统的核心，信息处理的正确性和可靠性不高。

（7）绝大多数使用的是模拟式的指示性表计，由于指针位置和被测量之间以及人的观察位置存在误差，使信息处理的准确性不高。

（8）信号装置大多数是通过音响和灯光来表示事件发生的，具体信息往往要靠人的经验去判断，不利于事故正确处理，也不能对继电保护和自动装置动作情况进行全面考核。

（9）采用的表计、光字信号牌、位置指示灯再运行中不仅功耗较大，而且体积较大，使得控制室面积也大。

（10）维护工作量大，常规装置多为电磁型或晶体管型，易受温度影响，其定值必须定期停电检验，不仅工作量大，而且无法实现远方或及时迅速修改。

1-16 什么是智能电子装置?

答：智能电子装置是一种带有处理器，具有以下全部或部分功能的装置：

（1）采集或处理数据。

（2）接收或发送数据。

（3）接收或发送控制指令。

（4）执行控制指令。

例如具有智能特征的变压器、有载分接开关的控制器，具有自诊断功能的现场局部放电监视仪等。

1-17 什么是智能开关?

答：理想的智能开关由高压设备、传感器或控制器、智能组件3个部分构成（智能组件组合在高压设备内，而传感器、控制器可以内置或外置于高压设备本体）。智能开关将传感器、微处理器、操作箱、通信接口等全部或部分集成于一次设备本体，集智能诊断和控制技术于一身，对外数据通过光纤连接实现。理想的智能开关是在断路器内嵌电压、电流变换器及其光电测量系统，由计算机控制的二次系统、智能设备和相应的智能软件完成集成开关通信智能性的开关设备。

1-18 智能开关有什么优点？

答：智能开关的优点如下：

（1）机构内自动闭锁的"五防设计"，保证设备和人身安全。

（2）按电压波形控制合闸角，按最佳灭弧时间控制跳闸，以减少操作过电压，实现重合闸。

（3）实现设备在线监测和诊断，为状态检修提供参考。

（4）实现就地重合闸以及其他当地可以执行的功能而不依赖站控层控制系统。

1-19 什么是智能组件？

答：智能组件安装于宿主设备旁，由若干智能电子设备组成，承担与宿主设备相关的测量、控制和监测等基本功能。智能组件的通信包括过程层网络通信和站控层网络通信，均遵循 IEC 61850 标准。智能终端是一种智能组件，与一次设备处于电缆连接，与保护、测控等二次设备处于光纤连接，实现对一次设备的测量、控制等功能。

1-20 什么是智能变压器？

答：智能变压器包括变压器本体、内置或外置于变压器本体的传感器和控制器、实现对变压器进行测量、控制、计量、监测和保护的智能组件。

1-21 电力设备智能化的两个重要方向是什么？

答：电力设备智能化的两个重要方向是：

（1）传统电力设备智能化水平的提高。将电力设备的在线监测、状态评估、通信技术等融合为接口统一、便于运行和维护的标准化智能模块（智能组件），并编制相关智能软件包、技术标准和运行维护规范规程，从而使传统电力设备智能化水平得到提高。

（2）新型智能化电力设备的研发。利用电力电子等先进技术提升设备功能，实现比传统电力设备控制更灵活、自动化程度更高、使用更方便的新型电力设备。

1 - 22　什么是数字化变电站和智能变电站？

答：数字化变电站简单定义为以变电站一、二次设备为数字化对象，以高速网络通信平台为基础，通过对变电站内数字化信息进行标准化，实现信息共享和互操作性，并以网络数据为基础，实现测量监视、控制保护、信息管理等自动化功能的现代化变电站。数字化是变电站自动化的基础。

智能变电站是指采用先进、可靠、集成、低碳、环保的智能设备，以全站信息标准化、通信平台一体化、决策智能化为特征，自动完成信息采集、测量、控制、保护、计量和监测等基本功能，并支持电网实时自动控制、智能调节、在线分析决策、网源协同控制互助、在线状态监测、信息平台一体化、安全防护联动等高级功能（实现全厂信息数字化、信息共享标准化、通信平台网络化、高级应用互动化）的变电站，提高整体效率，实现整体效益最大化。

1 - 23　智能变电站的特征有哪些？

答：智能变电站的特征：一次设备智能化（电子式互感器、智能组件等）、二次设备网络化（分布式系统控制）、信息交互标准化、设备检修状态化（多方面状态监测，主要一次设备安装在线监测设备，状态监测量从油色谱扩展到局部放电、SF_6 气体密度、微水、漏电电流等）、管理维护自动化（无人值班及区域监控中心管理模式）。

1 - 24　数字化变电站的特征和主要特点有哪些？

答：数字化变电站的特征：符合 IEC 61850 的变电站通信网络和系统、智能化的一次设备、网络化的二次设备、信息化的运行管理系统。其主要特点有：

（1）一次设备智能化，采用数字输出的电子式互感器、智能开关（或配智能终端的传统开关）等。智能化一次设备（智能高压设备）是一次设备和智能组件的有机结合体，其技术特征包括测量数字化、控制网络化、状态可视化、功能一体化、信息互动化（其中前3项是基本要求）。测量数字化的设备参量包括变压器油温、有载分接开关的分接位置、开关分合闸位置等；控制网络化包括变压器冷却器、有载分接开关、开关分合闸操作等，其优先顺序是站控层、智能组件、就地控制器；状态可视化包括状态信息和自诊信息；功能一体化包括3个方面：传感器和执行器与高压设备一体化，互感器与变压器、断路器等高压设备一体化，将测量、控制计量、监测、保护一体化；信息互动化包括（状态信息和自诊信息）与调度系统交互、与设备运行管理系统互动两个方面。

在目前一体化智能一次设备尚未成熟的现状下，采用智能终端较为现实的实现手段，智能终端采用光纤通信，与间隔层设备间主要用GOOSE（IEC 61850中用于满足变电站自动化系统快速报文需求的机制）协议传递上下行信息，采用二次电缆与断路器、隔离开关、变压器连接，采集和控制各种所需的信号。

（2）二次设备网络化和数字化，用通信网络交换信息，取消或减少了控制电缆。网络具有实时性、可靠性、经济性、可扩展性。

（3）运行管理系统自动化，一、二次和通信设备都具备完善的自检功能，实现状态检修。设备具有互操作性，均按统一的标准建立信息模型和通信接口；设备间可实现无缝连接。提高测量精度和信号传输的可靠性，在传输有效信息同时传输信息校验码和通道自检信息，即杜绝误传信号，又可技术告警。提高系统设备工作效率，采样数据实现共享，减少控制电缆数量，减少重复建设和运行维护成本以及投资，减少占地面积，可减少设备退出的次数和时间，提高设备使用效率。提高信号传输的可靠性，用计算机通信技术实现通信系统再传输有效信息，同时传输信息校验码和通道自检信息既杜绝误传信号，又可在通信通信故障时技术告警。一、二次设备之间使用绝缘的光纤连接，数字信号采用光纤传输，从根本上解决干扰问题。

1-25 数字化变电站和智能变电站有哪些技术优势?

答: 数字化变电站和智能变电站的技术优势如下:

(1) 应用电子互感器提升测量精度,解决传统互感器固有问题和缺点。绝缘复杂、质量大、体积大、电流互感器动态范围小以及二次输出不能开路、易饱和、电磁式电压互感器易产生铁磁谐振、绝缘介质泄漏、绝缘油爆炸、无电磁兼容等问题,测量精度高,可靠性高。合并单元是连接电子式互感器与智能二次设备之间的设备(采用不同方式采集、合并来自电子式互感器传感模块的信息,同步、合并后以标准的物理接口及数据格式向二次设备发送数据)。

(2) 进一步提高自动化和管理水平,应用智能开关设备实现开关设备遥控和操作智能化,简化了结构;可实现更多、更复杂的电站功能,一次设备、二次设备和通信网络都可具备完善的自检功能,实现在线监测和状态检修。

(3) 应用通信网络取代复杂的控制电缆,二次接线大幅度简化,避免电缆带来的电磁兼容、传输过电压和两点接地等问题。

(4) 变电站各种功能共享统一的信息平台,避免设备重复。所有信息采用统一的信息模型,按统一的通信标准接入变电站网络;保护、测控、计量、监控、远动、VQC 等系统均用同一个通信网络接收电流、电压和状态等信息以及发出控制命令。

(5) 便于变电站新增功能和扩建规模,只需在通信网络上接入新增设备,扩展软件模块,无须改造或更换原有设备,节约用户投资,节约变电站全周期成本。

(6) 解决设备间的互操作问题,所有智能设备均按统一标准建立信息、模型和通信接口,设备间可实现无缝连接。IEC 61850 信息自解释机制,在不同厂家设备使用各自扩展信息时能解决设备间互操作问题,设备间可实现无缝连接。

(7) 提高信号传输的可靠性。通过计算机通信技术实现,在传输有效信息的同时传输信息校验码和通道自检信息，既可杜绝误传信号，又能在通信系统故障时进行技术告警。

1-26　智能变电站涉及的技术领域主要有哪些？　其优势有哪些？

答：智能变电站涉及的技术领域主要有变电站信息采集、智能传感、实时监测、状态诊断、自适应/自优化保护、广域保护、协调控制和站内智能一次设备等技术。

智能变电站的优势：

（1）在规划设计建设领域。

1）节约资源。减少占地面积、节省电缆材料。

2）环境友好。采用新技术、新结构、新材料，降低污染。

3）体现工业化。模块化、标准化，易于改扩建。

4）设备集成、降低投资。IEC 61850 统一规划、统一信息平台。

（2）在运行检修领域。

1）提高运行效率和水平。高度自动化、信息化，顺序控制、站域控制等应用。

2）提高设备管理水平。在线监测，设备状态可视化，顺序状态检修、校验自动化、远程化。

（3）调度领域。强化对调度的支撑，包括全景数据共享、分析决策控制技术、状态估计、资源维护等高级应用。

（4）电源领域。

1）网厂协调。厂网信息交互及管控。

2）可再生能源接纳。即插即拔技术。

（5）相邻变电站领域。实现分布协同控制 - 区域集控。

1-27　数字化变电站目前主要的技术问题有哪些？

答：数字化变电站目前主要的技术问题有：

（1）数字化电气量测系统（主要是各种类型的互感器）的稳定性。

（2）通信网络的可靠性和实时性（特别是网络异常情况下的实时性）。

（3）智能电子装置的互操作性（一致性等测试）。

（4）信息高度的同步性和安全性。

（5）在过渡层技术与设备的开发研究攻关中许多专业技术的相互渗透是个薄弱环节。

1-28　什么是人工智能？　由哪几部分组成？　人工智能技术在电网中有哪些主要应用？

答：人工智能是一门边缘性综合学科，采用人工神经的方法使机器实现人的部分智能。

人工智能主要包括专家系统、人工神经网络、模糊集理论、遗传算法等（与生物学、认知学、逻辑学以及视觉识别技术、计算机技术、光电子技术等关系密切）。

人工智能技术广泛应用于电力生产的运行、监视、预测、控制、规划等，特别是故障诊断、设备监控、无功优化、决策支持等领域。例如人工神经网络技术用于调度自动化系统的智能告警处理、负荷预测、模式识别等；分散式智能代理可将多个监控系统和电力系统故障诊断系统集合为一个综合的集散系统，简化了问题的处理过程并增加了系统的开放性；通过自组织网络技术以协作方式实时监控、感知和采集各类输电线路环境或监测对象的信息，为输变电设备监控提供坚强的通信保障。此外，还有智能感知技术、虚拟现实技术等。

1-29　智能变电站的分析决策控制主要具有什么能力？

答：智能变电站的分析决策控制主要具有以下能力：

（1）自治能力。能自主实现站域保护功能，并在必要时根据就地信息完成安全稳定控制、电压控制、负荷调节等功能的就地子站功能。

（2）实时建模能力。能实时监测和辨识设备的运行状态，建立变电站网络模型，为分析决策控制提供依据。

（3）协调能力。能服从保护控制中心指令。

（4）操作自动化。在计算机控制下取代操作人员进行程序化倒闸操作。

决策支持技术是借助数据处理与模型分析技术，研究事物变化规律和发展趋势，为决策者提供决策帮助的技术。

1-30　数字化变电站有哪几层结构？　各层主要功能是什么？

答：数字化变电站的结构和主要功能如下：

（1）站控层（station level，又称变电站层）。包括站级监视控制系统、站域控制、通信系统、对时系统等子系统，实现面向全站设备的监视、控制、告警及信息交互功能，完成数据采集和监视控制（SCADA）、操作闭锁以及同步相量采集、电能量采集、保护信息管理等相关功能。其是由后台监控系统（操作员工作站，即监控主机）、工程师站、远动工作站、全球定位系统（global positioning system，GPS）、"五防"防误操作闭锁系统和录波装置以及电压无功控制设备等构成，其主要功能如下：

1）通过两级高速网络汇总全站实时数据信息，不断刷新实时数据库，按时登录历史数据库。

2）按既定的规约将数据送向调度控制中心。

3）接受调度控制中心的控制命令并转向下层（间隔层、过渡层）执行。

4）具有站内当地监控、人机联系功能，如显示、操作、打印、报警甚至图像、声音等多媒体功能。

5）具有在线可编程的全站操作闭锁控制功能。

6）具有对下层设备的在线维护、在线组态、在线修改参数等功能。

7）具有变电站故障自动分析和操作培训等功能。

（2）间隔层（bay level，又称单元层）。由按间隔对象模型描述所配置的测控装置、保护装置、计量装置以及接入其他智能设备的规约转换设备等组成，即继电保护装置、协调测控装置、监测功能组的智能电子设备等二次设备，实现使用一个间隔的数据并且作用于该间隔一次设备的功能，即与各种远方输入/输出、传感器和控制器通信。其中单间隔设备有线路保护、测控装置（嵌入式操作系统）、计量装置，跨间隔设备包括母线保护、故障录波、变压器保护等，完成对过渡层设备的"四遥"（遥测、遥信、遥控、遥调）

任务。其主要功能如下：

1）汇总本间隔过程层实时数据信息。

2）实施本间隔操作闭锁功能。

3）实施对一次设备保护控制功能。

4）实施操作同期控制及其他控制功能。

5）对数据采集、统计运算及控制命令等信息发出优先级别控制的功能。

6）承上启下的通信，同时高速完成与过程层及站控层的网络通信功能。

间隔层有三类单元：①保护测控综合装置，一般存在于中低压系统中；②仅有测控功能的间隔层装置，对于高压及超高压系统，除有"四遥"等辅助功能之外，还有同期和防误联锁功能；③公用间隔层装置，除了含有状态输入、控制输出、直接耦合式交流采样之外，还要配置一定数量的直流采样，配合变送器完成对直流量和温度等采集和处理。

（3）过程层（process level，又称设备层）。主要包括电子式互感器、智能开关、变压器等一次设备及其所属的智能组件以及独立的智能电子设备，是一次设备与二次设备的结合面，或者是指智能设备的智能化部分，其主要功能如下：

1）运行电气设备实时的电气量检测，主要是电流、电压、相位以及谐波分量的检测，其他电气量如有功、无功、电能量可通过间隔层设备计算得出。

2）运行设备状态参数检测，包括变压器、隔离开关、母线、电容器、电抗器以及直流电源系统的温度、压力、密度、绝缘、机械特性以及工作状态等数据。

3）操作控制执行与驱动（被动的，按上层控制指令而动作），包括变压器分接头调节控制，电容器、电抗器投切，断路器、隔离开关合分控制，直流电源充放电控制等，在执行控制命令时具有智能性，判别命令的合理性，对动作精度控制，实现断路器定相合闸、选相分闸以及同步操作（断路器在零电压关合、零电流分断）等；并具有自我检测和描述功能，支持 IEC

61850，采用光纤传输介质；合并单元和 GOOSE 网是过渡层主要技术。合并单元是过程层的关键设备，是对来自二次转换器的电流和/或电压数据进行时间相关组合的物理单元，其输入由数字信号组成，包括采集器输出的采样值、电源状态信息及变电站同步信号等，通过高速光纤接口接入合并单元；在合并单元内对输入信号进行处理，同时合并单元通过光纤向间隔层 IED（智能电子设备）输出采样合并数据（由一次设备及其所属的智能组件和独立的智能电子装置组成了智能变电过程层）。

1-31　变电站自动化的范畴是什么？

答：变电站自动化的范畴是基于自动化控制技术、信息处理和传输技术、计算机技术的应用，包括综合自动化、远动技术、继电保护技术及变电站其他智能技术，以计算机技术为核心，集保护、测量、控制、信号自动化于一身的综合性计算机控制系统。是将变电站二次设备（包括控制、信号、测量、继电保护、自动装置、远动装置等）经过功能的组合和优化设计，综合应用了自动化技术、先进的计算机技术、现代电子技术、通信技术和信号处理技术，来代替人工作业的自动化系统，实现对全变电站的一次设备和输配电线路的自动监视、测量、控制和保护，以及与调度中心进行信息交换等功能。

1-32　变电站的综合自动化系统指什么？

答：变电站的综合自动化系统是个技术密集、多种专业技术相互交叉、信号配合的系统，是基于微电子技术的智能电子装置（intelligent electronic device，IED）和后台控制系统所组成的变电站运行控制系统。集保护、测量、监视、控制、远传等功能为一体，通过数字通信及网络技术来实现信息共享的一套微机化的二次设备及系统。

1-33　变电站综合自动化与一般自动化区别是什么？

答：变电站综合自动化与一般自动化区别的关键在于自动化系统是否作为一个整体执行保护、检测和控制功能。综合的含义，横向是利用计算机手段将不同厂家的设备连在一起，替代或升级老设备；纵向是在变电站层这一级，提供信息、优化、综合处理分析信息和增加新的功能，增加变电站内部、各控制中心间的协调能力。如借用人工智能技术在控制中心可实现对变电站控制和保护系统进行在线诊断和事件分析或在变电站当地自动化功能协调之下，完成电网故障后自动恢复。

从结构系统上看，主计算机系统是变电站自动化的核心，数据采集和控制、继电保护、直流电源系统的三大块构成变电站自动化的基础（另外还有自动装置、辅助设施系统、电气计量三个部分），而通信控制管理则是联系变电站内部各部分、变电站计算机系统与调度控制中心的桥梁。因此，变电站综合自动化相对于常规二次系统增添了计算机系统和通信控制管理系统。

1-34　当前变电站的综合自动化主要特点是什么？

答：当前变电站的综合自动化主要特点如下：

（1）以 IEC 关于变电站的结构规范为准，真正以分层分布式结构取代传统的集中式结构。

（2）分成三个层次，即厂站层、间隔层和过程层，在设计理念上以间隔和元件作为设计的依据，设计体系由"面向功能设计"改为"面向间隔（对象）设计"（各种线路、元件的单元都面向间隔层）。在中低压系统采用物理结构和电气特性完全独立，功能上既考虑测控又涉及继电保护这样的测控保护综合单元（远动和继电保护的功能合而为一所构成的测控保护综合单元）对应一次系统中的间隔出线或发电机、变压器、电容器、电抗器等电气元件，而在高压与超高压系统则以独立的测控单元对应系统中的间隔和元件（把保护和测控分开配置成不同的单元，具有物理上独立性，以避免保护受到干扰）。

（3）厂站层主单元的硬件以高档 32 位工业级模件作为核心，配有大容量内存、闪存以及电子固态盘和嵌入式软件。

（4）现场总线的兴起以及光纤通信的应用为功能上和地理上的分布提供了物质基础。

（5）网络尤其是基于 TCP/IP 的以太网在厂站自动化系统中的应用。

（6）IED 的大量运用，诸如继电保护装置、安全自动装置、电源、五防、电子电能表等均可视为 IED 而纳入一个统一的厂站自动化系统之中。

（7）与继电保护、各种 IED、远方调度中心交换数据所使用的规约更加与国际接轨。

1-35 变电站的综合自动化主要作用有哪些？

答：变电站的综合自动化主要作用及功能有功能综合化、结构微机化、操作及监视屏幕化、运行管理智能化；具有数据采集、数据处理与记录、控制与操作闭锁、微机保护、与远方操作控制中心通信、人机联系、自诊断、数据库等功能。

（1）功能综合化。

1）横向综合：利用计算机手段将不同厂家的设备连在一起，替代或升级老设备的功能。

2）纵向综合：在变电站层这一级提供信息、优化、综合处理分析信息和增加新的功能，增强变电站内部、各控制中心间的协调能力。如借助人工智能技术可实现在线诊断和事故分析，或在变电站当地自动化功能协助下完成电网故障后自动恢复。功能综合化能减少硬件和信息管理综合化，达到整个系统性能最优化。

（2）测量显示数字化。不仅减轻值班员劳动，而且提高测量精度和管理的科学性，迅速收集比较齐全的数据和信息进行监控。

（3）结构微机化。分级分布分层化、分散化（就地分散安装），各子系统的构成模块化、装置数字化。

（4）操作及监视屏幕化。可监视全变电站实时运行情况和对设备操作控制。

（5）运行管理智能化。采用计算机软件管理，人机联系人性化，实现系统本身的故障自诊断、自闭锁和自恢复功能。

（6）通信局域网络化、光缆化。具有较高的抗电磁干扰能力，能实现高速数据传送，满足实时性要求，易于扩展，可靠性高，大大简化电缆，方便施工。

为变电站的小型化、智能化、扩大监控范围及其安全可靠、优质经济运行提供现代化手段和技术保证；为变电站无人值班及"四遥"提供了强有力的现场数据采集及监控支持，也是实现电网调度自动化的基础自动化和前提之一。

1-36 变电站综合自动化的优点有哪些？

答： 变电站综合自动化的优点主要有安全可靠性高、供电质量好、运行管理水平高、占地面积小、维护工作量少、简化了二次部分硬件配置、有利于提高无人值班管理水平，具体如下：

(1) 变电站运行管理自动化水平高，监视、测量、记录、抄表等都由计算机完成，减少了人为主观干预，减轻了劳动强度（减轻和替代了值班员的大量劳动），提高了测量精度，避免了误操作（人工抄表、手动操作数据误差大、离散性高、可信度低），各种操作记录都有事件记录；同时具有与上级调度通信功能，可随时将检测到的数据及时送往调度中心，使调度员及时掌握各变电站运行情况，还能对它进行必要的控制和调节。

(2) 维护调试方便，各子系统有故障判断能力，通过系统内部的设备监视和自诊断，能自检出故障部位，缩短了维修时间；同时能在线读出和检查微机保护和自动装置的定值，节约定期核对定值时间，延长了设备检修周期。

(3) 在线运行可靠性高，实现在线自检（包括对 CPU、A/D 转换器、RAM、EPROM、模拟量输入通道等的检测，以及输出通道的自检、重要数据的校核、程序出轨的自恢复），具有故障诊断功能，专业综合易于发现隐患，处理施工恢复供电快，提高了运行可靠性。

(4) 专业综合，易于发现隐患，处理事故恢复供电快，减少了人的干预，因而人为事故大大减少，避免了误操作，设备可靠性增加，延长了供电时间，减少了供电故障。

(5) 电能质量好、可控性高，有电压、无功自动控制功能，供电质量高，具有有载调压变压器和无功补偿电容器可大大提高电压合格率，保证设备安全，使无功潮流合理调节分配，降低网损。

（6）经济效益显著提高，减少占地面积，这是由于实现了资源信息的共享，简化了二次接线，整体布局紧凑，减少控制电缆；同时又采用大规模集成电路，结构紧凑、体积小、功能强，因此降低了二次建设投资，降低了变电站建设和运行维护成本。

（7）变电站综合自动化以计算机技术为核心，提供了很大发展和扩充余地。

1-37 为什么变电站的综合自动化具有较高的可靠性?

答：变电站的综合自动化具有较高的可靠性的主要原因是可利用软件很强的综合分析和判断能力实时地对硬件电路各个环节实现在线自检，微机保护和自动装置具备故障自诊断功能；利用软件和硬件相结合技术可有效地防止干扰进入计算机系统后可能造成的严重后果，从而使变电站的一、二次设备运行可靠性大大提高。

1-38 简述计算机、 智能模块部件、 通道等部分的常用自检方法。（不包括电源、 网络总线等部分）

答：计算机、智能模块部件、通道等部分的常用自检方法（不包括电源、网络总线等部分）如下：

（1）CPU 的检测。用定时电路来检测，CPU 一旦故障无法使定时器清零，定时器达到定时后发出报警信号。

（2）A/D 转换器的检测。发现若干次电流或电压不满足量化误差要求可初步判断 A/D 转换存在故障：若电压和电流均不满足即可认定 A/D 转换器存在故障，若仅有电压或电流不满足则故障出现在隔离变压器、前置模拟低通滤波器、采样保持器或多路转换器。

（3）RAM 的检测常采用模式校验法。其中破坏性测试只能用于刚上电时的静态自检，耗时长，但改变了整个 RAM 的内容；而非破坏性测试可用于某个 RAM 的动态自检，保留原来所存的数据，待测试完后恢复其原来数据，可对 RAM 的每一地址循环检测，对于检测故障单元和数据线的粘接均有较好结果，但对每一个 RAM 单元测试不能被其他功能程序所打断，否则容易出错，且要检查完全部 RAM 所需周期比较长。

（4）EPROM 的检测。可以用求检验和的方法测试，简单易行，耗时少，但是当两个单元的同一位出错时不能够被发现。

（5）模拟量输入通道的检测。可利用所采集的三相电路中电流与电压之间的相关性和相应的限值校验，也可在设计数据模块时专门设置一个采样通道的采样值监视来检测多路开关、A/D 转换器等是否正常。

（6）输出通道的检测包括计算机输出借口电路、光电隔离电路、继电器出口电路等，自检尤其要谨慎，否则容易造成误操作。

（7）重要数据的校核。例如微机保护子系统的直接实现动作的数据、状态标志等对执行程序有非常关键的作用，这些结果存放在 RAM 中，为防止在强电磁干扰下出错，应将同一结果的正码以及反码分别存放在内存的两个不同区域，每次使用前先校对，这种检测方法既简单又很好的效果；遥控的码制应采用比较可靠的 BCH 保护码，编码效率高，实现电路简单，还可自纠错，采用异步工作方式能提高单元码元在通道中抗干扰能力。

（8）程序出轨的自恢复，由于发生软件故障时 CPU 已不能再按预定的程序工作，必须设置有专门硬件电路来检测，例如看门狗电路来实现此功能。

1-39　综合自动化变电站控制与常规变电站控制模式有什么差别？

答：综合自动化系统可划分为生产过程层（一次设备）、间隔层（二次智能设备控制层）、通信管理层（由现场总线、网关、前置机组成）、信息管理层，解决了在变电站的综合自动化实施中的两大瓶颈难题（不同协议的 IED 智能电子设备并行和开放式的变电站综合信息管理），优点是分层功能模块化、通用化，结构鲜明清晰、分工明确、网络信息交换合理，全开放式的总线网络各节点的自治性和独立性强，整个系统的可靠性高、可维护性和开放性好。（与之相类似的配电自动化系统主要由配电主站、配电子站、配电终端和通信通道组成。）

与常规变电站二次系统相比，数据采集更精确、传递更方便、处理更灵活、运行维护更可靠、扩展更容易：①在体系结构上增添了计算机系统和通信控制管理两个部分。②在具体装置和功能上实现了计算机代替和简化了二次设备、数字化的处理和逻辑运算代替了模拟运算和继电器逻辑运算；用不同的模块化软件实现机电式二次设备的各种功能。③在信号传递上，数字化信号传递代替了电压、电流模拟信号传递；用计算机局部联络通信替代大量信号电缆的连接，通过人机接口设备实时综合自动化管理、监控、测量、控制及打印记录等所有功能。

变电站的综合自动化结构的发展进程由集中配屏、单一功能逐渐过渡到多功能一体化、由一二次设备分离向相互融合方向发展。

继电保护及监控设备直接布置到被控对象附近称为"就地"（全下放布置）"小间"（半下放布置，布置到开关场内）模式。

具体的差别如下：

（1）综合自动化变电站控制可采用远方、站控、就地三级控制，从软硬件分级考虑变电站控制与防误操作，提高了变电站的可控性及可靠性。常规变电站控制只能通过控制屏开关把手来控制，其电气联锁设计复杂，设备提供的触点有限，且各电压等级间联系很不方便，使得闭锁回路设计出现多余闭锁及闭锁不到位情况。

（2）综合自动化变电站核心为系统监控主机，用成熟、可靠的计算机系统实现整个变电站控制与操作、数据采集与处理、运行监视、事件记录等功能，可靠性高且功能齐全。常规变电站中人是整个监控系统核心，人的感官对信息接收不可避免地存在误差，并受个人的文化水平、工作经验、责任心等因素影响，因而会导致错误的判断和处理，处理信息准确性、可靠性不高。运行实践证明值班员的误判断、误处理常有发生。

（3）变电站自动化系统简化了变电站运行操作，可方便地实现各种类型步骤复杂的顺序操作，且操作安全快速。而常规变电站控制操作时间长，往往需要几个小时，且存在误操作隐患。

（4）计算机监控系统控制命令的传输由模拟式变成数字指令，提高了信息传输的准确性和可靠性；采用光缆传输，提高了信息传输回路的抗电磁干扰能力；分散式布置控制电缆大为减少，断路器控制回路电压降减少，有利于断路器准确动作。常规变电站控制一般采用强电一对一的控制方式，信息及控制命令都通过控制电缆传输。

1-40 目前变电站的综合自动化存在哪些问题？

答： 目前变电站的综合自动化存在如下问题：

（1）变电站自动化系统的技术标准、自动化系统模式、管理标准等是当前迫切需要解决的问题，没有统一的设计标准。

（2）设计选型问题以及生产厂家的产品质量和系统性能不达标。

（3）不同产品的数据接口困难，需花费很大精力去沟通协调数据格式、通信规约等问题。

（4）变电站自动化系统的传输规约和传输网络选择问题。

（5）实现自动化系统的开放性、互换性（互操作性）有难度，接口之间、组屏方式、产品系列型号、备品备件不兼容。

（6）系统组织模式（集中式、全分散、分散与集中相结合的三种形式）选择问题（随着变电站规模、复杂性、在电力系统的位置和可靠性要求、各层数据流的不同而变化）。

（7）管理体制与变电站自动化系统关系问题，在专业衔接、管理等内部联系方面已经成为不可分割的整体。

（8）运行维护人员水平不高，变电站自动化系统绝大部分设备的维护依靠厂家。

（9）硬件很快过时，设备不断更新换代。

1-41 变电站的综合自动化发展趋势如何？

答： 变电站的综合自动化发展趋势如下：

（1）从集中控制、功能分散型向全分散网络型发展。

（2）从专用设备到开发标准型的硬软件平台。

（3）从集中控制向综合智能控制发展。

（4）保护控制装置从室内型向户外型演变。

（5）变电站从屏幕数据监视到多媒体监视发展。

（6）实现纵向（开关柜与调度控制中心的数据交换）和横向（站内设备功能的综合与电力系统之间）的综合。

1-42　变电站的综合自动化应用前景如何？

答：变电站的综合自动化应用前景如下：

（1）智能电子装置的发展及广泛应用。

（2）光电传感器、数字互感器的发展及应用带来新的变革。

（3）IEC 61850 的应用。

（4）网络通信技术发展与应用（现场总线和工业以太网）提升了厂站自动化应用水平。

（5）电气设备状态监测（对设备运行状态进行记录、分类和评估，为设备维护和维修提供决策）与故障诊断（对已发生故障进行定位及对故障发生程度进行判断）、故障预报（对可能发生故障的时间、信号和程度进行预测）技术的发展与应用将会成为厂站自动化一个新领域。

（6）视频图像监视技术的发展与应用逐渐成为一个重要部分。

（7）电能质量在线监测技术的发展与应用丰富了厂站自动化技术的内涵。

1-43　变电站的综合自动化应满足哪些要求？

答：变电站综合自动化系统应满足如下要求：

（1）可维护性。检测电网故障，尽快隔离故障部分。

（2）实时性。采集变电站运行实时信息，对变电站运行进行监视、计量和控制。

（3）信息采集和输出技术先进，采集一次设备状态数据，供保护一次设备时参考。

（4）信息处理和控制算法先进。

（5）可靠性。当地后备控制和紧急控制可算。

（6）人机交流方便。

（7）确保通信要求。

1-44　变电站的综合自动化功能设置应满足哪些要求?

答： 变电站的综合自动化功能设置应满足如下要求：

（1）具有较高的可靠性（包括安全性和可信赖性）和抗干扰能力，各子系统特别是微机保护既要与监控系统相对立，又要相互协调，并具备自诊断和自恢复功能，任何部分故障只影响局部、不影响保护子系统正常工作，其内部故障会通知监控主机发出告警指示并迅速将自诊断信息送往调度中心；基本功能的实现不依赖通信网和主计算机系统，微机保护装置通过接口向计算机监控系统或 RTU 提供保护动作信息、继电保护定值等信息。

（2）能全面代替常规的二次设备，能进行系统控制和集中控制。

（3）具有优质的实时数据管理系统，可为电网安全及事故分析、继电保护和自动装置在系统故障时的行为监视、研究和分析提供依据。

（4）以变电站无人或少人值班为目标，必须考虑与上级调度通信能力，向集控站方向发展。简化二次回路，节省电缆，避免和减少二次设备的重复配置。

（5）具有先进可靠的通信网络和合理的通信协议，并利用数字通信的优势，实现数据共享。

（6）系统的标准化程度高，系统开放性、可扩展性和适应性好。

1-45　变电站的综合自动化七个功能组指什么?

答： 变电站的综合自动化七个功能组如下：

（1）监控和操作控制功能（模拟量、开关量、电能量）。运行与故障的数据采集与处理、报警以及安全监视和人机联系。

（2）自动控制功能。如 VQC（电压无功综合控制）、备用电源自动投入、故障隔离、网络重组等。

（3）计量功能。采用脉冲电能表、机电一体化电能表、软件计算方法等。

（4）继电保护功能。微机保护包括变压器保护、母线保护、电容器保护、线路保护等。

（5）保护相关的综合功能。如小电流接地选线低频减载、故障录波（事件顺序记录与追忆）、故障测距、谐波分析和监视等。

（6）接口功能。如计算机防误、GPS 对时、站内空调、火警等其他系统的接口。

（7）远动和通信功能。包括当地监控、调度端通信系统等系统功能，而远动和通信功能与上级主要是传统的"四遥"（遥信、遥控、遥调、遥测）或"五遥"（再多一个遥视），与下级是上各间隔层之间的通信功能。

1-46　计算机监控系统本身所具有的功能指什么？

答：人机联系功能（屏幕显示、制表打印和输入数据）以及系统自诊断和自恢复功能是计算机监控系统本身所具有的功能。

1-47　变电站无人值班与变电站综合自动化有什么关系？

答：两者之间并没有直接关系，只是不同范畴的问题，前者是管理模式的选择，后者是指技术水平问题。即使是常规变电站，只要有 RTU（远方数据终端）远动设备便可以实现无人值班；但变电站综合自动化将对无人值班起到很大推动作用，可以明显提高无人值班变电站运行的可靠性和技术水平。综合自动化的变电站一般不必再配置单独的 RTU，而是由监控系统所采集的模拟量和开关量，通过通信管理单元直接送往调度终端。

1-48　变电站实现无人值班有哪些基本条件和具体要求？

答：变电站实现无人值班的基本条件如下：

（1）利用最优化设计方案，实现电网安全可靠运行。

（2）选用性能优良、维护量小、可靠性高的一二次设备。

（3）选择先进可靠的通信方式及站内通信系统。

（4）必须有一个能实现远方监视和操作、稳定性好、可靠性高的调度自动化系统。

无人值班的具体要求如下：

（1）从主接线方面，应考虑变电站主接线尽量简化，使采集、处理、执行的信息都大为减少，而且操作简单、单纯，从而提高可靠性。

（2）从主设备选型上，选用可靠性高的设备。

（3）在设计中要尽量采用红外线防盗系统及良好的消防系统，还可考虑采用工业电视监视大门、主变压器及控制室。

（4）从二次设备方面考虑，要求直流系统自动充电，运行与备用电源自动切换；站用电两路进线自动切换，还要尽量保证保护工作电压不失电，母线分段电压互感器应考虑电压并列或自动切换；保护要求独立运行但保护信号应通过串行口传至监控系统，在每个保护柜设立一套保护管理系统，运行时通过串行口与本柜各套保护装置通信监视运行情况，并再通过串行口与计算机监控系统通信；操作控制要求分就地/远方操作切换，并注意要将断路器操作的各种信号（包括合分闸、小车位置及弹簧储能、气压降低、就地/远方位置）作为开关量输入监控系统。

（5）建立行之有效的运行管理制度，如对后台机的运行和管理制度，以免感染病毒等引起后台机瘫痪，加强定期和不定期的检查，设置操作系统和监控软件密码管理办法，防止软、硬件资源遭到破坏可用封装操作系统的方式以保证系统不可更改。

1-49 变电站综合自动化系统在硬件方面有哪些主要的抗干扰措施？

答： 变电站综合自动化系统在硬件方面有如下主要的抗干扰措施：

（1）隔离和屏蔽：

1）模拟量隔离与屏蔽，互感器的交流回路中设置隔离变压器（常称小电压互感器和小电流互感器），隔离变压器必须有隔离层，屏蔽层必须接地。

2）与一次设备的输入、输出的连接均采用屏蔽层接地的屏蔽电缆，开关量输入和输出的隔离，断路器、隔离开关的辅助触点与主变压器分接头位置通过光电耦合或继电器触点隔离。

3）二次回路布线的隔离，强弱信号不应使用同一根电缆，尽量避开或增大与电力电缆的距离、减少平行长度，避免各个回路相互交叉，印刷电路板布线避免互感；为减小感应耦合的干扰，电流互感器引出的三相线和中性线应在同一根电缆内，避免出现环路。

4）所有的插件用屏柜或机箱屏蔽，采用屏柜或机箱的良好接地方式。

（2）计算机采用逆变电源。

（3）合理布置各个插件，特别是 CPU 芯片、EPROM、重要的 RAM、模数变换及有关的地址译码电路，防止浪涌电压通过分布电容耦合到后级电路。

（4）电源的接地处理，电源零线采用浮空方式，尽量减少分布电容，为此将印刷板周围都用电源零线或＋5V 线环闭起来，此时在干扰作用下机壳以及弱电系统其他部分的电位将随同计算机电源线一起浮动，但他们之间电位保持不变。

（5）采用多 CPU 结构或多 CPU 分层控制系统，相互独立，除各自的自检外，上位机还可对各 CPU 接线巡检；能方便地检测故障所在的插件或功能单元，单独更换。

（6）在硬件结构上系统的容错设计技术分别有静态、动态和混合冗余（备用）。

（7）防止人为的操作失误，例如对于断路器的分合闸在软、硬件上都进行多重校验，对定值设定硬件重要参数修改在硬件上设有操作锁。

1-50　变电站综合自动化系统在软件方面有哪些主要的抗干扰措施？

答： 变电站综合自动化系统在软件方面有如下主要的抗干扰措施：

（1）对输入数据接线进行检查。例如提供冗余通道来检查三相电流之和等于 3 倍零序电流的数学关系检查电流采样；每个信号设置两个通道，只有两读数一致才可信。

（2）对运算结果进行核对，运算两次。

（3）加强对出口回路的监视和闭锁出口的闭锁。

1）利用并行接口的不同位，使出口跳闸回路执行几条指令后才能输出，不允许一条指令就出口。

2）在构成跳闸条件的指令中间插入一段校对程序。

3）对出口继电器的常开触点进行监视，触点状态不正常及时报警并自动闭锁执行回路。

1-51 综合自动化系统的集中控制系统与集散型（分布分层式）控制系统有什么区别及特点？

答：集中控制系统的所有数据处理集中在主机，分站仅负责数据的采集和接送，主机负担重，速度慢，主机故障会使变电站停止运行，可靠性差，但设备少，造价低。

集散型（分散分层式）控制系统是将分散控制集中管理。每个单元的数据处理交给各个控制站，即选用带计算机的智能分站，主机任务减轻，提高了整个系统的运行速度，局部故障只影响一个分站，主机故障各分站仍可独立运行，故障范围小，但造价高。

1-52 变电站综合自动化系统设计主要步骤有哪两个阶段？

答：（1）资料准备：包括按单元列表表示的模拟量和开关量总数、保护的种类及整定值、各控制站与主机的距离。

（2）设备选型：主机、分站组网形式，传输媒体和传输线路的选择，网卡选型，应用软件选型及编制，显示器、操作盘、打印机、外存储器等外部设备的选择，监控及信号屏形式的选择。

1-53 智能有序用电包括哪些内容？双向互动渠道包括哪些内容？

答：智能有序用电主要包括实现有序用电方案的辅助编制及优化，有序用电指标和指令的自动下达，有序用电措施的自动通知、执行、报警、反馈；建立分区、分片、分线、分用户的分级分层实时监控的有序用电执行体系；实现有序用电效果自动统计评价，确保有序用电措施迅速执行到位，保障电网安全稳定运行。

双向互动主要有信息提供、业务受理、客户缴费、接入服务、增值服务等内容，双向互动渠道主要通过计算机、数字电视、智能交互终端、自助终端、智能电能表、电话机、手机等设备，利用营业网点、95598 供电服务中心、门户网站、短信、邮件、传真、即时通信工具等多种途径给用户提供灵活多样的互动服务。

1-54 智能小区及智能家居是如何构成的?

答：智能小区包含用户信息采集、双向互动服务、小区配电自动化、用户侧分布式电源及储能、电动汽车有序充电、智能家居等多项新技术成果应用，综合了计算机技术、综合布线技术、通信技术、控制技术、测量技术等多学科技术领域，是一种多领域、多通信协调的集成应用。

智能家居的构成：

（1）通过构建家庭户内通信网络，实现家庭空调等智能家电的组网与互联。

（2）通过智能交互终端、智能插座、智能家电等，可对家用电器用电信息进行自动采集、分析和管理，实现家电经济运行和节能控制，完成烟雾探测、燃气泄漏探测、防盗、紧急求助等家庭安全防护功能。

（3）通过电话、手机、互联网等通信方式实现家居的远程控制等服务。

（4）开展水表、燃气表等自动采集与信息管理工作。

（5）支持与物业管理中心的社区主站联网，实现家居安防授权和社区增值服务。

（6）实现可定制的家庭用电信息查询，水表远程控制、缴费、报装，用能服务指导等互动服务功能。

1-55 综合自动化装置现场调试主要有哪些内容?

答：（1）RTU 装置及总控单元的系统配置：首先对配备的各种插件的种类、数量及插件的板号进行设置，然后进行每块插件的种类和板号、信息量的名称、遥测量的变化及遥信防抖动时间、遥测保持时间等的配置。

（2）RTU 装置及总控单元的参数设置：应设置各个串行口的通信参数，包括每个串行口的通信方式、通信波特率、校验方式、通信规约，串行口对应的站号，遥控、遥测、遥信的个数，电能脉冲量个数及遥测发送表、遥信发送表、电能发送表以及填写遥控交叉表、每一个遥控点的遥控代号和遥控性质、遥控所对应的遥信的序号等。

（3）间隔层测控单元的检查测试：

1）检查装置所提供的各种工作电源电压是否正常。

2）检查各装置的地址设置是否符合设计要求，通信串口接线是否符合规范。

3）检查键盘是否操作正常及显示器上的各种显示是否正确、无误。

4）设置并核对当前时钟。

5）按运行单位提供的整定值进行设置存储并核对。

6）其他功能的测试（数字输入、数字输出量测试，事件记录、测试，脉冲量测试和控制操作等）。

（4）当地后台监控系统的软硬件配置与参数组态：

1）系统的硬件安装调试，包括前置机或通信处理机、后台主控机、调制解调器及打印机、显示器、电源等各种外设及辅助设备。

2）系统的软件安装调试，应分别在前置机或通信处理机、后台机上安装调试各种软件（包括操作系统、系统软件和各种应用软件）。

3）系统的参数组态和设置，根据变电站的主接线和系统的结构特点，进行各种系数和参数的设置，如电压、电流的一二次系统、星三角变换系数、温度补偿系数等。

4）系统各间隔单元的编号设定，内部网络的组建和通信。

5）在当地监控主机进行各监控量（遥测、遥信、遥控、保护定值等）的组态测试，制作各种需要的画面图形、表格，如一次接线图、各种报表、曲线等；在前置机（或通信处理机）上根据主站系统要求，设置调度规约、通信速率等。

（5）站内继电保护和自动装置的检查测试：

1）检查装置所提供的各种工作电源是否正常。

2）检查各装置的地址设置是否符合设计要求、通信串口接线是否符合规范。

3）检查键盘是否操作正常及显示器上的各种显示是否正确无误。

4）设置并核对当前时钟。

5）按运行单位提供的整定值进行设置存储并核对。

6）其他功能的测试（开入、开出量检查）。

（6）站内其他智能装置的通信检查测试：

1）检查通信接线是否符合设计要求、通信串口接线是否符合规范。

2）检查通信电缆是否单端接地，是否带屏蔽。

3）检查规约通信接口是否符合设计要求。

4）检查所传信息量是否符合设计要求。

（7）电气绝缘试验。

1）绝缘电阻试验：独立带电回路之间、回路与地和金属外壳之间试验，并对弱电回路应采取防护措施，如短接有关电路或拔出弱电回路的插板，试验（测量）时间不少于 5s。

2）绝缘强度试验（1min 工频耐压）。

（8）主要功能的检查试验：

1）遥信量（开入量）输入测试。通过便携机键盘查看 RTU 对应的通信位变化与开关状态是否一致（重复 3～5 次），试验所有通信输入量并测遥信变位的响应时间应低于技术指标的规定（一般不大于 1s）。

2）遥控测试。利用便携机进行遥控操作，遥控指示正确无误，遥控输出量的遥控传输时间应符合技术指标的规定值（一般不大于 3s）。

3）脉冲量输入测试。启动脉冲模拟器，通过键盘查看 RTU 脉冲计数值应与输入脉冲量一致，如无脉冲模拟器可采用通信采集的方法（用一根导线一端连 24V 电源，另一端连续碰触脉冲量输入端，碰触次数应与计算机显示次数相符）。

4）遥测模拟量试验。调节模拟量发生器依次输出 -5、-4、-3、-2、

—1、1、2、3、4、5V，计算出模拟转换误差。

5）事件顺序记录分辨率的测试。在显示器上应正确显示这两个状态的名称、状态及动作时间，两状态的动作时间差应符合站内分辨率的要求，并重复实验3次。

（9）其他功能的检查与试验：

1）键盘遥控操作。检测选择对象（选择动作的断路器）、控制性质（发控制分、合的指令）、校验返回（操作所操作对象的开关是否允许这种性质）的操作、确认执行（根据校验结果作执行或撤销命令）等当地功能是否按上述过程执行；操作内容通过屏幕可调用查看和打印备查；当遥控命令无校验或执行无结果时系统应有超时自动撤销功能。

2）图形显示功能。根据设计要求与厂家的技术说明，逐一检查图形显示是否正确无误、图表上实时数据是否正确、实时数据刷新是否小于规定时间、实时数据画面切换是否灵活方便以及是否小于预定时间等技术指标。图形显示应包括一次接线图实时数据系统配置和通信状态、负荷、电压的曲线、棒图，各种实时数据表格、定值参数表以及变电运行基本工况（含运行方式、主变压器挡位、温度和冷却装置的投切、变电站用电与直流系统基本参数等）。

3）异常告警功能。各种事故、障碍和参数运行越限等应设有自动告警功能，报警应与画面显示关联，能手动和自动复归。

4）打印功能。检查系统是否可以定时自动打印预先设定的各种报表信息，各种报表格式是否符合预定要求，数据是否正确；对各种事件记录、越限记录，各种遥信变位、系统故障等可按预先的设定即时打印；模拟系统的事故障碍检查即时打印是否启动，打印信息否正确无误。

5）系统安全措施。检查系统操作安全等级分类以及每一安全等级所赋予的特性（如操作员户名或代码、口令字、允许操作权限和操作范围等）是否符合设计和厂商技术要求。

6）自检与自诊断功能检查。检测系统的各保护与测控单元的自检信息，

37

定时巡检系统网络及各网络节点的通信运行状况，监视系统工作电源的工况，以及计算机、打印机、网络、串行扩展卡及各通信口的运行状况监视、诊断。

7）系统远传通信功能。系统和主站监控系统通电后，接入预定通道进行两端通信，在主站监控系统上核对遥测数据通信状态，检查通道的通信是否正常、两端的通信规约是否一致、系统的通信接口和 Modem（调制解调器）的主要技术指标是否工作正常。

第二章 互感器二次接线和测量

2-1 继电保护用和测量用的电流互感器应按什么进行校验和性能验算?

答: 新安装及解体检修后的电流互感器应作变比和伏安特性试验,并作三相比较以判别二次绕组有无匝间短路和一次导体有无分流,注意检查电流互感器末屏是否已可靠接地。继电保护用的按 10% 误差曲线进行校验,因为大部分继电保护的动作电流,远大于电流互感器的二次侧额定电流 (1A/5A)。测量用的按所接的二次负荷不超过正确级选用的电流互感器允许负荷进行校验。

新的 P 类护用电流互感器的性能验算方法如下:

(1) 按实际准确限值系数曲线验算。根据实际的二次负荷,从曲线上查得准确限值系数 K'_{alf},要求 $K'_{\text{alf}} > KK_{\text{pcf}}$,其中保护校验系数 K_{pcf} 即故障电流 (保护校验用的) 与电流互感器额定一次电流之比。暂态系数 K 值:220kV 系统应不小于 2,而 100~200MW 机组应不小于 10。

(2) 按额定二次极限电动势 E_{sl} 验算。即

$$E_{\text{sl}} = K'_{\text{alf}} I_{\text{sn}} (R_{\text{TAs}} + R_{\text{TAn}})$$

式中 I_{sn}——额定二次电流;

    R_{TAs}——电流互感器二次绕组电阻;

    R_{TAn}——电流互感器额定负荷;继电保护动作性能校验要求的二次感应

        电动势为

$$E_{\text{s}} = KK_{\text{pcf}} I_{\text{sn}} (R_{\text{TAs}} + R_{\text{TAr}})$$

式中 R_{TA}——电流互感器实际二次负荷。

要求 $E_{sl} \geq E_s$，或准确限值系数应符合下式，即

$$K_{alf} \geq K_{alf} I_{sn}(R_{TAs} + R_{TAr})/(R_{TAs} + R_{TAn})$$

2-2　5P20 是什么含义？

答：5P20 表示继电保护用、在 20 倍电流互感器额定电流的短路电流时能满足误差 5% 的精度等级。差动保护装置采用的电流互感器及中间电流互感器的稳态比误差不应大于 10%。所有差动保护（线路、母线、变压器、电抗器、发电机等）在投入运行前，除应在负荷电流大于电流互感器额定电流的 10% 条件下测定相回路和差回路外，还必须测量中性线的不平衡电流、电压，以保证保护装置和二次回路接线的正确性。线路两侧或主设备差动保护各侧的电流互感器的相关特性宜一致，以避免在遇到较大短路电流时因各侧电流互感器的暂态特性不一致导致保护不正确动作。

2-3　对差动保护各侧的电流互感器特性有什么选择要求？

答：电流互感器根据 DL/T 866《电流互感器和电压互感器选择和计算导则》和 GB 16847《保护用电流互感器暂态特性技术要求》来选型，并考虑到保护双重化配置的要求，宜选用多次级的电流互感器，优先选用贯穿（倒置）式电流互感器。母线差动、变压器差动和发电机-变压器组差动保护各支路的电流互感器应优先选用误差限制系数和饱和电压较高的电流互感器。

2-4　电流互感器二次侧导线截面如何选择？

答：对测量用的按不超过选用的准确级下允许最大负载（除去继电器阻抗和接触电阻，考虑到二次线的长度、导线材质）选择。

DL/T 448—2016《电能计量装置技术管理规程》规定计量用的至少应不小于 4mm²；继电保护用的则按正常负载电流不超过导线允许载流量选取截面，再用故障电流进行热稳定校验。

2-5　电压互感器二次侧以及控制、信号回路的导线截面如何选择？

答：按允许电压降（计费表计按 0.5%，计量保护按 3%，操作回路按

10%），应考虑线路总负载电流、线路长度、导线材质。控制、信号回路的导线截面也按允许电压降选择。DL/T 448—2016 规定计量至少应不小于 2.5mm²，电压互感器二次回路电压降应分别不大于其额定电压的 0.2%（Ⅰ、Ⅱ类用于贸易结算，0.2 级）和 0.5%（Ⅲ类，0.5 级）。

2-6 接电能表的电流互感器标定电流宜为额定电流的多少？

答：在 0.3～1.2 倍额定电流选择。

2-7 互感器实际二次负荷应在额定二次负荷多少范围内？

答：0.25～1.0 倍额定二次负荷（实际二次负荷电流应为额定一次电流值的 60% 左右，至少不应小于 30%，否则应选用具有高动热稳定性能的电流互感器）；S 级电流互感器能正确计量范围为 1%～120%，测量最好在 1/3～2/3 额定数值。

2-8 影响电流互感器误差的因素有哪些？

答：影响电流互感器误差的因素：

（1）一次电流。

（2）二次负荷阻抗。

（3）二次负载功率因数。

（4）励磁电流。

2-9 S 级电能表与普通电能表主要区别在哪里？

答：S 级电能表与普通电能表的主要区别是低负载时特性不同，S 级在 1% 基本电流仍有误差要求，普通电能表在 5% 基本电流以下没有误差要求。S 级互感器能正确计量的电流范围是 1%～120%I_n（额定电流）。

2-10 互感器与电能表配合使用时正确极性如何？

答：互感器与电能表配合使用时正确极性为减极性。

2-11 10～35kV 中性点非直接接地系统电网中线路相间电流保护一般选用什么接线方式？

答：10～35kV 中性点非直接接地系统电网中线路相间电流保护一般选用两相不完全星形。

2-12 为节省投资，电压 10kV 及以下的 **400kVA** 及以上绕组为 **Yd** 连接的变压器，可采取继电器什么接线方式的过流保护?

答：两相电流互感器三继电器方式。

2-13 按照《电力系统继电保护及安全自动装置反事故措施要点》的规定，装有小瓷套的电流互感器一次端子应放在哪一侧?

答：装有小瓷套的电流互感器一次端子应放在母线侧。为避免电流互感器对地闪络点包括在母线保护范围之内，因为 110kV 及以上卷线式电流互感器一次侧端子固定在一个小绝缘子上，而另一端直接与金属帽罩相连接，其绝缘水平低，发生闪络的概率高于小绝缘子端。

2-14 按照《电力系统继电保护及安全自动装置反事故措施要点》的规定，电流互感器二次侧绕组如何配置?

答：110kV 及以上线路侧电流互感器应采用二次具有 5 个绕组的配置：1号纵联保护、2号纵联保护、母线保护、失灵录波、仪表。而常规配置为具有 4 个绕组电流互感器：距离零序保护（主变压器差动）、纵联保护（主变压器过流）、母线保护、仪表，在电流互感器对地闪络故障时停用距离保护可由零序电流速断保护动作切除故障。或者 1 号纵联保护、2 号纵联保护（主变压器差动）、母线保护、仪表，在电流互感器对地闪络故障时线路保护和母线保护都动作，扩大了停电范围；如果将 1 号纵联保护和母线保护的配置互换位置，虽可避免扩大停电范围，母线保护不动、可由 2 号纵联保护切除故障，但是当停用 2 号纵联保护时对地闪络故障就会出现无保护状态。

2-15 按照《电力系统继电保护及安全自动装置反事故措施要点》的规定，电流互感器安装方式如何?

答：110kV 以下等级电流互感器（线路保护和母线保护）安装方式有 3 种：

（1）2 个绕组互感器布置在母线侧（断路器内侧），如果套管闪络将造成母线短路，引起停电范围扩大。

（2）在断路器两侧各安装一组互感器，母线保护应接在线路或变压器侧的互感器，使母线保护与线路或变压器保护有一个重叠的保护区。

（3）2个互感器安装在线路侧（断路器外测），如果套管闪络造成短路故障，可由线路或变压器保护来切除。

2-16 计费用电压互感器二次回路能否装设熔断器或装设隔离开关辅助触点？

答：电流互感器二次侧不允许开路，不装设熔断器。35kV 以上计费用电压互感器二次回路可装设熔断器，但不能装设隔离开关辅助触点。

2-17 按照《电力系统继电保护及安全自动装置反事故措施要点》的规定，电流互感器和电压互感器二次回路接地点如何设置？

答：（1）电流互感器及电压互感器二次回路必须分别有且只允许有一个接地点；电流互感器二次侧的接地点一般设置在其端子箱处，但某些保护应在保护屏的端子排上接地。永久性的一点接地，可防止互感器一、二次绕组之间的绝缘击穿损坏时高电压串入二次回路中造成人身、设备的伤害。电流互感器二次回路采用多点接地容易造成保护拒动；由于多接地点的地电位不等，不同接地点中性线连接线形成了地电位差的分压线，这部分地电位差值叠加到故障后的相线电压上，附加的压降使二次电压的幅值和相位发生变化，带有偏移特性会引起继电保护拒动或误动，特别是附加的电流压降会对差动保护产生影响。

（2）公用电流互感器和公用电压互感器二次回路只允许在控制室内 N600（在控制室内设的零相小母线）一点接地，各电压互感器二次中性点在开关站的接地点应断开。

（3）对于多组电流互感器相互有联系的二次电流回路（如差动保护、各种双断路器主接线的保护电流回路）接地点宜设在保护盘上。

（4）为保证接地可靠，各电压互感器的中性线不得接有可能断开的开关或接触器等。

（5）独立的、与其他电压互感器和电流互感器二次侧没有联系的二次回路即可在开关场也可在控制室内一点接地。

（6）已在控制室内一点接地的电压互感器二次回路，宜在开关场将二次绕组中性点经放电间隙或 MOA（接地电阻）接地，其击穿电压峰值应大于 $30 \times I_{max}$（I_{max} 为电网接地故障时通过变电站可能的最大接地电流有效值，kA）V；应定期检查放电间隙或 MOA，防止造成电压二次回路多点接地现象。

（7）宜取消电压互感器二次 B 相接地方式，或改为经隔离变压器实现同步并列（因为当在数百米外的较远处接地时不能对二次绕组实现可靠的雷击过电压保护）。

（8）电压互感器二次侧的 4 根开关场引入线和三次侧的 2 根开关场引入线（开口三角侧的）中的两个零相电缆线应分别引至控制室，并在控制室一点接地后接至保护屏。上述 6 根线必须分开，不可共用一根电缆，否则零序功率方向元件的零序电压采用从电压互感器的二次绕组取得是不可靠的。

2-18　为什么不允许用电缆芯两端同时接地方式作为抗干扰措施？

答：由于开关场各处电位不等，两端接地的备用电缆芯会流过电流，对不对称排列的工作电缆会感应出不同电动势，从而干扰保护装置，所以不允许用电缆芯两端同时接地方式作为抗干扰措施。

2-19　什么叫电压互感器反充电？　对保护装置有什么影响？

答：通过电压互感器二次侧向不带电的母线充电，如 220kV 电压互感器变比为 2200，停电的一次母线即使未接地，其阻抗（包括母线电容及绝缘电阻）虽然较大，假定 1MΩ，但从电压互感器二次侧看到阻抗只有 1000000/$(2200)^2 \approx 0.2\Omega$，近乎短路，故反充电电流很大。

反充电电流主要决定于电缆电阻及两个电压互感器的漏抗；将造成运行中电压互感器二次侧小开关跳开或熔断器熔断，使运行中保护装置失去电压，可能造成保护装置拒动或误动。

2-20　小容量高压用户采用组合式互感器和高压计量箱时，应注意什么？

答：电能表附在组合互感器箱侧面，电能表一般距地面较高，且距高压带电部分很近，运行维护及抄表可采用遥控、遥测方式，如果电能表箱与组合互感器分离，通过电缆引下另外安装；但需要注意，由于电流互感器二次负荷容量相对较小，故电能表与组合互感器之间的电缆不宜过长，电缆必须穿管保护。

2-21 测量多大交流低压大电流负荷的电能必须采用经电流互感器接电能表？

答：通常是 50A 以上（50A 以下低压用户电能计量装置可直接接入）。

2-22 电流互感器一次电流应为变压器额定电流或线路最大负荷电流的多少？

答：不少于 1.25 倍。

2-23 电流互感器的测量仪表正常负荷应指示在标尺的多少？

答：2/3 以上。

2-24 变电站的电流回路仪表精确度等级是多少？

答：不应低于 1.5 级。

2-25 电价由哪 3 部分组成？

答：电价由电力部门的成本、税收和利润组成。

2-26 大工业电价应包括哪 3 部分？

答：大工业（315kVA 及以上客户）电价采用两部电价，应包括电度电价（代表电力企业的电能成本）、基本电价（代表电力企业的容量成本）和功率因数调整电费，功率因数考核标准分别为 0.8 [100kVA 及以上客户农业户和趸（dun）售客户]、0.85（100kVA 及以上其他客户，包括电力排灌站）、0.9（大工业客户高压供电用户，即适用设备容量在 315kVA 及以上的高压供电用户，包括 3200kVA 及以上高压供电电力排灌站）。

2-27 备用变压器是否要收基本电费？

答：客户备用变压器（含高压电动机）属热备用状态的，不论运行与否，应收取基本电费。

2-28 现行电价代收几种基金？

答：在受电装置一次侧装有连锁装置互为备用的变压器，按可能同时使用的变压器容量之和的最大值计算其基本电费。

共代收七种基金：

（1）三峡建设基金 0.7 分/kWh。

（2）城市建设附加费 1 分/kWh。

（3）中央水库移民后期扶植资金 0.83 分/kWh。

（4）地方水库移民后期扶植资金 分/kWh。

（5）农网改造投资还本付息。

（6）农村低压电网维护管理费。

（7）可再生能源附加费。

2-29　居民和用电企业的电费违约金各自按照欠费总额多少计算？　违约使用金是什么？

答：居民每日按欠费总额的千分之一，用电企业当年欠费每日按欠费总额的千分之二，跨年度欠费每日按欠费总额的千分之三计算。

违约使用金是客户违章用电所承担的违约责任，按补收电费的 2～3 倍，或按容量乘规定单价，或按规定金额收；不是电费收入，而是供电企业的营业外收入。《供电营业规则》100 条规定：擅自供出或引入电源的，除当即拆除接线外，应承担供出或引入电源容量每千瓦 500 元的违约使用金。变压器私自换大容量承担增容每千伏安（瓦）50 元违约使用金；私移电能计量位置居民每次 500 元、用电企业每次 5000 元的违约使用金。

供电部门对私自增容用户的违约处罚应是：补收基本电费＋加收违约使用电费和电费滞纳金，并拆除私接电气设备。

罚款是对违反法律法规的行政处罚是政府行为，上缴地方财政。

2-30　35kV 及以上公用高压线路供电的分界点在哪里？

答：以客户厂界或客户变电站外第一基电杆为分界点。

2-31　10kV 线损以什么为考核依据？

答：变电站出线总表与线路连接的配电变压器二次侧计量总表。

2-32　什么情况的用户可在低压侧计量？

答：高压供电用户一般在高压侧计量，但对 10kV 供电、容量不大于

315 kVA，或 35kV 供电、不大于 500kVA 用户可在低压侧计量。

2-33　什么是最大需量？

答：在一个结算期内，按最大需量计收基本电费的用户，每 15min 内平均功率的最大值称为该结算周期内的最大需量。

2-34　DL/T 448—2016《电能计量装置技术管理规程》规定的Ⅰ、Ⅱ、Ⅲ、Ⅳ、Ⅴ类电能计量装置指哪些？

答：Ⅰ类电能计量装置计量点：月平均用电量 500 万 kWh（5GWh）及以上，200MW（2GWh）及以上发电机，或变压器容量在 10MVA 及以上高压计量用户，省级电网经营企业与其供电企业的供电关口计量点的计量装置。

Ⅱ类电能计量装置计量点：月平均用电量 100 万 kWh（1GWh）及以上，或变压器容量在 2MVA 及以上高压计量用户，100MW 及以上发电机、供电企业之间的电量交换点的计量装置。

Ⅲ类电能计量装置计量点：月平均用电量 10 万 kWh 及以上，或变压器容量 315kVA 及以上，100MW 以下发电机、供电企业内部用于承包考核计量点的计量装置，考核有功电量平衡的 110kV 及以上的送电线路。电压互感器准确度等级至少 0.5 级。

Ⅳ类计量装置：变压器容量 315kVA 以下的低压计费用户、发供电企业内部经济技术指标分析和考核用的电能计量装置。

Ⅴ类计量装置：单相供电的电力用户计费用电能计量装置。

2-35　各类电能计量装置内互感器与电能表的准确度等级组合应是什么？

答：Ⅰ类用户计量电压、电流互感器与有功、无功电能表的准确度等级组合为 0.2、0.2S、0.2S/0.5S、2.0，应安装 0.2S 有功电能表、2.0 级无功电能表、0.2 级测量用互感器。

Ⅱ类用户计量电压互感器不应低于 0.2 级，应安装 0.5S 有功电能表、2.0 级无功电能表、0.2 级测量用互感器。

Ⅲ类用户计量应安装 1.0 级有功电能表、2.0 级无功电能表、0.5 级测量用互感器。

Ⅳ类用户计量应安装 2.0 级有功电能表（2.0 级无功电能表不能用于Ⅰ、Ⅱ、Ⅲ类用户计量）、3.0 级无功电能表、0.5 级测量用互感器。

2-36　在经常运行的负荷点综合误差是多少？

答：在经常运行的负荷点：Ⅰ类用户电能计量装置综合误差不应超过 0.75%，Ⅱ、Ⅲ类用户电能计量装置综合误差不应超过 1.2%。

2-37　电压互感器二次回路电压降如何规定？

答：Ⅰ类用户计量装置的电压互感器二次回路电压降不应超过额定二次电压的 0.25%，Ⅱ、Ⅲ类用户计量装置不应超过额定二次电压的 0.5%。

2-38　什么情况宜配置准确度等级相同的主副两套有功电能表？

答：单机容量 100MW 及以上发电机组宜配置准确度等级相同的主副两套有功电能表。

2-39　应测量无功功率的电力装置回路有哪些？

答：应测量无功功率的电力装置回路：

（1）高压侧 35kV 及以上、低压侧 1.2kV 及以上的主变压器，其中双绕组主变压器只测量一侧，三绕组主变压器测量两侧。

（2）1.2kV 及以上的并联电容器组。

（3）35kV 及以上的线路。

2-40　配置高压整体式电能计量柜的原则是什么？

答：（1）按进出线方式和方向选择一次方案，确定计量柜型号。

（2）6～35kV 客户配电室采用成套开关柜时，计量柜应布置在进线柜之后（即第二柜）；对个别不设进线断路器而采用屋外跌落式熔断器的配电室，计量柜可布置在第一柜。

（3）采用双电源供电时，在每个电源回路均应设置计量柜。

（4）在已建成配电室计量改造或新建配电室因场地狭小装设困难时，可采用电能计量装置和普通的测量保护用电压互感器合一的 PJ1－10D 型整体式电能计量柜。

2-41 经济考核的 **75kW** 及以上电动机的电能测量有功电能表的精确度等级是多少?

答:经济考核的 75kW 及以上电动机的电能测量有功电能表的精确度等级不应低于 2.0 级。

2-42 电力用户的有功电能表的精确度是 **0.5** 等级的月平均电量是多少?

答:1GWh 及以上。

2-43 **1.0** 级及 **2.0** 级电能表的电压降有什么规定?

答:电能表处的电压降不得大于电压互感器二次额定电压的 0.5%(Ⅲ、Ⅳ类电能计量装置)。

2-44 **0.5S** 级电子式多功能电能表电压、电流线圈功率消耗为多少?

答:0.5S 级电子式多功能电能表电压、电流线圈功率消耗分别为 2W(10VA)、1VA。

2-45 低压供电线路负荷电流在多少时宜采用直接接入式电能表? 用户最大负荷电流在多少时宜采用经电流互感器式的接线方式?

答:直接接入式与经互感器接入式电能表的根本区别在于接线端钮盒以及电能表线圈额定电流值,50A 及以下宜采用直接接入式电能表;50A 以上宜采用经电流互感器式的接线方式。

2-46 用户单相用电设备总容量不足多少的可采用低压 **220V** 供电,其计量方式采用单相计量方式? 用户用电设备总容量为多少时一般应以低压三相四线方式供电? 单相供电呢? 用户用电设备总容量为多少时应进行功率因数考核?

答:用户单相用电设备总容量不足 10kW 的可采用低压 220V 供电,其计量方式采用单相计量方式。

中性点非有效接地且接地电流近似为零的高压线路宜采用三相三线无功电能表。中性点有效接地系统宜采用三相四线有功电能表。

用电设备总容量为 100kW 或变压器容量在 50kVA 及以下;单相供电用电设备总容量为 10kW 以下;变压器容量在 100kVA 及以上,应计量无功电量，进行功率因数考核。当高供低计方式时，需要计入变压器损耗。

2-47 高供低计的用户，计量点到变压器低压侧的电气距离不宜超过多少?

答：高供低计的用户，计量点到变压器低压侧的电气距离不宜超过 20m。

2-48 对采用专用变压器供电的低压计量用户，低压计量屏安装有什么要求?

答：(1) 低压计量屏安装要求如下：

1) 变压器至计量屏之间的电气距离不得超过 20m。

2) 低压计量屏应为变压器后第一块屏。

3) 变压器至计量屏之间不允许装设隔离开关等开断设备。

4) 变压器至计量屏之间应采用电缆或绝缘导线连接。

(2) 计量屏内及电能表板上的开关、熔断器等设备安装要求如下：

1) 垂直安装。

2) 上端接电源，下端接负荷。

3) 相序应一致。

2-49 应采用 3 只电流表分别测量三相电流的电力装置回路有哪些?

答：(1) 三相负荷不平衡率大于 15% 的 1.2kV 以下供电线路。

(2) 三相负荷不平衡率大于 10% 的 1.2kV 及以上供电线路。

(3) 并联电容器组的总回路。

2-50 如何用 1 只电压表和转换开关测量三相线电压?

答：接线有两种形式：

(1) LW2-5.5/F4-X 型转换开关，在Ⅰ挡测量 U_{UV} 相间电压时，转换开关的触点 2 和 3 通、6 和 7 通；在Ⅱ挡测量 U_{VW} 相间电压时，转换开关的触点 1 和 2 通、5 和 6 通；在Ⅲ挡测量 U_{UW} 相间电压时，转换开关的触点 1 和 4 通、5 和 8 通。

(2) LW2-15D0410/2 型转换开关，在左 45°挡测量 U_{UV} 相间电压时，转换开关的触点 5 和 6 通、3 和 4 通；在 0°挡测量 U_{VW} 相间电压时，转换开关的触点 3 和 4 通、7 和 8 通；在右 45°挡测量 U_{UW} 相间电压时，转换开关的触点 5 和 6 通、1 和 2 通。

2-51 电能表和电流互感器有哪些检定项目?

答:(1)电能表的检定项目一般有工频耐压试验、直观检查(一般检查)、潜动试验、启动试验、常数校验、基本误差测定等。检定 0.5 级电能表应采用 0.1 级的检定装置。

自热影响试验最少应进行 60min;感应式电能表在测定基本误差前应对电压和电流线路加标定值进行预热分别不少于 60、15min。

合格的电能表在库房保存时间超过 6 个月应重新检定。

(2)电流互感器的检定项目有外观检查、绝缘电阻测定、工频电压试验、绕组极性检查、TA 退磁、误差测量等。检定电流互感器误差时,由测量装置引起的测量误差不得大于被检定电流互感器误差限的 1/10,测量电流互感器误差时由灵敏度引起的误差应不大于 1/20。

2-52 电能计量装置包括哪些?

答:(1)计费电能表(核心部分)。

(2)电压、电流互感器。

(3)二次连接导线。

(4)计量箱(柜)。

2-53 带电检查计量装置接线有哪些内容?

答:带电检查计量装置接线内容如下:

(1)测量各二次线(相)电压。

(2)检查接地点,判明 V 相电压。

(3)测定三相电压的相序。

(4)测定各相负荷电流。

(5)检查电能表接线的正确性。

(6)测定电能表的误差。

2-54 电能计量装置哪些部位应加封?

答:(1)电能表两侧表耳。

（2）电能表尾端板。

（3）试验接线盒防误操作盖板。

（4）电能表箱（柜）门锁。

（5）互感器二次接线端子（包括所有的试验端子）及快速开关。

（6）互感器柜门锁。

（7）电压互感器一次隔离开关操作把手、熔管室及手车摇柄。

2-55　试说明电能表型号代号。

答： 例如 DT862—4，第一个字母 D 表示单相，S 表示三相；第二个字母 T 表示三相四线，S 表示三相三线，F 表示复费率，Z 表示最大需量；数字组表示设计序号。

"—"符号后面最后数字 4 表示额定最大电流为标定电流（基本电流）的 4 倍，通常称为宽负载电能表或四倍率表。为提高低负荷计量的准确性，10kV 及以下电能计量装置原则上最适合选用过载 4 倍及以上的电能表。电能表的额定最大电流用括号内的数字标注在基本电流之后，电能表能在通过此电流时长期工作且能保证准确度。

2-56　感应式电能表的结构怎样？ 对电能表误差的影响如何？

答： 感应式电能表由测量机构、补偿调整装置、辅助部件组成。测量机构由驱动部分、转动部分、制动磁铁、计度器、轴承组成。上轴承主要起导向作用，下轴承主要用来支撑转动部分全部质量（是影响运行寿命的最主要因素）。

工作电压改变时引起电能表误差主要原因是电压铁芯产生的自制动力矩改变，电压线圈有匝间短路现象时电能表满载时误差为偏快，工作频率时改变对相角误差影响大。

长期过负荷或经常受冲击负荷影响导致电流线圈发生短路现象而引起电能表误差过大，并可能引起灵敏度降低。

引起电能表潜动的主要原因是轻载补偿力矩补偿不当或电磁元件不对称，也有可能是电压升高使补偿力矩加大。

2-57　电动系仪表的刻度特性是否是均匀的？

答：电流、电压表是不均匀的，功率表刻度基本上是均匀的。

2-58　智能电能表比传统电能表增加哪些新功能？

答：（1）有功电能和无功电能双向计量（正向、反向有功和四象限无功电能量功能，计量分相有功电能量功能），支持分布式能源用户的接入。

（2）具备阶梯电价（分时计量，对尖、峰、平、谷等各时段电能量分别进行累计）。储存、预付费及远程通断电功能，支持智能需求侧管理。

（3）可以实时监测电网运行状态、电能质量和环境参量，支持智能用电用能服务。

（4）具备异常用电状态在线监测、诊断、报警及智能化处理功能，满足计量装置故障处理和在线监测的需求。

（5）配备专用安全加密模块，保障电能表信息安全储存、运算和传输。

2-59　电子式与机电一体式多功能电能表的主要区别是什么？　现代精密电子式电能表使用最多的是哪两种测量原理？

答：主要区别是电能测量单元的测量原理。测量原理分为模拟乘法器和数字乘法器型，乘法器是电子式电能表的核心。

2-60　电子式电能表比感应式电能表有何优势？

答：电子式电能表的优势：

（1）电子式电能表更能适应于恶劣工作环境。

（2）电子式电能表易安装，尤其是垂直度要求不高。

（3）电子式电能表易实现防窃电功能（电子式电能表即静止式电能表，电流回路的进出线正接或反接都能累计电量）。

（4）电子式电能表易于实现多功能计量。

（5）电子式电能表的安装、调试简单，易大批量生产。

（6）电子式电能表能长期稳定地运行。

（7）电子式电能表可实现较宽的负载。

2-61 IC卡式预付费电能表有何优点？

答： IC卡式预付费电能表的优点如下：

(1) 抗破坏性强（抗磁、静电和射线）、耐用性高，读写10万次以上。

(2) 存储容量高，加密性强。

(3) 成本不高，对系统网络、软件要求不高。

2-62 多功能电能表有哪些功能？

答： 多功能电能表除具有计量有（无）功电能量外，至少具有2种以上的计量功能，并能显示、储存多种数据，可输出脉冲，具有通信接口和编程预置等各种功能。

2-63 电能表安装高度、三相电能表及单相电能表相距的最小间距是多少？

答： 电能表安装高度为0.8～1.8m（装于立式屏和成套开关柜时不应低于0.7m），两只三相电能表及单相电能表相距的最小间距应分别不小于80、30mm，电能表与屏边距离不小于40mm。

2-64 零散居民户和单相供电经营性照明用户的电能表主要有哪些安装要求？

答： (1) 一般装在户外临街墙上，尽量靠近接户线，电能表水平中心线高度距地面1.8～2m。

(2) 电能表采用表板加统一的标准专用电能表箱，电能表及电能表箱应分别加封，用户不得启封；专用电能表箱应是统一的标准。

(3) 每一用户在表板上安装单相电能表一块、封闭电能表专用表箱一个、瓷插式熔断器两个，单相隔离开关一个。

(4) 电能表负荷侧熔丝的熔断电流宜为电能表额定最大电流的1.5倍。

(5) 电能表电源侧不装熔断器，不应有破口、接头的地方。

直接接入式单相电能表端子的接线：1、3接电源，2、4接负载。电能表电流线圈有＊或·标志的为电流流入端。

2-65 查窃电过程中，对计量装置接线直观检查重点是什么？

答： (1) 检查接线有无开路或接触不良、短路、改接或错接。

（2）检查有无越表接线或私拉乱接。

（3）检查互感器接线是否符合要求。

（4）检查二次线是否符合规程要求。

2-66　三相电能表采用欠压法窃电的基本手法有哪些？

答：三相电能表采用欠压法窃电的基本手法有：

（1）电压连接片开路或接触不良。

（2）三相四线电能表断中线且三相不平衡。

（3）三相四线电能表零线接某相相线。

（4）三相三线电能表 V 相接入单相负载。

（5）电压回路串入电阻。

（6）连接导线开路或断开连接导线。

2-67　低压客户配置漏电保护开关对采用什么方法的窃电有防范作用？

答：（1）欠压法。

（2）欠流法。

（3）移相法。

2-68　单相电流型漏电保护开关可以预防哪些窃电行为？

答：（1）从电表前接一根火线（或零线）进户。

（2）火、零线对调，同时零线接地或接邻户。

（3）火、零线对调，与邻户联手窃电。

（4）进表零线开路，出线零线经电阻接地或接邻户。

（5）进出线零线均开路，表内零线接地或接邻户。

（6）用变压器（或变流器）移相倒电。

2-69　窃电时间无法查明时按多少计算？

答：窃电时间无法查明时至少按 180 天计算。

2-70　如何规范电表安装接成预防窃电？

答：（1）单相电能表相零线应采用不同颜色导线，不得对调，以防止外借零线的欠流法和跨相少计。

（2）单相电能表相零线要经电表接线孔穿越电表，不得在主线上单独引接零线进入电能表，防止欠压法窃电。

（3）三相用户的三元件电表或三个单相电能表中性线要在计量箱内引接，不能从计量箱外接入，以防止某相欠压或反相使某相电表反转。

（4）电表及接线安装牢固，进出电表导线尽量减少预留长度，防止利用改变电表安装角度的扩差法窃电。

（5）电表导线截面小造成电表接线孔不配套的应采用封、堵措施，以防止利用 U 形短接电流进出线端子。

（6）做好电表铅封、漆封、纸封，尤其是表尾接线安装完毕要及时封好接线盒盖。

（7）三相用户电表要有安装接线图，严格按图施工和注意核相。

2-71 电能表常见有哪些错误接线？

答：（1）单相电能表。

1）电流进线与出线接线接反，所计量出的功率为负功率，反向力矩使电能表转盘反转，计度器读数逐渐减少。但是若是单相电子式电能表，具有反逆向计量电量功能，它通过锰铜采集器采样，通过矢量加法器完成电量的计量，电流是双向计量，则电量不受影响。

2）相线与零线接反，虽然计量有功功率是准确的，但当进线有接地漏电时会漏计电量，用户可能将自己用电设备与大地（暖气管、自来水管）相通，则负荷电流不流或少流过电能表的电流线圈，致使电能表不计或漏计电量。

3）电压过线断开或未接通零线，不能形成转动力矩，计量功率为零，电能表不转。

4）电流线圈并联于电源，由于电流线圈阻抗很小，相当于直接将电源短路，当电源开关合上后，会立即烧毁电能表的电流线圈或熔丝，开关跳闸。

（2）三相四线电能表。

1）一相电流或一相电压断开，所在相反应的功率为零，电能表仅计量出其余两相负荷所消耗电能（如果是三相电子式电能表，具有反逆向计量电量功能，一般电量不会流失；而具有接线正确性指示灯的新型表，会点亮提示）。

2）两相电流或两相电压断开，该电能表所计量的为一相电能，少计两相电能。

3）三相电流或三相电压断开，计量功率为零，机械式电能表不转，电子式电能表运行指示灯不闪烁。

4）电流回路极性接反，造成电压接线正确、电流线圈极性接反。

5）三相三元件表的任意两元件电压、电流未接对应相，电能表所计算的功率为零，电能表不转。

6）三相三元件表的电压、电流线圈全未接对应相，所计算的功率随负荷的功率因数角变化而变化，可能出现正转或反转，也可能时而正转、时而反转。

（3）高压三相两元件电能表。

1）电压断线（高压熔断器断线或接触不良等），两元件计量出功率并不是对称的，不同相电压断线所计量出功率不一样；A 相电压断线所计量功率是错误的，B 相电压断线所计量功率是正常接线的一半（少计电量 1/2），C 相电压断线电能表可能正转也可能反转。

2）电流断线，二次回路开路高电压，高压计量装置严禁出现的，但系统出现短时缺相或低压计量时会出现此种现象，可参照电压断线处理。

3）电压、电流线接错，类型较多、现象非常复杂，有的不转、反转或随负荷的功率因数角变化而正转、反转。

2-72 三相四线电能表安装接线应注意什么？

答： 通常错误接线的类型主要有缺相、接反、移相。仪表法是利用电压表/钳形电流表、相序表、相位表等仪表测量相关数据进行分析、判断接线情况；相序测量检查方法有电感灯泡法、电容灯泡法、相序表法和相位角法。相位角法是利用三相电压之间的固定相位关系，通过测量电压之间的相位来判断电压的相序。

（1）应按正相序接线（防止产生计量附加误差）。

（2）中性线不能与相线颠倒（防止烧坏电能表）。

（3）与中性线对应的端钮一定要接牢（防止接触不良或断线产生电压差引起计量误差），如是总表则进表的中线不能剪断接入表内（防止一旦接头松动会发生低压线路断中线的现象）。

2 - 73 电能表装接不合理造成少计或漏计电量，发生这种故障原因一般有哪些？

答：（1）在三相三线式计量方式接用单相负荷；

（2）通过电能表外负荷电流以及常用电器设备的容量低于电能表标定值的 10%。

2 - 74 当采用电压连接片的单相电能表相线和零线互换接线时，电能表会如何？

答：少计电量；将预付费电能表的电流线圈进出线反接，电能表会反转，但预付费电能表仍然作减法计数，使所购总电量逐渐减少，因此具有防窃电功能。

2 - 75 低压三相四线中，在三相负荷对称或不对称的情况下，三相四线电能表若其中一相（例如 C 相）电流互感器极性接反，电能表的转向如何？

答：在不同情况下会产生不同的后果：

（1）若三相负荷对称，电能表将正传，但计量的电量只是实际值的 1/3。

（2）若 A 相负荷小于其他两相负荷之和，电能表将正转。

（3）若 A 相负荷等于其他两相负荷之和，电能表将不转。

（4）若 B、C 两相无负荷或 A 相负荷大于其他两相负荷之和，电能表将反转。

第三章 二次接线和直流电源初步

3-1 变、配电设备及线路的二次接线指哪些?

答:控制、信号测量、继电保护和自动装置以及电源回路按照变、配电单元组合在一起的接线。

3-2 端子排的排列原则如何?

答:端子排的排列原则:先交流电流,后交流电压,再直流回路。端子排从上到下的一般排列次序是:

(1) 交流电流回路,按每组电流互感器分组。

(2) 交流电压回路,按每组电压互感器分组。

(3) 直流控制回路。

(4) 信号回路。

端子排一般采用的四格表示方法:第一格表示屏内设备的文字符号及设备的接线螺钉号,第二格表示接线端子的序号和型号,第三格表示安装单位的回路编号,第四格表示屏外或屏顶设备符号及螺钉号(第三四格也可简化为一格来表示)。

3-3 对于直流回路的数字标号按照什么顺序?

答:直流回路的数字标号按照奇偶数顺序。

3-4 二次回路如何分组编号?

答:二次回路的分组:

(1) 交流电流回路:按每组电流互感器分组,对同一编号方式的电流回路一般排在一起,按数字大小从上至下(41 * 、42 * 、…),并按相序 A、B、C、N 排列。

（2）交流电压回路：按每组电压互感器分组，对同一编号方式的电压回路一般排在一起，按数字大小从上至下（61＊、62＊、…），并按相序 A、B、C、N 排列。

（3）信号回路：按事故、位置、预告及指挥信号分组，每组按数字大小排列，先是信号正电源 701，其次是 901、903…和 951、953；再次是 730、732、…，再次是 94、194、294、…；最后是负电源 702。

（4）控制回路：按每组熔断器分组，其中每组先按正极性回路（编号为奇数）由小到大排列，然后再按负极性回路（编号为偶数）由小到大排列。例如 101、103、133、142、140；201、203、233、242、240；202、…。

（5）其他回路：按励磁回路和自动调整励磁装置的电流、电压回路、远方调整及联锁回路等分组，每一回路又按极性、编号、相序等顺序排列。

3-5 在安装接线图上通常如何编号？

答：在安装接线图上通常采用"相对编号法"，即在导线端上编写为所连接到对侧的设备编号及其接线端子标号。在屏上配线时，相对编号的数字写于特制的胶木或塑料套箍上，然后套在导线的两端，便于查找设备。采用专门的"对面原则"，每一条连接导线的任一端标上对侧所接设备的标号或代号。

3-6 相对编号法在实际应用中的原则有哪些？

答：（1）屏内外设备连接时必须通过端子排，应用电缆与屏外设备连接；屏内设备与屏顶设备及小母线连接时，为了走线方便，需要经过端子排。

（2）对于放置在一起的电阻和熔断器、光字牌以及同一设备的两个接线螺钉，采用线条连接比相对编号法来得清晰、方便，因此，一般可采用线条直接连接。

（3）对于不经过端子排的二次设备（如装于屏顶的熔断器、电铃、蜂鸣器、附加电阻等）与屏顶操作信号小母线直接连接时，也应采用相对编号法表示。可在该设备的端子上直接写上小母线的符号，而从小母线上画出引下线，并在其旁注明所连接设备的符号。

（4）屏内设备间通过端子排的连接法：屏内设备间一般都是直线连接，但有时由于某种原因（例如屏板后接线的电能表穿线孔）只允许穿过一根导线时，可经过端子排进行并头；因为不向外接线，所以端子的右面空格不填。

3-7　接线端子的类型分为哪 7 种?

答：（1）一般端子：供一个回路的两端导线连接之用。

（2）连接端子：外形与一般端子基本一样，但在绝缘座的上部中间有一个缺口，用于连接两个端子的导电片。通过导电片，连接端子与一般端子相配合，可使各种回路并头或分头。

（3）试验端子：用于需要接入试验仪器的电流回路中，利用它来校验电流回路中的仪表和继电器的准确度。接好试验用的电流表时可旋出中间有把手的试验铜螺钉，测量完毕后旋进中间有把手的铜螺钉再拆除试验表计，从而保证了电流互感器的二次侧在工作过程中不会开路而不必松动原来的接线。

（4）连接试验端子 B−3：同时具备试验端子和连接端子，用于电流试验回路。

（5）终端端子 B−5：用于固定或分隔不同安装单元的端子排。

（6）标准端子 B−6：用于直接连接屏内外导线用。

（7）特殊端子 B−7：同时开断需要很方便的回路中。

3-8　控制屏和保护屏顶上的小母线如何选择?

答：小母线不宜超过 28 条，最多不超过 40 条；小母线宜采用 $\phi6 \sim \phi8$ 铜棒。

3-9　电流回路的端子能接多大的电缆芯线?

答：电流回路的端子能接不小于 $4mm^2$ 的电缆芯线。安装二次接线时导线分支必须从线束引出并依次转弯导线，使其转弯半径为导线直径的 3 倍左右。

3-10　保护屏柜端子排设置的原则是什么?

答：保护屏柜端子排的设置应遵循"功能分区、端子分段"的原则。具体装设原则为：

（1）同一块屏内各安装单元应有独立的端子。

（2）屏内外二次回路的连接、同一块屏内各安装单元之间以及过渡和转接回路等均应经过端子排。

（3）交流电流和电压回路应经试验端子连接。

（4）交流端子与直流端子之间应分开布置，正负电源之间以及经常带电的正电源与合闸或跳闸回路之间应至少以一个空端子隔开。

（5）一个端子排的每一端一般只接一根导线，最多两根导线，导线截面一般不超过 6mm²，不同截面导线不得接入同一压接端子。

（6）端子排离地应有一定高度。

3-11 主要的连接片采用什么颜色？

答：保护跳、合闸出口连接片及与失灵回路相关联连接片采用红色，功能连接片采用黄色，连接片底座及其他连接片采用浅驼色。

3-12 对安装跳闸连接片的要求是什么？

答：对安装跳闸连接片的要求如下：

（1）其开口端应安装在上方，接到断路器跳闸线圈回路上。（连接片开口端必须向上，解除时连片端向下，不会因未拧紧、脱落而造成误投入；"＋"及"跳闸"接在上部的开口端，"去重合闸"及"保护来"接在下部的连片端）

（2）跳闸连接片在落下过程中必须和相邻的跳闸连接片有足够距离，以保证在操作跳闸连接片时不会碰到相邻的跳闸连接片。

（3）检查并确认跳闸连接片在拧紧螺栓后能可靠地接通回路。

（4）穿过保护屏的跳闸连接片导电杆必须有绝缘套，并距屏孔有明显的距离。

（5）检查跳闸连接片在拧紧后不会接地。

3-13 按照《电力系统继电保护及安全自动装置反事故措施要点》的要求，对保护屏接线有什么要求？

答：（1）屏上电缆必须固定良好，防止脱落、拉坏接地端子排，造成事故。

（2）所有用旋钮（整定连接片用）接通回路的端子，必须加铜垫片，以保证接通良好，特别注意螺杆不应过长，以免不能可靠压接。

（3）跳（合）闸引出端子应与正电源适当地隔开。

（4）弱信号线不得与有强干扰（如中间继电器线圈回路）的导线相邻近。

（5）两个被保护单元的保护装置配在一块屏上时，其安装必须明确分区，并划出明显界线，以利于分别停用试验；一个被保护单元的各套独立保护装置配在一块屏上，其布置也应明确分区。

（6）保护屏宜采用柜式结构。

3-14 中央复归重复动作的信号在 35kV 及变、配电中常用在什么地方？其含义是什么？

答：中央预告信号中。指一种预告信号引发预告声响信号后，能在中控室手动解除声响信号，相应的预告灯光亮，此时再有预告信号，此装置能重复不断地接受。

3-15 重复动作的中央信号系统是靠什么来完成的？

答：重复动作的中央信号系统是靠 ZC 型冲击继电器来完成的。

3-16 中央事故信号由哪几部分组成？

答：中央事故信号由下列部分组成：

（1）事故声响及解除按钮。

（2）事故闪光或不闪光信号。

（3）事故位置及种类的光字信号。

（4）信号电源的保护、指示及中间继电器。

3-17 对断路器控制回路和位置监视有哪些要求？

答：（1）控制回路监视要求如下：

1）能监视控制电源及跳合闸回路的完整性。

2）能指示断路器的合分状态，自动合闸或跳闸应有明显信号。

3) 有防止断路器跳跃的闭锁装置（合闸或跳闸完成后应将指令脉冲自动解除）。

（2）位置监视要求如下：

1）断路器控制回路用中间继电器监视。

2）断路器的位置由控制开关的手柄来表示。

3）控制开关手柄内应有信号灯。

（3）采用灯光监视回路时应采用双灯制接线：断路器在合闸位置时，红灯亮；断路器在跳闸位置时，绿灯亮。

3-18 按照《电力系统继电保护及安全自动装置反事故措施要点》的要求，到集成电路型或微机型保护的交流和直流电源来线如何抗干扰？

答：（1）到集成电路型或微机型保护的交流和直流电源来线，应先经抗干扰电容（最好接在保护装置箱体的接线端子上），然后才进入保护屏内。

（2）屏上电缆必须固定良好，防止脱落、拉坏接线端子排，造成事故。

（3）引入保护装置逆变电源应经抗干扰处理。

（4）所有隔离变压器（电压、电流、直流逆变电源、导引线保护等）的一二次绕组间必须有良好的屏蔽层，屏蔽层应在保护屏可靠接地。

（5）外部引入至集成电路型或微机型保护装置的空触点，进入保护后应经光电隔离。

（6）半导体型、集成电路型、微机型保护装置只能以空触点或光耦合输出。引入线应采用屏蔽电缆，屏蔽层在开关站与控制室同时接地，各相电流线、电压线及其中性线应分别置于同一电缆内。

3-19 按照《电力系统继电保护及安全自动装置反事故措施要点》的要求，从开关站到控制室的电缆线采取如何的抗干扰措施？

答：（1）用于集成电路型、微机型保护的电流、电压和信号触点引入线应采用屏蔽电缆，屏蔽层在开关场与控制室同时接地，各相电流和电压线及其中性线应分别置于同一电缆内。因为屏蔽层感应出屏蔽电流磁通将抵消母线暂态电流磁通对电缆芯线的影响，屏蔽层形成法拉第笼；屏蔽层两端接地可降低由于地电位升产生的暂态感应电压，消除电场以及磁场对电缆芯的干扰。

（2）不允许用电缆芯两端同时接地方法作为抗干扰措施。

（3）高频同轴电缆应在两端分别接地，并紧靠高频同轴电缆敷设截面不小于 100mm² 两端接地的铜导线。

（4）动力线、电热线等强电线路不得与二次弱电回路共用电缆。

（5）穿电缆的铁管和电缆沟应有效地防止积水。

3-20 按照《电力系统继电保护及安全自动装置反事故措施要点》的要求，导引线电缆及有关接线应满足什么要求？

答：（1）引入高压变电站开关场的导引线电缆部分，应采用双层绝缘护套的专用电缆，中间为金属屏蔽层，屏蔽层对外皮的耐压水平可选用 15kV、50Hz、1min。

（2）对于短线路，可以采用上述专用电缆直接连通两侧的导引线保护，但注意：

1）导引线保护用的芯线必须确证是一对对绞线，不允许随便接入情况不明的其他两根线。

2）导引线电缆的芯线接到隔离变压器高压侧导引线电缆绕组，隔离变压器的屏蔽层必须可靠地接入控制室接地网，隔离变压器屏蔽层对隔离变压器高压侧绕组的耐压水平也应是 15kV、50Hz、1min，所有可能触及隔离变压器高压侧的操作，均应视为接触高压带电设备处理。

3）同一电缆内的其他芯线接入其他控制室设备时，也必须先经耐压水平 15kV 的隔离变压器隔离，不允许在变电站接地网上接地，更不允许出现两端接地情况。

4）引到控制室的导引线电缆屏蔽层应绝缘，保持对控制室接地网 15kV 耐压水平，同时导引线电缆屏蔽层必须在离开变电站接地网边沿 50～100m 处实现可靠接地，以形成用大地为另一连接通路的屏蔽层两点接地方式。

（3）对较长线路，可以只在引入变电站开关场部分采用双层绝缘护套的专用导引线电缆，并在距开关场接地网边沿 50～100m 处接入一般通信电缆，并注意：

1）导引线保护用的一对通信电缆芯线，也必须是对绞线。

2）通信电缆屏蔽层与专用导线屏蔽层连通，将通信电缆的屏蔽层在连接处可靠接地，形成以大地为另一通路的屏蔽层两点接地方式。

3）通信电缆的其他缆芯线不允许出现两端接地情况。

3-21 按照 《电力系统继电保护及安全自动装置反事故措施要点》 的要求， 对二次回路电缆敷设与接地有什么要求?

答：（1）二次回路电缆敷设要求：

1）合理规划二次电缆的路径，尽可能离开高压母线、避雷器和避雷针的接地点、并联电容器、电容式电压互感器、结合电容及电容式套管等设备，避免和减少迂回，缩短二次电缆长度，与运行设备无关的电缆应予拆除。

2）交流电流和交流电压回路、不同交流电压回路、交直流回路、强弱电回路以及来自开关场电压互感器二次的 4 根引入线和电压互感器开口三角绕组的两根引入线均应使用各自独立的电缆。

3）双重化配置的保护装置、母差和断路器失灵等重要保护的启动和跳闸回路均应使用各自独立的电缆。

（2）二次回路接地：

1）电流互感器及电压互感器二次回路必须分别有且只允许有一个接地点；电流互感器二次侧的接地点一般设置在其端子箱处，但某些保护应在保护屏的端子排上接地。永久性的一点接地，可防止互感器一、二次绕组之间的绝缘击穿损坏时高电压串入二次回路中造成人身设备的伤害。电流互感器二次回路采用多点接地容易造成保护拒动；由于多接地点的地电位不等，不同接地点中性线连接线形成了地电位差的分压线，这部分地电位差值叠加到故障后的相线电压上，附加的压降使二次电压的幅值和相位发生变化带有偏移特性会引起继电保护拒动或误动，特别是附加的电流压降会对差动保护产生影响。

2）公用电流互感器和公用电压互感器二次回路只允许在控制室内 N600（在控制室内设的零相小母线）一点接地，各电压互感器二次中性点在开关站的接地点应断开。

3）对于多组电流互感器相互有联系的二次电流回路（如差动保护、各种双断路器主接线的保护电流回路）接地点宜设在保护盘上。

4）为保证接地可靠，各电压互感器的中性线不得接有可能断开的开关或接触器等。

5）独立的、与其他电压互感器和电流互感器二次侧没有联系的二次回路即可在开关场也可在控制室内一点接地。

6）已在控制室内一点接地的电压互感器二次回路，宜在开关场将二次绕组中性点经放电间隙或 MOA（接地电阻）接地，其击穿电压峰值应大于 $30 \times I_{\max}$（电网接地故障时通过变电站可能的最大接地电流有效值，kA）V；应定期检查放电间隙或 MOA，防止造成电压二次回路多点接地现象。

保护室与通信室之间信号优先采用光缆传输，若使用电缆应采用双绞双屏蔽电缆并可靠接地。

3-22 按照《电力系统继电保护及安全自动装置反事故措施要点》的要求，变电站开关场就地端子箱接地有什么要求？

答： 变电站开关场就地端子箱内应设置截面不小于 100mm^2 的裸铜排，并使用截面不小于 100mm^2 的铜缆与电缆沟道内的等电位接地网连接。（室外二次接地网铜排直接固定在电缆沟上层电缆支架上，即在电缆沟内上部设置接地线）。根据变电站内反措要求敷设独立的不小于 100mm^2 的铜导线形成室外二次接地网，该接地网各末梢处分别用不小于 100mm^2 的铜导线与主接地网多点可靠连接，其连接点应距离避雷器等一次设备的泄流点 $3 \sim 5\text{m}$。保护室内的等电位接地网与厂站主接地网只能存在唯一连接点，连接点位置宜选择在电缆竖井处；为了保证与主接地网连接可靠，连接线必须用至少 4 根以上、截面不小于 50mm^2 的铜排（缆）构成共点接地。公用电压互感器的二次回路只允许在控制室内有一点接地，为保证接地可靠，各电压互感器的中性线不得接可能断开的开关或熔断器等。在控制室一点接地的电压互感器二次绕组，宜在开关场将二次绕组中性点经放电间隙或氧化锌阀片（击穿电压峰值应大于 30×最大接地电流有效值千安数）接地。

3-23 保护室的等电位接地网与主接地网如何连接？

答：分散布置的保护就地站、通信室与集控室之间，应使用截面不小于 100mm^2 的铜缆（排）可靠连接，连接点应设在室内等电位接地网与厂站主接地网连接处。

3-24 按照《电力系统继电保护及安全自动装置反事故措施要点》的要求，静态保护和控制装置的屏柜接地有什么要求？

答：静态保护和控制装置的屏柜（保护屏宜采用柜式结构，利用低电阻金属屏蔽材料内流过的涡流电流来抵消频率较高的外磁通的干扰，能起到屏蔽干扰作用）下部应设有截面不小于 100mm^2 的专用接地铜排，屏柜上装置的接地端子应用截面不小于 4mm^2 的多股铜线和接地铜排相连；静态保护和控制装置的屏柜接地铜排用截面不小于 50mm^2 的铜缆与保护室内的等电位接地网相连。主控室所有二次盘柜内接地铜排应以 100mm^2 软铜绞线与电缆层二次设备专用接地网相连。保护装置之间、保护装置至开关场就地端子箱之间联系电缆以及高频收发信机的电缆屏蔽层应双端接地，使用截面不小于 4mm^2 多股铜软线可靠连接到等电位接地网的铜排上。

屏柜上的微机继电保护装置和收发信机中的接地端子先要接到屏柜上的接地专用铜排，然后与控制室接地线可靠连接接地，再进一步与主接地网可靠连接。

微机型继电保护装置柜屏内的交流供电电源（照明、打印机和调制解调器）的中性线（零线）不应接入等电位接地网。继保小室至主控制室的通信介质采用光纤，高频同轴电缆应在两端分别接地，紧靠高频同轴电缆敷设截面不小于 100mm^2 两端接地的铜导线（浮点接地容易产生静电干扰）。

3-25 保护屏各保护装置的实测接地电阻应为多少？

答： 保护装置的箱体以及保护屏本身（屏上喷漆本身不导电）必须经试验确认可靠接地，保护屏各保护装置的实测接地电阻不大于 0.5Ω。

3-26 对安装在通信室的保护专用光电转换设备的接地有什么要求？

答： 安装在通信室的保护专用光电转换设备与通信设备间使用屏蔽电缆，并按敷设等电位接地网的要求，沿这些电缆敷设截面不小于 $100mm^2$ 的接地铜排（缆）可靠与通信设备的接地网紧密连接。

结合滤波器引入通信室的高频电缆，以及通信室至保护室的电缆宜按要求敷设等电位接地网，并将电缆的屏蔽层两端分别接至等电位接地网的铜排。

根据开关场和一次设备安装实际情况所敷设的与厂站主接地网紧密连接的等电位接地网，以及上述各电气二次场所（控制室、保护室和开关场电缆沟、端子箱、结合滤波器等处以及电缆金属桥架等）的等电位接地网都是防止空间磁场对二次电缆干扰的有效措施。

3-27 举例说明大型水电厂通信系统专用接地网改造的具体做法。

答： 以丰满水电厂为例，将原通信专用接地网容量加大，在电缆沟内增设一条贯通的技术接地带，且每隔 10m 与楔入地下 2.5m 的接地角钢相焊接，变电站端与大接地网连接，另一端与通信专用接地网相连接。通信电缆分别通过水平埋设在地下的 20 根 10m 镀锌铁管进入机房，地下铁管两端同时接入通信专用接地网，进入通信机房的电缆分别与机房内的环形接地带牢固连接，机房内通信设备与机房内环形接地母线就近接地，接地母线采用 $40mm \times 3mm$ 铜排，应用 3 根引下线与室外接地母线相连，机房金属门窗、自来水管道与室外接地母线相连，室外接地母线与接地网采用多点连接。

3-28 按照《电力系统继电保护及安全自动装置反事故措施要点》的要求，对保护二次回路电压切换有哪些要求？

答： （1）用隔离开关辅助触点控制的电压切换继电器。应有一副电压切换继电器触点作监视用（当失压时必须立即发出告警信号），并应同时控制可能误动作的保护的正电源。所选用的中间继电器在断电时应保证可靠失磁复归，同时触点容量能保证回路短路时不致发生粘连现象，以防止造成通过电压互感器二次侧向一次侧母线反充电。

反充电是指在倒闸操作过程中不慎将双母线带电的电压互感器二次回路与不带电的电压互感器二次回路相并联，其后果使得带电的电压互感器二次熔断器因过流而熔断。

（2）应在运行中维护隔离开关辅助触点。

（3）检查并保证在切换过程中不会产生电压互感器二次回路反充电。

（4）手动进行电压切换应有专用运行规程：通常切换开关采用 2 个位置，必须两组电压互感器都带正常电压，如果一组带电另一组不带电，则不许切换，否则要造成反充电，因此要强调防止反充电的规定。

（5）有处理切换继电器同时动作与同时不动作等异常情况的专用运行规程。

1）当分别控制两组母线电压的切换继电器同时动作时应发出信号，期间不允许断开母联断路器，以防止电压互感器反充电。

2）若切换继电器不正常，两继电器均处于失磁位置上，要有电压回路断线信号指示，并应立即将失压的保护退出工作。

3）如果使用这种切换方式的距离保护时，没有采取防止直流电压短时中断引起误动的措施，则必须保证电源触点比控制交流电压回路的触点迟闭合、早断开，并保证有足够的压力；同时每一保护的切换回路都应分别进行模拟直流电源短时故障或短时断续供电的试验，保证保护不误动作。

4）自动切换回路如发生不正常现象时，必须立即停用距离保护进行处理，不应使用短路某一回路或将切换继电器卡死的办法来使保护继续运行。

3-29 按照《电力系统继电保护及安全自动装置反事故措施要点》的要求，保护跳闸连接片如何连接？

答：（1）除公用综合重合闸的出口跳闸回路外，其他直接控制跳闸线圈的出口继电器，其跳闸连接片应装在跳闸线圈和出口继电器的触点间。

（2）经由共用重合闸选相元件的 220kV 线路的各套保护回路的跳闸连接片，应分别经切换连接片接到各自启动重合闸的选相跳闸回路或跳闸不重合的端子上。

（3）综合重合闸中三相电流速断共用跳闸连接片，应在各分相回路中串入隔离二极管。

（4）保护跳闸连接片开口端应装在上方，接到断路器的跳闸线路线圈回路，应满足以下要求：

1）连接片在落下过程中必须和相邻连接片有足够距离，保证在操作连接片时不会碰到相邻连接片。

2）检查并确认连接片在拧紧螺栓后能可靠地接通回路。

3）穿过保护屏的连接片导电杆必须有绝缘套，并距屏孔有明显距离；检查连接片在拧紧后不会接地。

4）跳合闸引出端子应与正电源适当隔离。

3-30 如变电站直流操作系统为 **220V**，断路器在合闸位置，投入跳闸出口连接片之前，用万用表直流电压挡测量跳闸出口连接片对地电位，正确的状态应是多少？

答：连接片下口对地为 0V，上口对地为 -110V。

3-31 按照《电力系统继电保护及安全自动装置反事故措施要点》的要求，防跳继电器的电流线圈应如何连接？

答：防跳继电器的电流线圈串接在出口触点与断路器的跳闸回路之间。断路器跳合闸线圈的出口触点控制回路必须设有串联自保持的继电器回路，保证跳合闸出口继电器的触点不断弧、断路器可靠跳合闸。

3-32 按照《电力系统继电保护及安全自动装置反事故措施要点》的要求，对保护装置用直流中间继电器、跳（合）闸出口继电器有哪些要求？

答：（1）直流电压为 220V 的直流继电器线圈的线径不宜小于 0.09mm，

否则线圈须经密封处理以防止线圈断线；如果用低额定电压规格（110V 继电器用于 220V 电源）的直流继电器串联电阻的方式时，串联电阻的一端应接于负电源。

（2）在 110V 及以上直流电压的中间继电器一般应有下列要求的消弧回路：不得在它的控制触点上并接电容、电阻回路实现消弧；用电容或反向二极管并在中间继电器线圈上作消弧回路，其应直接并在继电器线圈的端子上，电容或反向二极管都必须串入数百欧的低值电阻，以防止电容或反向二极管短路时将中间继电器线圈回路短接；反向二极管的反向击穿电压不宜低于 1000V（绝不允许低于 600V）；注意因消弧回路而引起中间继电器返回延时对相关控制回路的影响。

（3）跳闸出口继电器的启动电压不宜低于直流额定电压的 50%，以防止继电器线圈正电源侧接地时因直流回路过大的电容放电引起的误动作，也不应过高以保证直流电压降低时的可靠动作和正常情况下的快速动作；对于功率较大的中间继电器（例如 5W 以上）如为快速动作的需要，允许动作电压略低于额定电压 50%，此时必须保证继电器线圈的接线端子有足够绝缘强度；如果适当提高启动电压还不能满足防误动的要求，可考虑在线圈回路上并联电阻以作补充；由变压器、电抗器瓦斯保护启动的中间继电器，由于连线长、电缆电容大，为避免电源正极接地误动作，应采用较大启动功率的中间继电器，但不要求快速动作。

3-33 按照 《电力系统继电保护及安全自动装置反事故措施要点》 的要求， 对断路器跳 （合） 闸线圈的出口触点控制回路有哪些要求？

答：对于单出口继电器，必须设有串联自保持的继电器回路，并保证跳（合）闸出口继电器的触点不断弧，断路器可靠跳合闸。

（1）自保持电流不应大于额定跳（合）闸电流的 50%（即继电器触点回路中串入的电流自保持线圈的自保持电流应不大于跳合闸电流的 1/2），线圈压降小于额定值的 5%（如在多个出口继电器可能同时跳闸时，应采用快速动作继电器的防止跳跃继电器，线圈压降应小于 10%）。

（2）出口继电器电压启动线圈与电流自保持线圈的相互极性关系正确。

（3）电流与电压线圈间耐压水平不低于交流 1000V、1min 试验标准（出厂试验应为交流 2000V）。

（4）电流自保持线圈接在出口触点与断路器控制回路之间。

（5）有多个出口继电器可能同时跳闸时，宜由防止跳跃继电器实现上述任务，防跳跃继电器应为快速动作继电器，动作电流小于跳闸电流的 50%，线圈压降小于额定值的 10%。

（6）不推荐采用晶闸管跳闸出口的方式。

（7）两个及以上中间继电器线圈或回路并联使用时，应先并联，然后经公共连线引出。

远方直接跳闸必须有相应的就地判据控制。

3-34 按照《电力系统继电保护及安全自动装置反事故措施要点》的要求，对信号回路及跳闸压板有哪些要求？

答：（1）对信号回路的要求：

1）应装设直流电源回路绝缘监视装置，但必须用高内阻仪表实现，220V 高内阻不小于 20kΩ，110V 高内阻不小于 10kΩ。

2）检查测试带串联信号继电器回路的整组启动电压，必须保证在 80% 直流额定电压和最不利条件下中间继电器和信号继电器都能可靠动作。

（2）对跳闸压板的要求：

1）除公用综合重合闸的出口跳闸回路外，其他直接控制跳闸线圈的出口继电器，其跳闸压板应装在跳闸线圈和出口继电器的触点间。

2）经由共用重合闸选相元件的 220kV 线路的各套保护回路的跳闸压板，应分别经切换压板接到各自启动重合闸的选相跳闸回路或跳闸不重合的端子上。

3）综合重合闸中三相电流速断共用跳闸压板，但应在各分相回路中串入隔离二极管。

4）跳闸压板的开口端应装在上方，接到断路器的跳闸线圈回路，压板在落下过程中必须和相邻压板有足够距离，保证在操作压板时不会碰到相邻压板；检查并确保压板在拧紧螺栓后能可靠地接通回路；穿过保护屏的压板导电杆必须有绝缘套，并距屏孔有明显距离；检查压板在拧紧后不会接地。

3-35 集成电路型、微机型保护装置的信号触点引入线采用什么线？

答：应采用屏蔽电缆。且控制或信号电缆的屏蔽层应在开关场和控制室两端可靠接地。

3-36 保护室与通信室之间的所有信号传输线采用什么线？

答：保护室与通信室之间的所有信号传输线，应采用双绞双屏蔽电缆，屏蔽层在两端分别接地。高频收发信机的输出入线应用屏蔽电缆，屏蔽层接地，截面不小于 $1.5mm^2$。

3-37 保护装置本体有哪些抗干扰措施？

答：集成电路型或微机型保护装置的交流及直流电源来线，应先经抗干扰电容（最好接在保护装置箱体的接线端子上），然后才进入保护屏内，此时：

（1）引入的回路导线应直接焊接在抗干扰电容的一端，抗干扰电容的另一端并接在后屏的接地端子（母线）上。

（2）经抗干扰处理后，引入装置在屏上的走线，应远离直流操作回路的导线及高频输入（出）回路的导线，更不得与这些导线捆绑在一起。

（3）引入保护装置逆变电源的直流电源应经抗干扰处理。

（4）弱信号线不得与有强干扰（如中间继电器线圈回路）的导线相临近。

3-38 在二次盘上如何防止因振动较大施工而带来的误动？

答：在继电保护装置、安全自动装置及自动化监控系统等二次盘上或附近进行打眼等振动较大施工时，应采取防止运行中设备误动作的措施；如电钻打眼等尤其是对电磁继电器危害较大，电磁继电器的簧片均为悬梁结构，固有频率低，振动和冲击可引起谐振，导致继电器触点压力下降，容易产生瞬间断开或触点出现抖动或脱落，严重时还可能造成继电器结构损坏，使可动的衔铁部分产生误动作；继电器触点抖动、松脱或误动作最终可能造成二次设备误发信号或误跳闸。

3-39　二次回路绝缘电阻标准是多少?

答:用1000V绝缘电阻表测量,运行中设备不低于1MΩ。

3-40　用伏安法测量电阻, 为减小测量误差, 在什么情况下宜采用电压表前接方式? 在什么情况下宜采用电压表后接方式?

答:当被测电阻较大时,宜采用电压表前接方式;当被测电阻较小时,宜采用电压表后接方式。

3-41　控制开关有哪几个位置?

答:控制开关有垂直和水平两个位置,有两个操作位置。

(1) 合闸操作:由垂直再顺时针旋转45°。

(2) 分闸操作:由水平再逆时针旋转45°。

由于开关具有自由行程,所以开关触点位置有6种状态:预备合闸、合闸、合闸后、预备跳闸、跳闸、跳闸后。

3-42　防止跳跃的作用和目的是什么?

答:防止跳跃的作用是当断路器手动或自动合闸再有故障发生时,继电保护装置将动作跳闸,此时如果操作人员仍将控制开关放在合闸位置,或重合闸装置的触点粘连,断路器将再次合闸;由于线路上故障未消除,继电保护装置又动作于跳闸,从而出现多次跳合现象,即称为断路器的跳跃,将造成断路器遮断能力下降甚至爆炸。未保护断路器应在控制回路中增加电气防跳回路。

3-43　电流继电器的三种接线方式的应用范围是什么?

答:(1) 三相三继电器接线方式:不仅能反应各种类型的相间短路,也能反应单相接地短路,适用于中性点直接接地系统中作为相间短路保护和单相接地短路的保护。

(2) 二相双继电器接线方式:能反应各相间短路,但不能完全反应单相接地短路,因此不能作单相接地保护,适用于中性点不接地系统或经消弧线圈接地系统作为相间短路保护。

(3) 两相单继电器电流差接线方式:具有接线简单、投资少的优点,能反应各种相间短路，但故障形式不同时其灵敏度不同，常用于 10kV 及以下的配电网作相间短路保护。

3-44　什么叫"不对应原理"接线?

答：当断路器采用手动时，利用手动操作机构的辅助触点与断路器的辅助触点构成"不对应"电磁操作机构或弹簧操作机构时，则利用控制开关的触点与断路器的辅助触点构成"不对应"关系，即控制开关（手柄）在合闸位置而断路器已跳闸，发出事故跳闸信号。

3-45　直流配电屏如何设计?

答：（1）直流系统对负荷供电应按电压登记设置直流小母线供电方式，不应采用分电屏供电方式。

（2）直流系统能承受 5～10kA 的短路电流，操作和保护设备采用低压断路器或隔离开关，每段直流母线上均设绝缘监察和电压监察装置。

3-46　综合自动化等系统的供电电源方式如何?

答：（1）自动化系统供电电源：

1）主机和智能分站自带在线制的直流 UPS 电源。

2）主机用两路 220V 交流供电，一路工作，一路备用，备用手动投入。

3）分站由附近的 220V 电源供电。

（2）调度自动化主站系统应采用专用的、冗余配置的不间断电源装置（UPS）供电，不应与信息系统、通信系统合用电源；交流供电电源应采用两路来自不同电源点供电。

（3）发电厂、变电站远动装置、计算机监控系统及其测控单元、变送器等自动化设备应采用冗余配置的不间断电源装置（UPS）或站内直流电源供电。具备双电源模块的装置或计算机，两个电源模块应由不同电源供电。相关设备应加装防雷（强）电击装置，相关机柜及柜间电缆屏蔽层应可靠接地。

3-47　按照《电力系统继电保护及安全自动装置反事故措施要点》的要求，对整流直流电源有哪些要求?

答：（1）用整流电流作浮充电源的直流电源应满足：

1）直流电压波动范围应小于额定值±5%。

2）波纹系数小于5%；波纹系数（是指直流中的交流分量）为

$$\delta = (U_f - U_g)/2U_p \times 100\%$$

式中　U_f——直流电压中的脉动峰值，V；

　　　U_g——直流电压中的脉动谷值，V；

　　　U_p——直流电压平均值，V。

3）失去浮充电源后在最大负载下的直流电压不应低于额定值的80%。

（2）新设计变电站不应采用储能电源作操作电源，现有系统操作电源应分各独立组定期进行操作试验；储能电源电容器电容量应能满足保护装置及断路器的动作功率。

以10kV线路为例，有瞬时电流速断、限时过电流保护及三相一次重合闸装置，储能电源取本站10kV母线引出的所用变压器作为其电源，经隔离变压器一次绕组接入电源，限流电阻选用100～200Ω、50W；储能电容器按最严重情况考虑，线路出口三相短路假定电流速断拒动，由过电流保护0.5s跳闸，再经0.5s重合不成后再次以过电流保护0.5s跳闸，断路器跳合闸电压（不低于0.3）不大于$0.65U_n$（额定电压），储能电源电压按六重指数衰减规律变化，可靠系数取1.2，则U_c（储能电源电压）=$0.78U_n$，可计算出储能电容器电容量。

1）配出线瞬时动作保护一组，保证可同时供3台断路器跳闸和重合于永久性故障再可靠跳闸，当线路故障使母线电压低于额定电压的60%时，保护必须瞬时动作切除故障。

2）配出线带时限动作的保护一组（瞬时与延时保护用同一出口继电器的例外）。

3）每台变压器保护一组，能同时跳开各侧断路器。

4）不得以运行中的保护电源为试验电源。

3-48　高频开关电源有什么突出优点？

答：与传统线性稳压电源相比，高频开关电源有以下突出优点：

（1）稳压、稳流精度高（小于 0.5%），纹波系数低（小于 0.1%）。

（2）功耗小、转换效率高（充电模块采用移相谐振高频软开关技术，实现功率开关零电压开通，为 90%～95%，传统工作处在线性放大状态为 30%～40%），噪声低，工作频率超出人耳可闻的音频范围。

（3）运行可靠性高，采用模块化结构，并按"$N+1$"或"$N+2$"原则配置，维修快捷。

（4）装置对蓄电池各种充电状态的自动控制可控性好。

（5）体积小、质量轻（只有传统的 1/4～1/5，因高频 20kHz 以上工作，且散热要求低）。

（6）有效地增强装置电源的抗干扰能力，把强电与测控装置的弱电系统电源完全隔离。

自身缺点如直流输出电压纹波系数指标尚不能完全达到线性稳压电源的水平，有一定高频干扰。

为了在新变电站能获得高性能指标的充电和浮充电装置，选择高频开关电源可满足稳压精度优于 0.5%，稳流精度优于 0.5%，输出电压纹波系数低，不大于 0.5% 的技术要求。

3-49 继电器和保护装置可靠工作的外部直流电源的电压条件是多少？

答：直流电源为额定电压的 80%～115%。

3-50 电压互感器二次回路的电压降为多少？

答：电压互感器二次回路在额定容量下的电压降不应超过额定电压的 3%。

3-51 操作箱中的出口继电器动作值为多少？

答：操作箱中的出口继电器动作值为额定电压的 55%～70%（保护装置出口中间继电器动作电压应不大于额定电压的 70%），即启动电压不宜低于直流额定电压的 55%，以防止跳闸出口继电器正电源侧接地时与直流电源绝缘监视回路构成通路，因直流回路过大的启动电压而引起的误动作。

3-52 中间继电器固有动作时间一般是多少?

答:中间继电器固有动作时间一般不应大于 10ms。

3-53 用蓄电池作电源的直流母线电压应高于额定电压的多少?

答:用蓄电池作电源的直流母线电压应高于额定电压的 3%~5%。

3-54 110kV 无人值班变电站的蓄电池容量如何计算?

答:(1) 经常负荷:综合自动化系统取消了常规的红绿灯监视、事故信号装置及闪光装置,只保留简易的信号报警器及通信设备,因此主要直流负荷只有微机保护装置、微机测控装置、安全自动装置、简易信号报警器。断路器位置指示由各保护装置上发光二极管完成,同时在后台机上也显示;隔离开关位置指示在后台机上显示。微机保护装置、测控装置等直流功耗正常时为 25~40W,动作时为 40~60W。为方便起见,计算时统一为:110kV 线路、变压器保护装置、测控装置、三相操作箱按正常运行直流负荷为 40W、动作时为 60W;35 kV 及以下保护测控装置和站内其他安全自动装置都按正常运行直流负荷为 25W、动作时为 40W。

(2) 事故负荷:主要为照明、信号和继电保护装置。主控制室及 10kV 配电装置室设置 4~6 盏事故照明灯,负荷为 1000W,事故时间规定为 2h。而另配 48V 通信电源,不在直流负荷中。UPS 维持供电时间不少于 2h,宜接在 220V 直流母线上,远动装置、监控后台事故负荷供电的 UPS 装置一般取 1kVA。

(3) 冲击负荷:断路器若采用弹簧机构,其跳合闸电流为 1~2.5A(计算时取 2A)。事故初期在备自投动作的同时,可能会有负荷支路断路器跳闸,可按这些断路器跳闸电流之和乘以负荷系数 0.8。

3-55 蓄电池室环境温度应严格控制在多少?

答:蓄电池室环境温度应严格控制在不能长期超过 30℃,以防止因环境温度过高使蓄电池容量严重下降。

3-56 蓄电池室净高为多少?

答:蓄电池室净高一般为 3m。

3-57 蓄电池与取暖设备的距离为多少？

答：蓄电池与取暖设备的距离不应小于 750mm。

3-58 静态保护装置的环境温度和室内温度应控制在多少？

答：静态保护装置的环境温度不超过 40℃，室内温度不得超过 30℃。

3-59 微机保护室内环境温度范围是多少？

答：微机保护室内环境温度范围是 5～30℃。

3-60 在有无端电池的条件下，在变电站事故放电末期以及浮充电时每个蓄电池的电压是多少？

答：（1）单个铅蓄电池充电末期电压不得高于 2.6V，放电末期不宜低于 1.80V。

（2）在有端电池的条件下，事故放电末期电压为 1.95V，浮充电时每个蓄电池的电压平均值为 2.15V。

（3）在无端电池的条件下，浮充电时每个蓄电池电压一般为 2.25～2.28V，而均衡充电电压为 2.35～2.40V。

3-61 一般情况蓄电池的充电电流由谁提供？

答：蓄电池的充电电流由另外一组直流电源提供。

3-62 蓄电池浮充电设备容量如何选择？

答：蓄电池浮充电设备容量按蓄电池组的经常负荷和放电电流来选择。变电站操作的直流经常负荷电源由蓄电池提供。

3-63 一般情况变电站操作的直流经常负荷电源由谁提供？

答：三相 380VdB、温升小于 60K 的直流电源，假设其额定容量为 C，则最大经常负荷电流（A）取在 $I_m = 0.1C/0.2C$；事故负荷（Ah）300Ah 以下的为 0.2C/0.4C，500Ah 及以上的为 0.4C；冲击负荷电流（A）200Ah 以下的为 $i_{ch} = 2C$，300Ah 以上的为 0.5～1C，或大于 500A。

组屏数量主要由直流输出电流回路数量（相应的蓄电池容量也在随之变化）来决定：通常为 6～8 回路组屏 2～3 块，8～20 回路组屏 4～5 块，16～20 回路组屏 5～6 块，20～40 回路 8 块，40～80 回路组屏 10 块。

3 - 64 变电站操作电源采用 **GGF** 型固定防酸隔爆式铅蓄电池时应选用几个?

答：采用 GGF 型固定防酸隔爆式铅蓄电池时，对 220V 应选用 104～107 个，对 110V 应选用 52～53 个。

直流母线电压允许保护范围按 90%（或 85%，此时考虑到电缆较长另有压降 5%）～110%U_n（直流系统额定电压），蓄电池放电终止电压一般按 90%U_n 考虑，浮充电压按 105%～110% 来计算，防酸隔爆式铅蓄电池单个电池充电的电压 U_f 宜取 2.25V。根据直流母线电压允许范围可得：每组蓄电池个数为

$$n = (1.05 \sim 1.1)U_n/U_f = (1.05 \sim 1.1) \times 220/2.25 \approx 103 \sim 108$$

截止电压为

$$u = 0.9 \times 220/(103 \sim 108) = 1.92 \sim 1.83V$$

3 - 65 继电保护直流系统运行中的电压波纹系数以及最低电压、最高电压分别是多少?

答：电压波纹系数不大于 2%，最低电压不低于额定电压的 85%，最高电压不高于额定电压的 110%。

3 - 66 阀控密封蓄电池组的放电试验需多长时间进行?

答：阀控密封蓄电池组新安装时应进行全核对性放电试验，以后每隔 3 年进行一次全核对性放电试验；运行 6 年以后，每年进行一次全核对性放电试验。

3 - 67 为防止事故，蓄电池组熔断器之间的级差如何配合?

答：总熔断器与分熔断器各级之间应有 3～4 级差。

3 - 68 直流各路装自动开关时的额定工作电流如何选择?

答：直流各路装自动开关时的额定工作电流应按照上下级有选择性配合，应按照最大动态负荷电流（即保护三相同时动作、跳闸和收发信机在满功率发信的状态下）的 2 倍选用。

3 - 69 直流系统的电缆采取哪些防火措施?

答：直流系统的电缆应采用阻燃电缆，两组蓄电池电缆应分别敷设在各

自独立的通道内，尽量避免与交流电缆并排敷设，在穿越电缆竖井时，两组蓄电池电缆应加穿金属套管。

3-70　重要的 220kV 变电站的直流供电方式应采用几台充电、浮充电装置？ 几组蓄电池组？

答：重要的 220kV 变电站的直流供电方式应采用 3 台充电、浮充电装置，2 组蓄电池组。

3-71　按照 《电力系统继电保护及安全自动装置反事故措施要点》 的要求， 220kV 变电站信号系统的直流回路应如何供电？

答：220kV 变电站信号系统的直流回路应由专用的直流熔断器供电，不得与其他回路混用。

3-72　蓄电池直流系统采用什么接线？

答：蓄电池直流系统采用单母线分段接线。蓄电池直流系统控制母线调压装置既要保证断路器做所需的合闸电压，又不使控制母线电压过高。

3-73　蓄电池直流系统控制母线调压装置应保证什么？

答：中型配电站对重要负荷供电时合分闸电源宜采用镉镍电池装置。

3-74　按照 《电力系统继电保护及安全自动装置反事故措施要点》 的要求， 断路器跳合闸线圈的出口触点控制回路有什么基本要求？

答：任何一个元件（如母线、线路和变压器）必须有两套独立的保护分别操作两个断路器这是一个最根本原则，其中一套近后备（是两套独立保护分别操作两个断路器），另一套远后备。

3-75　接到同一熔断器的几组继电保护直流回路有哪些取得直流正负电源的接线原则？

答：（1）每套独立的保护装置应有专用于直接到直流熔断器正负极电源专用端子对，包括跳闸出口继电器的线圈回路的全部直流回路，都必须且只能从这一对专用端子取得直流正负电源。

（2）不允许一套独立保护的任一回路（包括跳闸继电器）接到由另一套独立保护专用端子对引入直流正负电源。

（3）如果一套独立保护的继电器及回路分装在不同的保护屏上，同样也必须只能由同一专用端子对取得直流正负电源。

3-76 按照《电力系统继电保护及安全自动装置反事故措施要点》的要求，直流熔断器有哪些配置原则？另外还有哪些其他要求？

答：按照《电力系统继电保护及安全自动装置反事故措施要点》的要求，直流熔断器有如下配置原则：

（1）信号回路由专门熔断器供电，不得与气体回路混用。

（2）由一组保护装置控制多组断路器（例如母线差动、变压器差动、发动机差动、线路横联差动、断路器失灵保护等）和各种双断路器的变电站接线方式（3/2断路器、双断路器、角接线等），每一断路器操作回路应分别由专用的直流熔断器供电，保护装置的直流回路由另一组直流熔断器供电。

（3）有两组跳闸线圈的断路器，其每一跳闸回路应分别由专用直流熔断器供电。

（4）有两套纵联保护线路，每一套纵联保护的直流回路应分别由专用直流熔断器供电，后备保护直流回路可由另一组专用直流熔断器供电，也可适当地分配到前两组直流供电回路中。

（5）采用远后备原则只有一套纵联保护和一套后备保护的线路，纵联保护与后备保护直流回路应分别由专用直流熔断器供电。

另外还有如下其他要求：

（1）由不同熔断器供电或不同端子对供电的两套保护装置的直流逻辑回路间不允许有任何电联系，如有必须经空触点输出。

（2）找直接接地点应断开直流熔断器或断开由专用端子对到直流熔断器的连接，并在操作前先停用由该直流熔断器或由该专用端子对控制的所有保护装置，在直流回路恢复良好后再恢复保护装置运行。

（3）所有独立保护装置都必须设有直流电源断电的自动告警回路。

（4）直流输出各回路装设独立的空气开关或熔断器时应采取分级配置、

逐级配合上下级熔断器，必须有选择性（配合系数应大于2）；通信设备应采用独立的空气开关或熔断器供电，禁止多台设备共用一只分路开关或熔断器。

3-77 对信号回路的整组启动电压以及直流绝缘监视装置有什么要求？

答：（1）应装设的直流绝缘监视装置必须用高内阻仪表，220V不小于20kΩ，110V不小于10kΩ。

（2）检查测试带串联信号继电器回路的整组启动电压，必须保证在80%直流额定电压和最不利条件下中间继电器和信号继电器都能可靠动作。

3-78 只作控制、保护及信号电源的单相桥式硅整流装置的容量及电压降是多少？

答：一般选用10～30A的成套硅整流装置，硅整流装置本身电压降不大于额定电流值的10%。

3-79 采用硅整流装置作为电磁操动机构合闸电源时，保证备用电源自动投入装置正确动作必须满足什么条件？

答：采用硅整流装置作为电磁操动机构合闸电源时，保证备用电源自动投入装置正确动作必须满足下列条件之一：

（1）双电源互为备用。

（2）事故下自动启动的自备发电机组。

（3）大功率储能电容器。

3-80 UPS不间断电源静态旁路开关的切换时间为多少？其输出功率为计算机供电时设备额定容量总和以及为一般用电负荷供电时系统计算负荷的多少倍？实际使用时负荷最大电流为额定电流的多少倍？远动和通信设备的事故备用电源的容量应满足什么要求？

答：UPS不间断电源静态旁路开关的切换时间一般为2～10min。

其输出功率不大于计算机供电时设备额定容量总和的1.1倍，一般用电负荷不大于系统计算负荷的1.2倍。实际使用时负荷最大电流不应大于额定电流的1.2倍。

远动和通信设备的事故备用电源的容量应满足中断 1h 的使用要求 。

3-81 当变电站失去交流电源时必须由直流系统供电的事故负荷， 一般包括哪些照明？

答：当变电站失去电源时必须由直流系统供电的事故负荷，一般包括变电站主控制室，6～10V 和 35kV 室内配电装置。

第四章　继电保护基础、微机保护及自动装置

4-1　继电保护四项基本要求是什么？　解释相互之间的含义和区别。

答：继电保护四项基本要求是速动性、选择性、可靠性、灵敏性。其中可靠性是继电保护装置性能的最根本的要求。

速动性与灵敏性的区别：速动性是指动作时间，决定于断路器、继电保护设备的固有动作时间及保护整定时限，是保护装置的固有特性，与所选用的继电器有关；灵敏性是指短路时流过继电保护装置的电流与其整定电流之比，比值越大，则保护装置越容易动作，它与线路阻抗、工作电流有关，是人为的。速动性与灵敏性两者有密切联系，灵敏性越高，越能保证继电保护装置的速动性。

选择性与可靠性的区别：可靠性是指保护区内各种故障用相应的保护装置能正确无误按时开断故障，选择性是指上下级的配合，不能越级切除故障，以防止扩大停电范围。可靠性是靠速动性、选择性、灵敏性来保证的，而选择是靠各级保护装置的整定电流大小和时限来配合的，使区内故障动作，区外故障虽然有短路电流流过保护装置，但不会动作。

继电保护速动性（快速切除故障）的好处：

（1）提高电力系统稳定性。

（2）电压恢复快，电动机易启动并迅速恢复正常，减少对用户的影响。

（3）减轻电力设备的损坏程度，防止故障进一步扩大。

（4）短路点易去游离，提高重合闸的成功率。

电网保护动作时间：330～500kV 为 0.02～0.04s，220～330kV 为 0.04～

0.1s，110kV 动作时间为 0.1～0.7s，配电网动作时间为 0.5～1.0s；我国制造的断路器跳闸时间一般为 0.05～0.15s。

当灵敏性与选择性难以兼顾时应首先考虑以保护灵敏性为主，防止保护拒动。

4-2 继电保护装置由什么组成？

答：继电保护装置由测量元件、逻辑元件、执行元件组成。

4-3 继电保护配置、选型与整定应遵循什么原则？

答：（1）测量部分。采集信号（或物理量），再与给定的整定值比较，以判断是否发生故障或不正常状态。

（2）逻辑部分。依据测量输出量的性质、出现的顺序或其组合，进行逻辑判断，以确定保护是否应当动作。

（3）执行部分。依据上两部分判断结果予以执行跳闸或发信号。应根据电网结构、一次设备的接线方式，以及运行、检修和管理的实际效果，遵循"强化主保护，简化后备保护和二次回路"的原则进行保护配置、选型与整定。

4-4 配置变电站二次系统安全防护设备的基本原则是什么？

答：配置变电站二次系统安全防护设备的基本原则是安全分区、网络专用、横向隔离、纵向认证。

4-5 微机保护装置与常规的继电器型或晶体管型保护装置相比有哪些优点？

答：继电保护技术未来趋势是计算机化、网络化、智能化，保护、控制、测量和数据通信一体化发展。微机保护装置实际上就是一台高性能、多功能的计算机，以模拟保护数字化、数字保护信息化为线索，是整个电力系统计算机网络上的一个智能终端，去实现保护、控制、测量、录波和数据通信功能的一体化。

微机保护装置与常规的继电器型或晶体管型保护装置相比有下列优点：

（1）最大特点是快速性和灵活性强，可缩短新型保护的研制周期。

（2）综合分析和逻辑判断能力强，能自动识别，很容易解决用模拟电路很难解决的问题。

（3）性能稳定，可靠性高，采用大规模集成电路使得装置的元件数量、连接线等都大大减少。

（4）利用计算机记忆功能，可明显改善保护性能，提高保护灵敏性；例如由计算机软件实现的功率方向元件可消除电压死区，微机保护还能容易解决常规保护装置难以解决的问题，例如常规距离保护：应用在短距离输电线路上，其允许接地点过渡电阻能力差；在长距离重负荷输电线路上躲过负荷能力差；在振荡过程中，为了防止距离保护Ⅰ、Ⅱ段误动，通常是故障后短时开放Ⅰ、Ⅱ段，之后立即闭锁Ⅰ、Ⅱ段，这样在振荡过程中再发生Ⅰ、Ⅱ段范围内的故障时，只能依靠距离保护Ⅲ段切除故障，而在微机保护中可采用新原理或利用计算机的特点找到新的解决方法。

（5）利用计算机的智能，可实现故障自诊断、自闭锁和自恢复，还可引进新的数学理论和技术——自适应、状态预测、模糊控制及人工神经网络（ANN）等，事故后打印各种有用数据，例如故障前后电压、电流采样值、故障点距离、保护的动作过程和出口时间。

（6）体积小、功能全、功耗低，由软件可实现多种保护，大大简化装置的硬件结构，硬件比较通用，制造容易统一标准。

（7）影响维护工作量小，现场调试方便，因为微机保护的功能及特性都是由软件实现的，可在线修改或检查保护定值而不必停电来校验，在现场可通过软件方法改变特性、结构。

（8）具有较完善的通信功能，便于构成综合自动化系统，最终实现无人值班，提高系统运行自动化水平。

4-6　试解释主保护与后备保护的含义。

答： 主保护是保护本区内所有故障的保护，后备保护是主保护失灵时，用以切除故障的保护；如由上一级（各电源侧相邻元件）保护来切除故障，则称上级保护为本级保护的后备保护（远后备保护），而为本级专设的后备保护（用双重化配置方式加强元件本身的保护，同时装设断路器失灵保护，以便当断路器拒绝跳闸时启动它来跳开同一变电站母线的断路器，或遥切对侧断路器）称近后备保护。

设置后备保护是因为主保护区有死区（例如带方向的过电流保护、平行线路的横联差动保护）或者当主保护不能保护过负荷及保护区外（如两侧断路器的上下触头的引线）的短路故障时（例如带辅助线的纵联差动保护）。

4-7 在保证有一套主保护运行的情况下，天气好时允许其他保护装置轮流停用，但停用时间为多少？

答：停用时间不得超过 1h。

4-8 什么是常见运行方式？

答：常见运行方式是指正常运行方式和与被保护设备相邻近的一回线或一个元件检修的正常检修运行方式。

4-9 对稀有故障如何考虑？

答：一般允许不考虑两种稀有故障同时出现的情况。

4-10 继电保护整定计算以什么运行方式作为依据？

答：应以常见运行方式为依据，特殊运行方式要考虑以下情况：

（1）同杆架设双回线路，应考虑双回线路同时检修或同时跳开的情况。

（2）发电厂有两台机组时应考虑全部停运方式，即一台机组检修另一台机组故障跳闸，发电厂有 3 台及以上机组时可考虑其中两台容量较大机组同时停运的方式。

（3）电力系统运行方式应以调度运行部门提供书面资料为依据。

4-11 为了配合继电保护要求，在安排调度运行方式时，应综合考虑哪些问题？

答：在安排调度运行方式时，应综合考虑：

（1）合理安排电网中各变电站变压器的接地方式。

（2）通常应尽量不在同一变电站母线上同时断开所连接的两个或两个以上运行设备（线路、变压器）；当两个点的母线之间电气距离很近时，也要避免同时断开所连接的两个或两个以上运行设备。

（3）在电网某些点上以及与主网相连的有电源的地区电网中，应创造条件设置合适的解列点，以便采取有效的解列措施。

（4）避免采用高、中压电网环并运行方式；如确需环并运行，应在中压网设解列点。

4-12　系统发生振荡时，哪种保护可能会发生误动？哪种保护会受到影响？

答：系统发生振荡时，电流速断保护可能会发生误动。

相间距离保护从继电保护原理上讲会受到影响。

4-13　220kV 系统振荡周期一般取多少？

答：220kV 系统振荡周期一般不大于 1.5s；为防止系统振荡时保护误动作掉闸，保护装置装设振荡闭锁装置。当两侧电势角角差摆开到 180°时，接地故障点的零序电流最小。

4-14　继电保护双重化配置的基本要求是什么？目的是什么？

答：继电保护双重化配置的基本要求：

（1）两套保护装置的交流电压、交流电流应分别取自互感器互相独立的二次绕组，其保护范围应交叉重叠，避免死区。

（2）两套保护装置的直流电源应取自不同蓄电池组供电的直流母线段。

（3）两套保护装置必须设置各自独立的跳闸出口，其跳闸回路应分别作用于断路器的两个跳闸线圈。

（4）两套保护装置与其他保护、设备配合的回路应遵循相互独立的原则，保护装置的操作箱、断路器控制回路及跳闸线圈须按双重化原则设置，两组跳闸回路的控制电源取自不同的直流母线。

（5）两套保护装置之间不应有电气联系，每套完整、独立的保护装置应能处理可能发生的所有类型的故障，当一套保护退出时不应影响另一套保护的运行。

（6）双回线路采用同型号纵联保护或线路纵联保护采用双重化配置时，

在回路设计和测试过程中应采取有效措施防止保护通道交叉使用；线路纵联保护的通道（含光纤、微波、载波等通道及加工设备和供电电源等）、远方跳闸及就地判别装置应遵循相互独立的原则按双重化配置。

（7）同一元件的两套主保护分别安装于不同的各自盘柜内，并应充分考虑运行和检修的安全性。

（8）330kV及以上电压等级输变电设备的保护应按双重化配置。

（9）除终端负荷变电站外，220kV及以上电压等级变电站的母线保护应按双重化配置。

（10）220kV及以上电压等级线路、变压器、高抗、串抗、滤波器等设备微机保护应按双重化配置，每套保护均含有完整的主、后备保护，能反映被保护设备的各种故障及异常状态，并能作用于跳闸或给出信号。

对于采用近后备原则进行双重化配置的保护装置，每套保护装置应由不同的电源供电，并分别设有专用的直流熔断器或自动开关。母线保护、变压器差动、发电机差动保护、各种双断路器接线方式的线路保护等保护装置与每一断路器的操作回路应分别由专用的直流熔断器或自动开关供电；有两组跳闸线圈的断路器，其每一跳闸回路也应分别由专用的直流熔断器或自动开关供电。

保护双重化是指两套不同原理的保护的交流电压、交流电流、直流电源彼此独立，目的是：

（1）提高保护的完备性，有效防止设备损坏，当一次设备出现故障时可防止因继电保护拒动给设备带来进一步的损坏。

（2）保证设备运行的连续性，提高经济效益，若保护装置出现故障、异常或检修时避免因一次设备缺少保护而导致不必要的停运。

4-15　220kV及以上系统变电站主保护双重化是指什么？

答：（1）每套完整、独立的保护装置应能处理可能发生的所有类型的故障；两台保护之间不应有任何电气联系，当一套保护异常或退出时不应影响另一套保护的运行。

（2）两套保护的电压/电流采样值应分别取自相互独立的合并单元。

（3）双重化配置的合并单元应与电子式互感器两套独立的二次采样系统一一对应。

（4）双重化配置保护使用的 GOOSE（SV）网络应遵循相互独立的原则，当一个网络异常或退出时不应影响另一个网络的运行。

（5）两套保护的跳闸回路应与两个智能终端分别一一对应，两个智能终端应与断路器的两个跳闸线圈分别一一对应（即 220kV 及以上断路器必须具备双跳闸线圈）。

（6）双重化的线路纵联保护应配置两套独立的通信设备（含复用光纤通道、独立纤芯、微波、载波等通道及加工设备等），两套通信设备应分别使用独立的电源。

（7）双重化的两套保护及其相关设备（电子式互感器、合并单元、智能终端、网络设备、跳闸线圈等）的直流电源一一对应。

（8）双重化的保护应使用主、后一体化的保护装置。

4-16 220～500kV 继电保护及安全自动装置的技术要求是什么？

答：（1）应保证相对独立性，在变电站其他相应故障时继电保护及安全自动装置应能正常工作；

（2）应为微机型，具备向远方传送信息和接受控制命令的接口，能以两个独立接口分别接入站内监控系统和保护信息网，并接受外时钟同步信号；所有输出触点必须是无源触点，并应提供足够信号触点，满足监控、录波、远动等要求；

（3）带有本身故障录波和事件记录功能，并提供相应远方通信和分析软件；

（4）对强电跳闸出口、失灵启动回路、保护复用收发信回路应设置硬接线连接片，继电保护投退具备软投退连接片功能和硬投退连接片；

（5）应同时具有软件自检和硬件巡检功能，并提供告警信号和异常报文；

（6）双重化配置的每套装置的电流回路、电压回路、跳闸回路、电源回路、相关电缆引接均应完全独立，宜配置两套保护电压切换回路；保护屏上

每套保护装置应配置独立直流空气小开关;

(7) 在保护范围内各种运行方式下发生金属性和非金属性各种故障时,应能正确动作,即使一侧为弱电源,也应保证两侧正确动作,保护范围外发生故障时不应误动作;

(8) 应配置独立组屏的专用保护试验电源装置,当变电站采用继电保护下放布置方式时应在每一继电保护室配置一面保护试验电源屏,当变电站采用继电保护集中布置方式时应至少在继电保护室配置一面保护试验电源屏;

(9) 500kV 变电站应配置电力系统相角监测装置并根据稳定计算结论配置电力系统稳定控制装置,220kV 变电站应配置低频低压切负荷装置;

(10) 应达到相应的抗干扰要求。

4-17 微机保护硬件系统通常包括哪些部分?

答:(1) 数据处理单元。即 CPU 主系统(运算系统)。

(2) 数据采集单元。即模拟量输入系统。

(3) 数字量输入/输出系统。即数字量输入/输出系统。

(4) 人机接口与通信接口。

(5) 电源系统。

4-18 微机保护中的看门狗 (Watch Dog) 的作用是什么?

答:看门狗的作用是监视计算机系统程序的运行情况。当微机保护运行中装置受到干扰而失控,CPU 工作偏离正常程序设置的轨道或进入死循环时,由看门狗经过一个事先设定的延时将 CPU 系统强行复位(自动复位计算机系统),重新拉入正常轨道,使程序重新开始工作。可被清除的定时脉冲发生器通常由单触发器或计数器构成,当运行程序受到干扰失控后,无法按时发出 CLR 清除脉冲信号,于是脉冲发生器产生输出引到计算机系统的复位端,使计算机系统重新开始执行程序,进入正常轨道。

4-19 辅助变换器的作用是什么?

答:辅助变换器的作用如下:

(1) 使互感器输入的电流、电压经变换后能满足模数变换器对模拟量输入量程的要求。

（2）采用屏蔽层接地的变压器隔离，使互感器可能携带的浪涌干扰不会串入模数转换回路，避免进一步危及微机保护 CPU 系统。

4-20 保护测控装置是如何实现自检的？

答：保护测控装置的自检是通过上电自诊断和运行自监视来实现的，自检对象包括硬件关键部件（如模拟量采集回路、开关量输出回路、RAM 存取存储器、ROM 只读存储器）、硬件辅助部件（如后备电池、通信接口）和重要运行参数（如定值、软投退压板）；对于关键异常状况，装置将闭锁保护功能和重要开出回路以防止误动作。用户也可以通过装置提供的装置测试命令来检查重要硬件回路，如交流回路、开入回路、开出回路等；装置还可提供远动对点测试功能用以快速检验本地监控和远动主站信息库，免除人员手动对点的烦琐操作。

4-21 微机保护装置中有哪些问题需要注意和处理？

答：由于微机保护等二次设备往往不是由同一个厂商提供的，所以必须注意下列有关问题：

（1）远方整定。必须进行定值返校及修改确认。

（2）软连接片。由软件控制来达到保护装置的远方投切，此软连接片与常规压板应是串联关系。

（3）保护的数字信号及触点信号均应为自保持信号，采用远方复归方式，目前一般也保留就地复归功能。

（4）保护校时应具备至少两种方法，即通信广播校时及分秒中断校时。

（5）微机保护本身的独立性，即保护的运行应与通信、测量都无关，不应将测量及远动与保护混为一谈，保持其电源和 CPU 的独立，不与其他共用。

（6）维护与检修除自检以外，还应增设以下功能：采样通道的校验、设置相位基准、用软件校验出口中间继电器、复归输入和开关位置等状态输入量的校验、完整功能的实验单元、就地或远方显示保护运行及通道状态。

4－22 列出短路保护的最小灵敏系数。

答：短路保护的最小灵敏系数见表 4－1。

表 4－1   短路保护的最小灵敏系数

保护分类	保护类型	组成元件	灵敏系数	备注
主保护	距离保护	负序和零序增量或负序分量元件启动	4.0	距离保护第三段动作区末端故障，大于 2
		电流和阻抗元件启动	1.5	线路末端短路电流应为阻抗元件精确工作电流 2 倍以上。200km 以上线路不小于 1.3，50～200km 线路不小于 1.4，50km 以下线路不小于 1.5
		距离元件	1.3～1.5	
	平行线路横差方向保护和电流平衡保护	零序方向元件	4.0	线路两侧均未断开前，其中一侧保护按线路中点短路计算
			2.5	线路一侧断开后，另一侧保护按对侧短路计算
		电流和电压启动元件	2.0	线路两侧均未断开前，其中一侧保护按线路中点短路计算
			1.5	线路一侧断开后，另一侧保护按对侧短路计算
	方向比较式纵差保护	跳闸回路中的方向元件	3.0	
		跳闸回路中的电流和电压元件	2.0	
		跳闸回路中的阻抗元件	1.5	个别情况下为 1.3
	阻抗比较式纵差保护	跳闸回路中的电流和电压元件	2.0	
		跳闸回路中的阻抗元件	1.5	
	电流保护或电压保护	零序或负序方向元件	2.0	
		电流元件和电压元件	1.3～1.5	200km 以上线路不小于 1.3，50～200km 线路不小于 1.4，50km 以下线路不小于 1.5
	发电机、变压器、线路和电动机纵差保护	差电流元件	2.0	
	发电机、变压器、线路和电动机电流速断保护	电流元件	2.0	按保护安装处短路计算
	母线完全差动保护	差电流元件	2.0	

保护分类	保护类型	组成元件	灵敏系数	备注
后备保护	近后备保护	负序或零序方向元件	2.0	按线路末端短路计算
		电流、电压和阻抗元件	1.3	
	远后备保护	负序或零序方向元件	1.5	按相邻设备和线路末端短路计算（短路电流应为阻抗元件精确工作电流 2 倍以上），可考虑相继动作
		电流、电压和阻抗元件	1.2	
辅助保护	电流速断保护		1.2	按正常运行方式保护安装处短路计算

4-23　对微机保护中常用算法如何作出简要的评价和选择？

答：有两种方式的微机保护算法：一种是根据输入电气量的采样值通过一定的数学式或方程式计算出保护所反映的量值以实现特定的保护功能；另一种是利用计算机强大的数据处理、逻辑判断能力，实现常规保护无法显示的功能，两种方式本质都是计算出可表征被保护对象运行及动作特征的物理量，并根据这些量构成各种继电保护功能，完成分析计算和比较判断的方法既是保护算法。

（1）正弦函数模型的算法。

1）两点乘积算法。需对输入信号先进行滤波处理，要与数字滤波器配合使用，因此合理地选择采样频率可大大降低数字滤波器的运算量；由于算法较复杂，可能使得算法所需时间的加长与采样间隔的缩短发生矛盾，因此限制了这种算法的广泛应用，如采用专用硬件加法器等特殊措施，会大大改善这种算法的应用，主要用于配电系统电压、电源保护。

2）导数法。仅需要两个采样间隔，算式不复杂，有利于加快保护动作速度；但导数将放大高频分量，故与数字滤波器滤去高频分量的能力有关，且采用差分法近似求导，算法的精度与采样频率有关，需合理选择采样频率；常用于输入信号中暂态分量不丰富或者计算精度要求不高的保护中，如直接应用于低压网络的电流、电压后备保护中，或者将其配置简单的差分滤波器以削弱电流中衰减的直流分量作为电流速断保护，加速出口故障的切除时间。

3）半周积分算法。计算简单，避免了平方等其他运算，采样频率越高精度越高；积分运算有一定的滤除高频干扰消耗的作用，因为叠加在基频成分上幅度不大的高频分量在半周积分中其对称的正负半周互相抵消，剩余的未被抵消部分所占比重就减小了，但不能抑制直流分量，主要缺点是用梯形法求积分存在误差；用于要求不高的电流、电压保护以及作为复杂保护的启动元件的算法，必要时可分配一个简单的差分滤波器来抑制直流中的非周期分量。

（2）周期函数模型的算法。采用离散值累加代替连续积分，该算法的基础是假定输入信号是周期函数，可以分解为整数倍频率的分量之和，其中包括恒定的直流分量，其计算结果不仅要受到采样频率的影响，而且不能真正反映故障的电量，因为电力系统实际输入中通常是含有衰减直流分量的，此时计算所得的基频或倍频分量一定含有误差。

（3）随机函数模型的算法。

1）最小二乘法。可以任意选择拟合预设函数的模型，从而可消除输入消耗中任意需要消除的暂态分量（包括衰减的直流分量和各种整数次以及分次谐波分量），只要在预设的模型中包括这些分量就有可能获得很好的滤波性能和很高的精度；最小二乘法的精度既受数据窗大小的影响，又受选择的拟合函数模型的影响，数据窗越大，模型中包含的谐波次数越多，精度就越高，但表达式也越复杂，计算量也越大，在实用中需要在精度与速度之间仔细权衡。

2）卡尔曼滤波器。用于参数估计，精度取决于卡尔曼滤波器是否收敛；在具体应用卡尔曼滤波器时，为了便于简化计算，往往只考虑基波分量，而将各次谐波分量都归于噪声中，在电压模型中更是将衰减直流分量也归入噪声中，引入了误差；将卡尔曼滤波器理论运用到电力系统故障分析中时常采用下列措施。

a. 前置低通滤波器以滤去各次谐波。

b. 通过提高电压和电流的阶数，即在模型中引入谐波分量，但都增加了算法的运算量，降低了运算速度。

（4）解微分方程算法。可以不必滤出非周期分量，算法的总时窗较短，且不受电网频率的影响，故在线路保护中得到广泛应用；这种算法和低通滤波器配合使用时受信号中噪声影响比较大，允许用短数据窗的低通滤波器，如采用窄带通滤波器可得到很高的精度且还保留了不受电网频率变化影响的优点；为了解决速度和精度问题，可采用长、短数据窗的滤波器相结合配合解微分方程算法的方案。

微机保护和计算机监控对算法的要求有所不同。由于计算机监控不仅需要计算电流、电压的有效值，还需要计算有功功率和无功功率等，所以辅以差分滤波器的傅里哀算法往往被采用；而微机保护则需要根据对象保护类型、电压等级等不同来选择不同的算法。对要求输入信号为纯基波分量的一类算法来说，由于算法本身所需的数据窗很短（最少只要两三点采样）、计算量很小，因此常可用于输入信号中暂态分量不丰富或计算精度要求不高的保护中，例如直接应用于低压网络的电流、电压后备保护中，或者将其配备一些简单的差分滤波器以削弱电流中衰减的直流分量作为电流速断保护，减少出口故障时的切除时间；另外还可作为复杂保护的启动元件的算法，如距离保护的电流启动元件就可采用半周积分算法来粗略地估算以判别是否发生故障，但如将这类算法用于复杂的保护，则需配以良好的带通滤波器，将使保护总的响应时间加长、计算工作量大。全周傅里哀算法、最小二乘法算法和解微分方程算法都有用于构成高压线路阻抗保护的实例，各有其特点：在采用傅里哀算法时需考虑衰减直流分量造成的计算误差以及采取适当的补偿措施；应用最小二乘法算法，在设计、选择拟合模型时要顾及精度和速度两方面，否则可能造成精度虽然很高但响应速度太慢、计算量太大等不可取的局面；解微分方程算法一般不宜单独应用于分布电容不可忽略的较长线路，但若配以适当的数字滤波器构成的高压、超高压长距离输电线的距离保护，还是能得到满意的效果。

算法对于监控和保护各自的侧重点不同，比较明显的还有：

（1）有关测量值方面。监控系统主要针对稳态时的信号，而保护主要针对故障时的信号，它比稳态信号含有更严重的直流分量及衰减的谐波分量等信号性质不同必然要求从算法上区别对待。监控系统需要计算得到的反映正常运行状态的有功功率、无功功率、电压、电流、功率因数、有功电能量、无功电能量等物理量，而保护装置更关心的是反映故障特征的量，因此保护装置除了会计算电压、电流、功率因数等以外，有时还要求计算反映信号特征的其他量，如频谱、突变量、负序或零序分量以及谐波分量等。

（2）监控系统在算法的准确度上要求更高些，希望计算出的结果尽可能准确；而保护则更看重算法的速度和灵敏性，必须在故障后尽快反应，以便快速切除故障。

4-24　计算机整定计算有什么特点？　试列出其的最小灵敏系数以及保护整定配合的时间级差。

答：计算机整定计算的特点对灵敏系数、可靠系数、返回系数、动作时间都有改进，例如：

（1）母线完全差动的灵敏系数。模拟式为 2，计算机式为 1.6～1.7。

（2）线路电流速断的可靠系数。模拟式为 1.3～1.4，计算机式为1.2～1.3。

（3）过量动作的返回系数。一般模拟式约为 0.85，计算机式约为 0.9。

（4）欠量动作的返回系数。一般模拟式大于 1，计算机式更大些。

（5）时间级差。一般模拟式为 0.5s，计算机式为 0.3～0.4s。

最小灵敏系数以及保护整定配合的时间级差见表 4-2。

表 4-2　　　　　　　　　保护整定配合的时间级差

保护配合方式	相配合的保护类型	电磁型时间继电器时间级差（s）	微机型时间继电器时间级差（s）	备注
延时段与瞬时段配合	电流、电压保护	0.4～0.5	0.25～0.3	
	横差平衡保护	0.3～0.4	0.25～0.35	考虑相继动作时间
	距离保护	0.4～0.5	0.3～0.4	距离Ⅰ段不经过切换
		0.5～0.6	0.4～0.5	距离Ⅰ段经过切换
延时段与延时段配合	电流、电压保护或距离保护	0.35～0.5	0.2～0.3	

4-25 什么是保护与测控装置?

答：现有的测控技术是按照分布式系统设计的，在信息源点安装小型的高可靠性的单元测控装置，采用现场测控网络与安装于控制室的中心设备相连接，实现全变电站的监控。测控技术的核心设备是测控装置，是二次系统与一次设备的接口，负责测量、保护功能，上送测量量（开关量、电压电流的模拟量、电能脉冲量、温度和直流量以及有载调压、同期和小电流接地选线等信息）和保护信息，接受控制命令和定值参数。测控装置主要包括交直流测量单元、状态量采集单元、遥控单元、遥调单元、脉冲累计计算单元、网络接口。

微机保护装置对全变电站主要的全套保护具体有输电线路的主保护和后备保护、主变压器主保护和后备保护、无功补偿电容器组保护、母线保护、配电线路保护、不完全接地系统的单相接地选线。

保护与测控装置面向断路器和变压器本体，一般用于 110kV 以下系统的保护测控综合装置，而 110kV 以上系统保护装置与测控装置一般是相互独立的，其中测控装置主要完成间隔的电气量测量（电压、电流、温度、压力等）、控制（开关设备和有载调压分接头调节等）。

根据《电力系统继电保护及安全自动装置反事故措施要点》的要求，智能变电站保护设计应遵循直接采样、直接跳闸、独立分散、就地化布置原则，应特别注意智能变电站同时失去多套保护的风险；智能变电站保护设计除母线保护外不同间隔设备的保护功能不应集成。

4-26 保护与测控装置的具体结构如何? 保护与测控装置机箱的内部插件一般分为哪些?

答：保护与测控装置从硬件结构看可分为下列部分：

（1）微机系统：

1）CPU 中央处理器。

2）储存器。保存程序和数据。

3）定时器/计数器。一是用来触发采样信号引起中断采样，二是在 V/F（电压频率）变换成 A/D（模拟量数字量）中把频率信号转换为数字信号的关键部件。

4）看门狗（Watch Dog）。

（2）模拟量输入/输出系统。

（3）开关量输入/输出系统。主要用于人机接口、发跳闸信号等告警信号以及闭锁信号等。

（4）人机对话接口回路。包括打印、显示、键盘及信号灯、音响或语音告警等。

（5）通信回路。完成自动化装置间通信及信息远传。

（6）直流稳压电源。

保护与测控装置机箱的内部插件一般分为：

（1）交流插件。交流电流和交流电压的输入，将互感器二次侧较强信号变换成弱电信号，并起到抗干扰的强弱信号隔离。

（2）模数转换插件，通常是通过电压频率变换器的途经来完成 A/D 转换。

（3）录波插件。由单片机扩展系统和网络通信系统组成，记录模拟量的采样值、开关量的状态值和告警。

（4）保护插件。是保护装置的核心插件，完成信息的采集与存储、处理、传输，是由单片机、串行通信接口、只读存储器、模拟量输入电路、开关量输入/输出电路等构成的。

（5）继电器插件。各出口回路的执行元件的各种小型继电器，例如启动继电器、跳闸继电器、跳闸信号继电器、合闸继电器、合闸信号继电器、告警继电器、信号及告警的复归继电器、备用继电器由保护插件中的开关量输出电路来驱动。

（6）电源插件。并在电源插件上设置失电告警继电器，+5V 用于 CPU 板，±15V 常用于各 A/D 转换芯片（数据采集和通信系统），±24V 常用于开关量的输入输出（驱动开出继电器、内外部开出量和电源）。

（7）人机对话插件。常做成装置的面板，显示画面与数据、输入数据、人工控制操作、诊断与维护。

4-27　电力系统的自动装置包括哪些?

答：电力系统的自动装置包括线路自动重合闸、线路低频减载、备用电源自动投入、频率自动调节、电力负荷自动调度、不同电源的同步并列。

此外还有电力系统稳定器 PSS，它是同步发电机励磁系统的一个附加控制，作为电压调节器的辅助功能，一般不需要再增加硬件设备。具有物理概念清楚、参数易于选择、电路简单、调试方便等优点，可有效地抑制低频振荡。PSS 作用是通过励磁系统输出改变发电机励磁电动势达到运行发电机功率变化的目的，基本原理是通过附加控制信号的处理，使输入信号产生一个相位移补偿角，同时提供必要的放大倍数（合理的增益，一般取 $1/5 \sim 1/3$），以产生足够的正阻尼作用，抑制低频振荡。

4-28　系统运行中，与交流电压二次回路有关的安全自动装置主要有哪些?

答：（1）振荡解列装置。

（2）备用电源自投装置。

（3）高低压解列装置。

（4）低压切负荷装置。

4-29　输电线路自动重合闸的作用是什么?

答：架空线路的故障大多数属于瞬时性故障，如绝缘子闪络、线路对树枝放电、大风引起碰线等，还有人为的，如车撞电杆、船桅杆碰线、风筝等引起的短路事故。这些故障在线路断电后，电弧熄灭，绝缘强度会自动恢复到故障前水平。利用自动重合闸的，仍可继续供电，提高可靠性。

4-30　自动重合闸动作时间的整定原则是什么?

答：（1）单侧电源所采用的三相重合闸，除应大于故障点熄弧时间及周围介质去游离的时间外，还应大于断路器及操动机构复归原状准备好再次动作时间；一次动作时间不宜小于 1s，第 2 次动作时间不宜小于 5s。

（2）双侧电源线路，除考虑单侧电源重合闸因数外，还应考虑线路两侧保护装置以不同时限切除故障的可能性以及潜供电流影响，最小整定时间为 t，即

$$t \geqslant t_1 + t_2 + \Delta t - t_3$$

式中　t_1——对侧保护（瞬动）有足够灵敏度的延时动作时间；

　　　t_2——断电时间，三相重合闸不小于 0.3s，220kV 线路单相重合闸不小于 0.5s，330kV 及以上线路视线路长短及有无辅助消弧措施（如高压电抗器带中性点小电抗）而定；

　　　t_3——断路器固有合闸时间；

　　　Δt——欲度时间。

（3）发电厂出线或密集型电网的线路三相重合闸，其检测无压侧的动作时间一般整定为 10s，单相重合闸动作时间一般为 1s。

4-31　按照《电力系统继电保护及安全自动装置反事故措施要点》的要求，对重合闸有什么要求？

答：（1）采用单相重合闸的线路，为确保多相故障时可靠不重合，宜增设由断路器位置继电器触点解除重合闸功能的附加回路。

（2）实现单相重合闸的线路采用零序方向纵联保护时，应有健全相再故障时的快速动作保护。

（3）有独立选相跳闸功能的保护和经公用重合闸选相回路的保护装置共用时，前者仍应直接执行分相出口跳闸的任务，如有必要，可同时各用一组触点相互启动非全相运行的闭锁回路。

（4）重合闸应按断路器配置。

4-32　线路重合闸在停用时如何？

答：充电线路或者试运行线路应停用重合闸。线路重合闸在停用时必须先停直流，后停交流。

4-33　220kV 线路重合闸在停用方式下应如何？

答：220kV 线路重合闸在停用方式下投勾三跳连接片，若被保护线路发生单相故障，则本保护动作于三相跳闸。

4-34　一般情况下哪些保护和自动装置动作后应闭锁重合闸？

答：一般情况下母线差动保护、变压器差动保护和自动按频率减负荷装置等动作后应闭锁相应的重合闸。

4-35 在重合闸装置中有哪些闭锁重合闸的措施?

答:各种闭锁重合闸的措施包括:

(1) 停用重合闸方式时直接闭锁重合闸。

(2) 手动跳闸时直接闭锁重合闸。

(3) 自动按频率减负荷装置动作时闭锁重合闸。

(4) 断路器气压或液压降低到不允许重合闸时,闭锁重合闸。

4-36 对采用单相重合闸的线路,当发生永久性单相接地故障时,保护及重合闸的动作顺序如何?

答:(1) 采用单相重合闸的线路零序电流保护的最末Ⅰ段时间要躲过重合闸周期。单相重合闸的线路通常用于电压较高线路。

(2) 选跳故障相(一相跳闸),延时重合单相,重合闸后加速跳开三相。

4-37 对单电源线路,三相重合闸动作时间如何整定?

答:一般整定为不宜小于 1.0s。单电源线路电流速断保护范围不小于线路的 20%~50%。

4-38 单侧电源线路的自动重合闸装置为什么必须在故障切除后经一定时间间隔才允许发出合闸脉冲?

答:因为故障点要有足够的去游离时间以及断路器及传动机构的准备再次动作时间。110kV 及以上高压系统采用中性点直接接地系统方式,是为了降低电气设备绝缘水平,从而降低电网造价,以提高经济效益。由于单相短路作用于跳闸,会降低电网可靠性,但加装自动重合闸装置后便可得到弥补。

4-39 后加速自动重合闸与前加速自动重合闸有何区别?

答:后加速自动重合闸为重合闸后再快速切除故障,适用于一段架空线路或架空电缆混合线路;前加速自动重合闸在重合闸前先无选择性快速切除故障再用重合闸补救,适用于几段串联线路构成的电力网,为补救保护装置动作时间过长。因此,重合闸前加速保护第一次动作不能保证动作的选择性，保证第二次动作切除故障是有选择性。

4-40 三相重合闸的后加速和单相重合闸的分相后加速如何考虑？

答：一般均宜加速对线路末端故障有足够灵敏度的保护段，并带 0.1s 延时。

4-41 单双侧电源自动重合闸动作有什么区别？

答：单侧电源自动重合闸动作电源侧，双侧电源自动重合闸动作双侧，又分为检查同步及不检查同步自动重合闸两大类。前（后）加速部分有前（后）加速继电器、ARC 继电器、防跳装置。

4-42 后加速保护在开关投入多少后将自动退出？

答：后加速保护在开关投入 3s 后将自动退出。

4-43 为什么超高压输电线要采用综合重合闸？

答：由于 220kV 及以上超高压输电线路输送功率大，稳定问题比较突出，考虑到超高压输电线路间距离大，发生相间短路机会较少（单相接地故障约占总故障次数的 85%）且多数是瞬间故障，从这个基本点出发广泛采用综合重合闸。

（1）单相接地故障只切除故障相，经过一定延时后进行单相重合闸。

（2）如果重合到永久性故障时跳三相，不再进行第二次重合。

（3）如果在切除故障后的两相运行过程中健全的两相又发生故障，故障发生在发出单相重合闸脉冲前应立即切除三相并进行一次重合闸，若故障发生在发出单相重合闸脉冲后则切除三相后不再进行重合闸。

（4）当发生相间故障时，切除三相进行一次重合闸。

应设置重合闸方式切换开关：

1）综合重合闸方式：单相接地故障时实现单相重合闸，相间故障时实现三相重合闸，合到永久性故障时断开三相而不再进行重合闸。

2）三相重合闸方式：均实现三相重合闸，当重合故障时断开三相而不再进行重合闸。

3）单相重合闸方式：单相接地故障时实现一次单相重合闸，相间故障时或单相重合闸于永久性故障时断开三相而不再进行重合闸。

4）直跳方式，各种保护均可通过本装置出口跳三相而不进行重合闸。

4-44　综合重合闸装置中的选相元件有什么作用?

答：综合重合闸装置中的选相元件的作用是当线路发生单相接地故障时能准确地选出故障相。

4-45　综合重合闸中的阻抗选相元件如何整定?

答：选相元件有接地距离和相电流差突变两种选相元件，这两种原理可以兼用，互相取长补短的方法来为外部保护进行选相跳闸。阻抗选相一般不会误动，但在单相经特大过渡电阻接地时可能拒动；相电流差突变选相元件的灵敏度高，不会在大过渡电阻时拒动，但它仅在故障刚发生时动作可靠，而在单相重合过程中可能由于联锁切机、切负荷或其他操作而引起误动，因此综合重合闸在启动元件刚动作时采用相电流差突变选相元件，而后则采用阻抗选相元件。

除要躲过最大负荷外，还要保证线路末端经 20Ω 过渡电阻接地时，能动作，同时要校验非故障选相元件在出口故障时不误动。

4-46　为什么超高压输电线的三相重合闸时间要比单相重合闸时间短?

答：因为超高压输电线的三相跳闸要比单相跳闸熄弧时间短。

4-47　超高压远距离输电线两侧单相跳闸后为什么会出现潜供电流? 对重合闸有什么影响?

答：两侧单相跳闸后，非故障相仍处在工作状态。由于各相之间存在耦合电容，所以非故障相通过耦合电容向故障相供给电容性电流，同时由于各相之间存在互感，所以带负荷的两相将在故障相产生感应电动势，它通过故障点及相对地电容形成回路，向故障点供给电感性电流，这两部分电流总称潜供电流。潜供电流使短路处的电弧不能很快熄灭，如果采用单相快速重合闸，将会又一次造成持续性的弧光接地而使单相重合闸失败。可采用三相并联电抗器的中性点经小电抗器接地，限制单相重合闸的潜供电流。

4-48 电容式充电重合闸的电容充电时间为多少？ 为什么只能重合一次？

答：电容式充电重合闸是利用电容器的瞬时放电和长时间充电来实现一次重合闸的，放电后需经 20～25s（一般为 15～25s）充电。

一次重合后断路器第二次再次跳闸，需经 20～25s（例如 10kV 线路三相一次重合闸充电时间为 25s）充电才能再次发出合闸脉冲，当重合到永久性故障上时保护再次动作跳闸，由于电容器充电时间不足，不会进行第二次重合，此时虽然跳闸位置继电器重新启动，但由于重合闸整组复归前使时间继电器触点长期闭合，电容器被中间继电器线圈分接后不能继续充电，中间继电器不可能再启动，整组复归后电容器还需 20～25s 的充电时间，这保证重合闸只能发出一次合闸脉冲。

4-49 采用检定同期和检定无压的线路重合闸如何投？

答：后合侧投检定同期，先合侧投检定同期和检定无压元件。

4-50 3/2 断路器接线的线路两个断路器重合闸时次序如何？

答：宜先重合母线断路器，后重合中间断路器。母线侧断路器停电，应改为重合中间断路器。

4-51 对备用电源自动投入装置有哪些基本要求？

答：（1）工作电源确实断开后备用电源才投入。工作电源失压后，即使已测定其进线电流为零，但还是要先断开该断路器并确认已跳开后才能投入备用电源，以防止备用电源投入到故障元件上。

（2）手动跳开工作电源时备自投装置不应动作。工作电压电源进线断路器的合后触点作为备自投装置的输入开关量，在就地或遥控跳断路器时，其后合触点断开，备自投装置自动退出。

（3）备自投装置只允许动作一次，因此备自投装置应有足够的充电时间（10～15s），延时启动的时间应理解为充电时间到后就完成了全部准备工作，这种电容器充放电的逻辑模拟与计算机自动重合闸的逻辑程序相类似。

（4）工作母线上电压不论因何原因消失，备自投均应动作；为防止电压互感器断线造成假失压误启动备自投装置，工作母线失压时还必须检查工作电源无电流才能启动备自投，因此可引入受电侧电流互感器二次电流消失的辅助判据，同时该电流消失可作受电侧断路器已跳开的判据。

（5）备自投装置的动作时间以尽可能短为原则，有高压大容量电动机的备自投装置以 1～1.5s 为宜（短时冲击电流和残压的影响），低压场合可减少到 0.5s。

（6）备用电源不满足有压条件，备自投装置不应动作。

（7）应具有闭锁备自投装置的功能，以防止备用电源投到故障元件上。

4-52 从硬件上是如何实现备用电源自动投入的？

答：（1）测量电压互感器二次电压来判断母线三相上有无电压（并非单相电压，因此备自投不必考虑电压互感器一相或两相断线）。

（2）利用母线进线电流（测量进线电流互感器二次测电流）闭锁（闭锁用电流只需一相既可，防止工作电源失压时备自投拒动或者电压互感器三相断线时误动），同时兼作进线断路器跳闸的辅助判据，防止电压互感器断线误判工作母线失压导致误启动。

（3）进线断路器与母联断路器的跳位与合位的信息由跳闸继电器和合闸继电器的触点来提供，以识别系统运行方式及选择自动投入方式。

（4）引入进线断路器的合后位置触点，作为手跳断路器后闭锁自投合外部闭锁自投输入触点。

（5）装置输出 3 对触点分别跳进线断路器与母联断路器，输出 2 对触点用于自投母联断路器，输出 9 对触点用于过负荷联切（切除预先准备切除的不重要的负荷线路）。

4-53 从软件上是如何实现备用电源自动投入的？

答：从软件上利用逻辑判断来实现，必须具有工作母线受电侧断路器控制开关与断路器位置不对应的启动方式（备自投装置的主要启动方式）和工作母线低电压启动方式两部分，并设计了类似自动重合闸装置的充电过程，是利用软件逻辑框图与门（&）等功能，包括暗备用方式和明备用的不同运行方式。

（1）进线断路器跳闸的软件逻辑框图：由工作母线无压与母线进线无流组成与门，然后再与另一条备用母线有压和运行方式共同组成第二个与门，经过延时到跳闸出口电路跳工作断路器。

（2）母联断路器合闸的软件逻辑框图比较复杂，主要的启动路线先设计的充电过程，由进线断路器合位与母联断路器跳位组成与门，由两条母线有压组成与门，然后上述两信号再组成与门；另一条启动路线是同时设计的放电过程，由母线无压组成与门，与母线断路器合位、方式闭锁一起输入出口继电器；判断由进线工作断路器跳位与备用母线有压、工作母线进线无流各自组成的与门分别输出到出口。

4-54 采用备用电源自动投入方式的变电站，整定原则是什么？动作时间如何整定？

答：备用电源自动投入整定原则是：

（1）电压鉴定元件如是低压元件，宜整定得较低（为了在母线失压后能缩小低压元件可靠动作范围），一般为 0.15～0.3 倍额定电压（低压通常取 0.25 倍）。

（2）如是有压检测元件，一般为 0.6～0.7 倍额定电压（母线电压再低不允许自投装置动作时可靠返回，一般是 0.7 倍额定电压）。

（3）动作时间宜大于本线路电源侧后备保护动作时间与线路重合闸时间之和。

（4）备用电源投入时间一般不带时限，若跳开工作电源时需联切部分负荷，投入时间可整定为 0.1～0.5s，当网络内短路故障时低电压元件可能动作而备自投装置不应动作，所以设置延时是保证备自投装置动作选择性的重要措施（在低压系统中时间级差取 0.4s）。

（5）安装在变压器负荷侧的自动投入装置，若投入在故障设备上，为提高成功率，后加速保护宜带 0.2～0.3s 延时，电流定值应可靠躲过包括自启动电流在内的最大负荷电流。

（6）设置低电流元件用来防止电压互感器二次回路断线时误启动备自投装置，同时兼作断路器跳闸的辅助判据，低电流元件动作值可取电流互感器二次额定电流值的8%（如互感器二次额定电流为5A，低电流动作值为0.4A）。

（7）备自投装置充电时间应为10～15s，不小于断路器第二个"合闸一跳闸"间的时间间隔，以保证断路器切断能力的恢复。

4-55 备用电源自动投入接线原则有哪几条？

答：备用电源自动投入接线原则如下：

（1）检查工作电源失压：除因人工切除或故障而使工作电源消失外，其他原因造成电压消失，备用电源都应自动投入。

（2）用操作电源检查备用电源有压：备用电源有足够高的电压，才允许自动投入。

（3）检查被投入系统无故障并减载：备用电源自动投入时，应将不重要的负荷、不必要自启动的电动机等先自动切除后，才允许备用电源投入。

4-56 电网中装设的故障录波器应满足哪些基本要求？能记录和保存什么波形？

答：电网中装设的故障录波器应满足如下基本要求：

（1）变电站的任一出线发生任何短路故障应快速启动，从发生故障到开始录波的时间不应大于20ms。

（2）电网振荡时应可靠启动，至振荡平息才停止录波。

（3）应操作方便，录波清晰，工作可靠等。

故障录波器能记录和保存从故障前150ms到故障消失时的电气波形，应至少能清楚记录5次谐波的波形。DL/T 553《电力系统动态记录装置通用技术条件》将模拟量采样依故障开始顺序分成5个时段。并规定：记录时间在系统大扰动开始时刻之前不小于2个周波、大扰动开始时刻之后不小于0.1s；故障动态过程记录的采样速率为每个工频周波采样点不小于20点。

当录波条件满足时将保留启动前 4 个周波数据，且继续采样并存放 150 个周波数据。

4-57　故障录波仪的启动判据如何？

答：故障录波仪的启动判据如下：

（1）A、B、C 三相电压和零序电压突变量启动，相电压突变量大于或等于±5％额定电压，零序电压突变量大于或等于±2％额定电压。

（2）过压和欠压启动。正序越限 10％的额定电压，负序电压大于或等于 3％额定电压，零序电压大于或等于 2％额定电压。

（3）主变压器中性点电流越限启动。

（4）频率越限（0.5 Hz）或变化率大于或等于 0.1Hz/s 启动。

（5）系统振荡启动，利用 90％额定电压或电压突变量启动判据，或者母线电压、线路电流和功率作增幅振荡并同步摇摆，同步摇摆的启动值为 0.5s 内最大值与最小值之差大于或等于 10％额定电流。

（6）断路器的保护跳闸（跳闸出口继电器的触点）信号启动，空触点输入。

（7）手动和遥控启动，由变电站就地手动和上级调度来远方命令启动。

4-58　220kV 变电站应记录什么故障动态量？

答：220kV 变电站应记录故障动态量有每条 220kV 线路、母联断路器和每台变压器 220kV 侧 3 个相电流和零序电流、220kV 母线 3 个相电压和零序电压，记录每台 220kV 断路器继电保护跳闸命令、纵联保护通信通道信号及安全自动装置命令。

4-59　按照《电力系统继电保护及安全自动装置反事故措施要点》的要求，故障录波器应注意什么问题？

答：按照《电力系统继电保护及安全自动装置反事故措施要点》的要求，故障录波器盘的电流、电压回路及其接线端子等，必须满足继电保护二次回路质量要求，其接入电流应取自不饱和的电流互感器回路，否则取自后备保护的电流回路，并接到电流互感器二次回路的末端；微机型故障录波器应按继电保护回路的绝缘和抗干扰要求进行试验。

传统的微机型故障录波器基本是由前置机和后台机组成。前置机负责数据采集和判别启动作用，是个智能数据采集系统。后台机原来是由工控机组成，但随着FLASH（闪存）等存储技术发展，嵌入式微机型故障录波器已成为今后发展方向；后台机通过采用嵌入式操作系统的单片机系统来接受和管理录波数据，拥有庞大的数据存储空间，与外界通信中断情况下可存储大量数据文件，并从传统的暂态录波发展到稳态录波功能，硬件出现故障能及时告警。

4-60　各种故障录波图有哪些特点？

答：（1）单相接地故障录波图的特点：

1）故障相电流增大、电压降低，同时出现零序电压、电流。

2）故障相电压超前故障相电流 $60° \sim 90°$，零序电流超前零序电压约 $110°$。

3）零序电流相位与故障相电流相位大致相同，零序电压与故障相电压相位大致相反。

4）保护出口开关量动作相别应与故障相别一致，保护启动、跳闸、重合闸方式、高频光纤保护通道交换情况与保护动作情况一致。

（2）两相短路故障录波图的特点：

1）两相电流增大，两相电压降低，没有零序电压、电流。

2）两个故障相电压基本相反，电流增大、电压降低为相同两个故障相别。

3）故障相间电压超前故障相间电流 $60° \sim 90°$。

4）经变压器后短路故障的分析与上述情况不一样，应予以区别。

5）保护三相出口开关量动作情况应正确，保护启动、跳闸、重合闸方式、高频光纤保护通道交换情况与保护动作情况一致。

（3）两相短路接地故障录波图的特点：

1）两相电流增大，两相电压降低，出现零序电压、电流。

2）电流增大、电压降低为相同两个故障相别。

3）零序电流相量为位于故障两相电流间。

4）故障相间电压超前故障相间电流 $60°\sim90°$，零序电流超前零序电压约 $110°$。

5）保护三相出口开关量动作情况应正确，保护启动、跳闸、重合闸方式、高频光纤保护通道交换情况与保护动作情况一致。

（4）三相短路故障录波图的特点：

1）三相电流增大，三相电压降低，零序电压、电流幅值较小。

2）故障相电压超前故障相电流 $60°\sim90°$。

3）故障相间电压超前故障相间电流 $60°\sim90°$。

4）保护三相出口开关量动作情况应正确，保护启动、跳闸、重合闸方式、高频光纤保护通道交换情况与保护动作情况一致。

（5）变压器励磁涌流录波图的特点：

1）涌流波形偏于时间轴一侧，含有大量非周期分量。

2）含有大量高次谐波，并以二次谐波分量较大。

3）涌流波形之间存在间断角。

4）涌流在初始阶段数值较大，以后逐渐衰减。

5）应注意从录波图及数据区分是励磁涌流跳闸还是励磁涌流叠加变压器匝间故障电流跳闸。

6）保护启动、跳闸及三相出口开关量动作情况应正确，是否伴有非电量保护动作情况。

4-61 自动低频减载装置动作时间采用多少的延时？

答：自动低频减载装置动作时间采用 $0.15\sim0.3s$ 的延时。

4-62 低频减载装置动作值是多少？

答：低频减载装置动作值分八轮：

（1）基本Ⅰ轮：49.25Hz、0.2s。

（2）基本Ⅱ轮：49.00Hz、0.2s。

（3）基本Ⅲ轮：48.75Hz、0.2s。

（4）基本Ⅳ轮：48.50Hz、0.2s。

（5）基本Ⅴ轮：48.25Hz、0.2s。

（6）基本Ⅵ轮：48.00Hz、0.2s。

（7）基本Ⅶ轮：47.75Hz、0.2s。

（8）特殊轮：49.25Hz、20s。

4-63 低压减载装置动作值是多少？

答： 低压减载装置动作值分两轮：

（1）78%U_n 为 0.5s。

（2）75%U_n 为 0.5s。

4-64 计算机防误操作系统有哪些特点？

答： 计算机防误操作系统简称五防系统，采用编码技术，将闭锁硬件与逻辑运算分开，闭锁的逻辑运算由五防系统主机的逻辑运算来实现，能够对所有一次设备实行强制闭锁。五防系统由防误主机、计算机钥匙、编码锁三部分组成，从软件和硬件两个方面对操作进行闭锁。

（1）可靠性高。内部固化五防逻辑判断系统，工控主机总线不出主板，具有很强抗干扰能力，运行稳定可靠。

（2）光电采码方式。彻底解决传统按键采码方式中按键老化、接触不良等不可靠因素。

（3）使用优势。特别适合于无人值班，具有丰富的大屏幕显示和选单提示信息，无须敷设任何电缆即可实现模拟盘状态与实际状态对应。

（4）系统的开放性设计。在操作平台支持下，可实现系统软件自动生成，对变电站内增加间隔或改变接线方式带来极大方便。

4-65 工控主机有哪些功能？

答： 工控主机的功能如下：

（1）状态对位功能。遥信设备一断路器等，利用通信机与后台监控机通信设备状态信息实现自动对应；非遥信设备（隔离开关、接地开关、临时地线等）自动检测模拟屏元件状态并与内存中记忆的实际设备的状态进行比较，实现状态记忆对位。

（2）打印操作票功能。打印一次设备操作记录。

（3）通信功能。与后台监控设备间采用 RS-232 串行通信方式，与计算机钥匙间采用光电通信方式，能够将变电站内所有设备的名称、编号、属性、锁码等信息、操作票中一次设备操作记录传输给计算机钥匙存储，从计算机钥匙中获取站内设计设备的状态变位信息（操作票回传）。

（4）五防逻辑判断功能。

（5）失电记忆功能。

（6）时钟功能。

（7）自检功能。发现内部硬件故障给出报警提示。

（8）其他的计算机管理功能（规章制度管理、记录报表管理、两票管理、人员和设备以及设备缺陷的管理、安全工具管理等）。

4-66 用遥控操作用软件闭锁时有哪些闭锁方法？

答：对遥控操作正常采用是软件闭锁方式，通过和监控系统通信、相互配合，完成防止误拉合断路器，在断路器的操作回路和控制回路中不增加任何辅助触点。一般将逻辑闭锁条件输入到站控层即后台闭锁数据库中，站控层根据实时信号生成相应的闭锁条件，并将相应的闭锁信息发送到每个间隔层单元。当站控层进行遥控操作选择命令发送到间隔层时，间隔层单元根据闭锁条件返回站控层，在站控层后台人机界面上提示闭锁条件。

（1）口令闭锁。只有密码输入正确和权限验证正确后才能进行操作，否则将闭锁操作。

（2）远方/就地闭锁。切换开关打到就地位置时闭锁本站后台和集控站（调度）对该测控单元所有对象的遥控操作。

（3）逻辑闭锁。通过逻辑判断条件对电气设备的操作进行检测和判断，如不符合闭锁条件则提示闭锁遥控操作。

（4）操作闭锁。遥控操作按照操作人选择、监护人二次确认、操作员预置（监控装置返校）、操作员执行四个步骤进行，每步操作经过系统严密的判断且都有时间限制，超过时间系统将闭锁操作并提示超时。

（5）挂牌闭锁。集控站在后台的挂牌为软挂牌（总挂牌），是通过软件程序判断来闭锁遥控操作（闭锁集控站后台对所有或指定的受控站的遥控操作），并在后台机一次总图上显示标记提示，是在集控站后台或前置系统检修时为了防止检修人员误碰遥控出口或其他原因引起的误遥控；受控站挂牌是通过受控站前置机或主控单元的遥控切换开关（硬挂牌）来实现，该开关有闭锁集控站操作、闭锁集控/受控操作、不闭锁三种状态。

1）闭锁集控站操作一般用于集控站后台机和前置机进行检修工作时或集控站不能正常操作时使用，相当于受控站的远方/就地开关，受控站后台仍可遥控。

2）闭锁集控/受控操作为受控站总闭锁挂牌，一般用于受控站后台机检修工作，闭锁集控站后台对该受控站的遥控、该受控站后台的遥控、该受控站前置机的遥控出口。

3）不闭锁用于检修挂牌，此时对该回路断路器和隔离开关进行遥控而其余回路不闭锁，后台机将该设备上传的遥信量、遥测量保存到检修数据库中，该断路器所对应的事故信号、预告信号不发出音响、不进行事件实时打印，该断路器跳闸也不推事故画面，该回路保护信号不亮光字牌。

4-67 就地操作的计算机闭锁系统主要采用什么闭锁方式来实现？

答：现场就地操作的断路器、电动隔离开关、电动接地开关是采用电编码锁（安装在保护屏或开关柜的就地操作按钮附近），其在电气原理上相当于一个常开触点，操作前必须先通过计算机钥匙解锁，计算机钥匙插入电编码锁中，操作设备编号和计算机钥匙显示的编号一致方可解除闭锁……。电动隔离开关在机构箱中门上加装机械编码锁，锁上箱门，既可闭锁电动操作按钮，也可闭锁手摇操作，在电动隔离开关转轴上加装状态识别器以检查开关的合分状态，不同状态对应有不同的编码。电动隔离开关在端子箱采用电编码闭锁方式，如果电动隔离开关是遥控操作应采用软闭锁。

4-68　无人值班变电站"四遥"量配置的基本内容是什么?

答:(1)遥测:远方测量(TM)指运用通信技术传输所测变量之值,绝大多数是模拟量,还有电能量。

1)35kV及以上线路和旁路断路器有功功率和电流。

2)35kV及以上跨地区联络线计量增测无功功率及双向有功电量。

3)三绕组变压器两侧有功功率、电量、电流及第三侧电流、双绕组变压器一侧有功功率、电量、电流。

4)计量分界点的变压器应增测无功功率。

5)各级各段母线电压、小电流接地系统应测3个相电压(小电阻接地母线只需增测1个相电压)。

6)站用变压器低压侧电压。

7)直流母线电压。

8)10kV线路电压。

9)母联分段、分支断路器电流。

10)主变压器有载分接开关位置。

11)主变压器温度、保护设备的室温。

(2)遥信:远方状态信号TS,指对状态信息的远程监视,主要是开关量,即主要的断路器和隔离开关的位置状态、继电保护与自动装置的动作信息以及个别运行状态信号。

1)所有断路器位置信号。

2)反应运行方式的隔离开关位置信号。

3)主变压器有载调压分接开关位置信号。

4)变电站事故总信号。

5)35kV及以上线路和旁路主保护信号和重合闸动作信号。

6)母线保护动作信号。

7)主变压器保护动作信号、轻瓦斯动作信号。

8)低频减载动作解列信号。

9) 10～35kV（小电流就地）系统接地信号。

10) 直流系统异常信号。

11) 断路器控制回路断线总信号。断路器操动机构故障总信号。

12) 继电保护及自动装置电源中断总信号，监控系统或遥控操作电源消失信号（电压互感器断线信号），继电保护、故障录波装置故障总信号。

13) 主变压器冷却系统故障信号、主变压器油温过高信号。

14) 距离保护闭锁总信号。

15) 高频保护收信总信号。

16) 站用电源失压信号、系统 UPS 交流电源失压信号。

17) 通信系统电源中断信号。

18) 消防及保卫信号。

（3）遥控：远方操作 TC，指从调度发出命令以实现远方对厂（站）端的操作和切换，通常只取两个确定状态指令（如命令开关的合分指令），对运行设备进行远程操作，即远程指令操作的断路器等包括投切补偿装置、调节主变压器分接头、自动装置投切、发电机开停。

1) 变电站全部断路器及能遥控的隔离开关。

2) 可进行电控的主变压器中性点接地隔离开关。

3) 高频自发信启动。

4) 距离保护闭锁复归。

（4）遥调：指对具有不少于两个设定值的运行设备进行远程操作，主变压器有载调压分接开关位置调节，消弧线圈抽头位置调节。

此外对于"遥"的提法还有遥视（远程监视）、遥脉（对脉冲量-电能量的远程累计）。

4-69 变电站自动化系统采集的状态量、模拟量、脉冲量、数字量的内容是什么?

答：（1）状态量（开关量）。

1) 断路器及反应运行方式的重要隔离开关状态和重要接地开关位置

（包括变压器断路器位置、变压器中性点接地位置）。

2）变压器有载调压分接开关位置。

3）站用电源失压信号。

4）主变压器内部系统故障综合信号。

5）计算机监控系统 UPS 交流电源失压信号。

6）通信系统电源中断信号。

7）消防及保卫信号。

8）其他状态量，例如控制方式由遥控转为当地控制信号、断路器闭锁信号，继电保护和自动装置的动作信号和软硬压板（例如线路及旁路重合闸动作信号、线路及旁路保护动作、母线保护动作、断路器失灵保护动作、断路器事故跳闸总信号、变压器保护动作总信号）、一二次设备各种告警信号（包括过电压、过负荷超限），如直流系统绝缘监察装置的直流接地告警信号等。

9）变电站事故总信号。

（2）模拟量及脉冲量。

1）35kV 及以上线路和旁路断路器有功功率和电流（线路还有无功功率）。

2）35kV 及以上跨地区联络线计量有功功率和增测无功功率及双向有功电量（脉冲量）。

3）三绕组变压器两侧有功功率、电量（脉冲量）、电流及第三侧电流、双绕组变压器一侧有功功率、电量（脉冲量）、电流。

4）计量分界点的变压器应增测无功功率。

5）各级各段母线电压和零序电压、小电流接地系统应测 3 个相电压（小电阻接地母线只需增测 1 个相电压）。

6）站用变压器低压侧电压。

7）直流母线电压。

8）10kV 线路电压。

9）母联分段、分支断路器电流。

10）主变压器有载分接开关位置（当用遥测方式处理时）。

11）主变压器温度（上层油温、绕组温度）。

12）消弧线圈中性点位移电压及残余电流。

13）并联补偿装置电流。

（3）数字量。

1）通过监控系统与保护系统通信直接采集的各种保护信号，例如保护装置（单元）发送的测量值及定值、故障动作信息、自诊断信息、跳闸报告、波形等。

2）通过与电量计费系统通信采集的电量。

3）全球定位系统（GPS）信息。

4）其他智能设备（IED）发送的数字信息。

4-70 设备异常和故障预选信息有哪些？

答：关于设备异常和故障预告信息如下：

（1）有关控制回路断线总信号。

（2）有关操动机构故障信号。

（3）变压器油温过高、绕组温度过高信号。

（4）轻瓦斯保护动作信号。

（5）变压器或变压器调压装置油温过低信号。

（6）继电保护系统故障异常信号。

（7）距离保护闭锁信号。

（8）高频保护闭锁信号。

（9）消防报警信号。

（10）大门打开信号。

（11）站内 UPS 交流电源消失信号。

（12）通信线路故障信号等。

4-71 主变压器 "四遥" 的监控具体内容有哪些？

答：（1）遥控：各侧断路器、隔离开关及接地开关、中性点接地开关。

（2）遥测：各侧三相电流和三相母线电压，中性点电流，主变压器绕组和油测温。

（3）遥信：

1）各侧断路器、隔离开关及接地开关、中性点接地开关的分合位置，断路器手动工作位置/试验位置。

2）主变压器保护和其他自动装置动作、预告信号，交流电压和电流、断路器控制等二次回路断线信号。变压器分接头位置（BCD 码输入）。

3）主变压器本体信号：重瓦斯动作，压力释放动作，线温高动作，油温高动作，轻瓦斯告警，绕组温度高告警，油温高告警，油位异常告警，突发压力继电器动作，油流故障，油泵、冷却器故障，备用油泵投入，油泵、冷却器交流电源故障，油泵、冷却器全停告警，冷却器全停延时跳闸，冷却器全停30min 报警，分控箱直流电源故障，气体在线监测装置故障，气体在线监测总烃气体高高告警，气体在线监测总烃气体高告警，总控箱电源I故障，总控箱电源II故障，总控箱交流进线电源空开断开，本体分控箱总电源空开断开，总控箱照明及加热电源空开断开，总控箱直流电源故障，总控箱 380V 交流电源失去，RCP 柜交流电源故障，RCP 柜直流电源故障，RCP 柜分接头位置。

4）变压器分接头位置（BCD 码输入），有载调压开关的"升（挡）""降（挡）""急停"位置或状态，以及操作电源故障信号。

（4）遥调：分接开关挡位上升、下降、急停。

4-72 断路器间隔 "四遥" 的监控具体内容有哪些?

答：（1）遥控：断路器、隔离开关及接地开关。

（2）遥测：三相电流和三相母线电压。

（3）遥信：

1）隔离开关及接地开关的分合位置，断路器手动工作位置/试验位置。

2）保护和其他自动装置动作、预告信号，交流电压和电流、断路器控制等二次回路断线信号。

3）断路器本体信号：断路器 A 相分位置，A 相合位置，B 相分位置，B

相合位置，C 相分位置，C 相合位置，断路器控制回路Ⅰ断线，断路器控制回路Ⅱ断线，断路器第一组控制电源故障，断路器第二组控制电源故障，断路器位置不对应，断路器就地操作，断路器 SF_6 泄漏，断路器 $N_2/OIL/SF_6$ 总闭锁，断路器三相不一致，断路器 N_2 泄漏，断路器油压低闭锁合闸，断路器油泵打压，断路器油泵打压超时，断路器电动机或加热器电源故障，断路器弹簧未储能。

（4）遥调。

第五章 常用的线路保护

5-1 10~110kV 输电线路间隔的保护测控装置是如何构成的？

答：输电线路间隔的保护测控装置一般由交流插件、CPU 插件、逻辑插件、出口（跳闸）插件、通信插件、电源插件、人机接口组件等部件构成。输电线路测控装置通常具备开关量信号采集、模拟量信号采集、控制操作、脉冲量采集、同期、防误联锁、通信功能；而线路保护装置除按规定配置的保护功能以外还应具有故障记录和信息管理功能。

10kV 及以下输电线路测控装置的主要功能设置有三段式相间电流保护（可带方向或低电压闭锁）、三相一次重合闸、低频减载、电压互感器断线检测。

35kV 输电线路测控装置的主要功能设置有三段式相间距离保护、三段式相间电流保护（可带方向或低电压闭锁）、三相一次重合闸（检无压、检同期）保护、低频减载保护、过负荷告警或过负荷出口保护、电压互感器断线检测。

110kV 输电线路测控装置为模拟量采集、数字量采集（输入）、数字量输出，110kV 输电线路保护部分的主要功能设置有三段式距离保护、三段式接地距离保护、四段式零序电流方向保护、出口逻辑（电压互感器断线检测闭锁上述各种保护）、三相一次重合闸。

5-2 110kV 及 220kV 线路必须装设哪些保护装置？

答：（1）多段式零序电流保护装置。

（2）多段式相间短路保护装置。

（3）相电流速断保护。简单可靠、动作快速，应尽量采用。

5-3 6~35kV 线路必须装设哪些保护装置?

答:(1) 无时限或带时限的电流速断保护。

(2) 过电流保护。

(3) 单相接地保护(根据需要再装设)。

5-4 中性点直接接地系统中, 输电线路接地故障的主要保护方式有哪些?

答:输电线路接地故障的主要保护方式有纵联保护、零序电流保护、接地距离保护。

5-5 快速切除线路任意一点故障的主保护是什么?

答:主保护是纵联差动保护。

5-6 线路第Ⅰ段保护范围最稳定的是什么保护?

答:线路第Ⅰ段保护范围最稳定的是距离保护。

5-7 什么保护是高压线路保护中正确动作率最高的一种?

答:零序电流方向接地保护是高压线路保护中正确动作率最高的一种,正确动作率约为 97%。

5-8 在 Q/GDW 1161—2014 《线路保护及辅助装置标准化设计规范》中, 对保护配置及组屏柜的原则要求是什么?

答:(1) 应遵循"强化主保护,简化后备保护和二次回路"的原则进行保护配置、选型与整定。

(2) 优先采用主保护、后备保护一体化的微机型继电保护装置,保护应能反映被保护设备的各种故障及异常状态。

(3) 双重化配置的继电保护装置应分别安装在各自的保护屏柜内,保护退出、消缺或试验时,宜整屏柜退出。

(4) 双重化配置的继电保护装置,两套保护的跳闸回路应与断路器的两个跳闸线圈分别一一对应。

(5) 对于含有重合闸功能的线路保护,当发生相间故障或永久性故障时,可只发三个分相跳闸命令,三相跳闸命令不宜引接至端子排。

5 - 9 线路主保护的双重化是指什么?

答: 两套主保护的交流电流、电压和直流电源彼此独立,有独立的选相功能,有两套独立的保护专(复)用通道,断路器有两个跳闸线圈。

5 - 10 双母线接线的线路保护、重合闸及操作箱配置原则有哪些?

答: 双母线接线的线路保护、重合闸及操作箱配置原则有:

(1)配置双重化的线路纵联保护,每套纵联保护包含完整的主保护和后备保护以及重合闸功能。

(2)当系统需要配置过电压保护时,培植双重化的过电压及远方跳闸保护,过电压保护应集成在远方跳闸保护装置中,远方跳闸保护采用一取一经就地判别方式。

(3)配置分相操作箱及电压切换箱。

5 - 11 双母线接线的 220kV 线路按近后备原则设置的两套主保护,在使用电压互感器上有什么要求?

答: 双母线接线的 220kV 线路的两套主保护,当电压互感器二次回路断线时,将引起同一母线上所有线路主保护全部失压,不能满足全线内发生故障快速切除要求。即使由无电压测量的电流后备保护切除,也造成无选择性跳闸,使电网引起严重后果。因此要求:

(1)两套主保护的电压回路宜分别接入电压互感器的不同绕组。

(2)两套主保护当合用电压互感器的同一个二次绕组时,至少应配置一套以光纤为通道的分相电流差动保护。

5 - 12 10kV 线路保护的配置和技术要求是什么?

答: 10kV 线路保护的技术要求:

(1)一套完整保护,采用保护测控合二为一的装置,分散在高压开关柜上。

(2)中性点非有效系统宜配置一套独立的、可靠的接地自动选线保护装置。此外,还有 TV 断线检测告警:负序电压大于 8V、最小线电压小于 70V。

10kV 线路保护的配置要求如下:

（1）相间短路：

1）单侧电源装设两段过电流保护，第一段为不带时限的电流速断保护，第二段为带时限的电流速断保护。例如10kV线路设置三段式相间电流保护，Ⅰ、Ⅱ段为两相不完全星形接线，Ⅲ段为完全星形接线。

2）双侧电源可装设电流速断保护和过电流保护，对1～2km双侧电源短线路可装设导引线（带辅助导线）纵差保护为主保护，带方向或不带方向的电流保护作为后备保护。

3）并联电缆线路以横差保护作为主保护，带方向或不带方向的电流保护作为后备保护；对平行运行线路，宜装设横差保护作为主保护，以接于两回线电流之和的电流保护作为两回路同时运行的后备保护；对于环形网络中的线路，可采用故障时先将网络自动解列而后恢复的方法以简化保护。

（2）单相接地故障：在发电厂和变电站母线上应装设单相接地监视装置，动作于信号；有条件安装零序电流互感器的线路，考虑装设动作于信号的单相接地保护，必要时可动作于跳闸；对经常过负荷的电缆线路应装设过负荷保护。

例如，风电场10～35kV线路保护采用限时电流速断、三段式相间过电流（可带方向或低电压闭锁）、零序过电流保护。

5-13 35（66）kV线路保护的配置和技术要求是什么？

答：35（66）kV线路保护的技术要求：

（1）一套完整的主保护和后备保护。

（2）当电气一次采用高压开关柜时，宜采用保护测控合二为一的装置，分散在高压开关柜上。

（3）当电气一次采用户外敞开式设备时，应将保护装置集中组屏布置在继电保护室。

（4）中性点非有效系统宜配置一套独立的、可靠的接地自动选线保护装置。

35（66）kV线路保护的配置：

（1）相间短路：

1）单侧电源装设一段或两段式电流速断保护为主保护，带时限过电流保护作后备保护；例如35kV线路设置三段式带低电压闭锁的相间电流保护，为完全星形接线。

2）复杂网络的单回线可装设一段或两段式电流速断保护和过电流保护，必要时应具有方向性；当不满足选择性、灵敏性、速动性时采用距离保护；对不超过3～4km短线路可装设导引线纵差保护为主保护，带方向或不带方向的电流保护作为后备保护；

3）对于环形网络中的线路。可采用故障时先将网络自动解列而后恢复的方法以简化保护；对平行运行线路，可装设横差保护作为主保护，以阶梯式的电流保护作为后备保护。

（2）单相接地故障：在发电厂和变电站母线上应装设单相接地监视装置，动作于信号；有条件安装零序电流互感器的线路，考虑装设动作于信号的单相接地保护，必要时可动作于跳闸。

（3）对经常过负荷的电缆线路或混合线路，应装设过负荷保护。

5-14　对于3～63kV线路保护的安装规程有哪些具体规定？

答：（1）由电流继电器构成的保护装置，应接于两相电流互感器上，同一网络的所有线路均应装在相同的两相上。

（2）后备保护应采用远后备方式。

（3）当线路短路使发电厂厂用母线或重要用户电压低于额定电压的60%时，以及线路导线截面过小，不允许带时限切除短路时，应快速切除故障。当过电流保护的时限不大于0.5～0.7s时且没有前述的情况或没有配合要求时，可不装设瞬动的电流速断保护。

（4）保护装置仅在线路的电源侧装设。

5-15　110kV线路保护的配置要求是什么？

答：（1）一套完整的主保护和后备保护宜独立组屏。

（2）电缆线路或电缆-架空混合线路宜配置分相电流差动保护作为主

保护。

（3）对长度不超过 8km 的超短线路，应配置一套分相电流保护作为主保护。

根据 GB/T 14285—2006《继电保护和安全自动装置技术规程》规定，110kV 线路在满足系统稳定要求和用户使用要求的条件下，可装设阶段式相电流和零序电流保护作为相间和接地故障的保护，如不能满足要求，则装设阶段式相间和接地距离保护，并辅之用于切除经电阻接地故障的一段零序电流保护。因此，阶段式零序保护和阶段式距离保护成为 110 kV 线路的主流保护。

5 - 16 根据《国网十八项电网重大反事故措施》220kV 及以上电压等级的线路保护应满足哪些要求？

答：（1）联络线的每套保护应能对全线路内发生的各种类型故障均快速动作切除，对于要求实现单相重合闸的线路，在线路发生单相经高阻接地故障时应能正确选相并动作跳闸。

（2）对于远距离、重负荷线路及事故过负荷等情况，宜采用设置负荷电阻线或其他方法避免相间、接地距离保护的后备段保护误动作。

（3）应采取措施，防止由于零序功率方向元件的电压死区导致零序功率方向纵联保护拒动，但不宜采用过分降低零序动作电压的方法。

（4）同一条 220kV 及以上电压等级线路的两套继电保护和同一系统的有主/备关系的两套安全自动装置应由两套独立的通信传输设备分别提供，并分别由两套独立的通信电源供电，重要线路保护及安全自动装置通道应具备两条独立的路由，满足"双设备、双路由、双电源"的要求。

5 - 17 220kV 线路保护的配置要求是什么？

答：220 kV 及以上电压等级输电线路应装设反应线路全长的快速保护 - 纵联保护，其通道包括以输电线路为通道的载波，以光缆为通道的光纤、导引线、微波等。

220kV 线路保护的配置要求如下：

（1）应遵循相互独立原则按双重化配置，并独立组屏。每套保护装置均应配置完整的主保护和后备保护。

（2）每套保护宜配置一套电压切换箱，电压切换继电器应采用自保持或双位置继电器。

（3）每套保护应有选相功能，实现分相跳闸和三相跳闸。

（4）每套保护除了全线速动的纵联主保护外，还应具有三段式相间和接地距离及零序方向电流保护作为后备保护。

（5）应配置断路器失灵启动回路以及断路器三相不一致保护。

（6）电缆线路或电缆—架空混合线路宜配置两套分相电流差动保护作为主保护，还应配置过负荷保护（宜动作于信号，必要时动作于跳闸）。

（7）对长度不超过 20km 的超短线路，应至少配置一套分相电流差动保护作为主保护。

（8）同杆并架双回线路应采用可分相传送跳闸命令的全线速动保护，应至少配置一套分相电流差动保护作为主保护。

（9）在断路器和电流互感器之间故障应可靠动作。

全线速动保护主保护动作时间应为：对近端故障不大于 20ms，对远端故障不大于 30ms（不包括通道时间）。两套全线速动保护可以互为近后备保护，线路Ⅱ段保护是全线速动保护的近后备保护，线路Ⅲ段保护既是本线路的延时近后备保护，尽可能又是相邻线路的远后备保护。

5 - 18　110kV、 220kV 中性点直接接地系统线路保护如何具体配置？

答：（1）相间短路：

1）单侧电源装设三相电流电压保护，如不满足要求则装设距离保护（三段式）。

2）双侧电源线路宜装设距离保护（三段式），符合下列条件之一的还要装设全线速动保护，或装设相间短路后备保护。根据系统稳定要求必要时，或线路三相短路使发电厂厂用母线电压低于 70％额定电压且其他保护不能无时限和有选择地切除短路时，或采用全线速动保护后既改善本线路保护性能又能改善整个电网保护性能的主要线路；

3) 对于分支线的线路，可装设与不带分支线时相同的保护，但要采取必要的措施。

(2) 接地故障：对 220kV 线路，当接地电阻不大于 100Ω 时，保护应能可靠地、有选择性地切除故障，宜采用阶梯式（四段式零序方向）或反时限零序电流保护，也可采用（三段式）接地距离保护并辅之以阶段式或反时限零序电流保护，当符合装设全线速动保护的条件时还应装设上述保护作为接地后备保护。

(3) 电缆线路或混合线路应装设过负荷保护，宜动作于信号，必要时动作于跳闸。

例如，风电场中 110 kV 线路保护通常装有三段式距离保护和四段式零序保护，一般还装设自动重合闸。距离和零序保护的Ⅰ段为线路主保护，可保护线路全长的 80%，带方向元件无时限动作；距离Ⅱ段和零序Ⅱ、Ⅲ段保护和下级线路配合，带方向元件及时限动作；距离Ⅲ段和零序Ⅳ段带长时限动作，整定值大于正常负荷。当线路负荷重、线路短时还需装设导线保护或高频、电流差动等保护以提高动作灵敏度。220 kV 及以上要求继电保护双重化配置，一般加装线路全厂全线速动保护即高频、电流差动保护，断路器要求分相操作，重合闸可以单跳、三跳三重。

5-19 500（330）kV 线路保护的配置要求是什么？

答：(1) 至少应装设两套完整的、各自独立的全线速动数字式主保护，必要时可增设独立后备保护或第三套全线速动数字式主保护。

(2) 对重负荷、长距离的联网线路，应配置两套主保护和一套上通道的独立后备保护（受系统振荡、长线路充电电容效应、并联电抗器电磁暂态特性等因素影响）。

(3) 具有 OPGW 或其他数字通信通道的线路，应优先采用分相电流差动保护作为主保护。

(4) 同杆并架双回线路，每回线路应选用两套分相电流差动保护作为主保护，若没有光纤通道应使用载波通道传送分相通道命令的高频距离保护，线路重合闸应有按相重合闸功能。

（5）对长度不超过 20km 的超短线路，应优先采用分相电流差动保护作为主保护。

（6）有串补的线路应配置两套光纤分相电流差动保护作为主保护，每套主保护应配置完整的后备保护功能，各种保护功能均能适应串补投入及退出的运行要求。

（7）电缆线路或电缆－架空混合线路应选用两套分相电流差动保护作为主保护，每套主保护应配置完整的后备保护功能。

（8）每套主保护装置应包括全线速动的主保护和完整的后备保护，主保护对全线各种故障无时限切除故障，后备保护应包括三段式接地、相间距离及零序方向电流保护、反时限零序电流保护。

（9）应有允许较大过渡电阻的能力，能保证在不大于 300Ω 的大电阻接地故障能可靠选相跳闸，还应适用于弱电源情况。

5-20 330～500kV 中性点直接接地系统线路保护如何配置的？

答：（1）一般情况下应实现主保护双重化，即设置两套完整、独立的全线速动保护，每套保护对全线内发生各种故障均能无时限动作切除故障。

（2）每条线路都应配置能反应线路各种类型故障的后备保护，对相间短路后备保护宜采用接地式距离保护，对接地短路应装设接地距离保护并辅以阶段式或反时限零序电流保护。

（3）根据一次系统要求装设过电压保护。

5-21 对线路末端故障有足够灵敏度的最短时限保护段的动作时间如何考虑？

答：应根据系统需要尽量缩短，一般不应超过 1.5s。

5-22 10kV 线路单侧电源线路的相间短路保护如何配置？

答：10kV 线路单侧电源线路的相间短路保护配置为二相二继电式瞬动过电流速断及定时限过电流二段保护（同一网络所有线路应装在相同的二

相），当保护时限不大于 0.5～0.7s 时可不装瞬动过电流速断，保护时限过长或不允许在过低电压下运行的线路，采用无选择性动作的过电流速断，再加上自动重合闸来补救。后备保护应采用远后备方式。

当线路短路使得发电厂厂用电母线或重要用户母线电压低于额定电压 60% 时，以及线路导线截面过小，不允许带时限切除短路时，应快速切除故障。

5-23 10kV 线路单侧电源线路的相间短路保护二相过电流速断保护的灵敏系数应取什么电流来校验？

答：取最小运行方式下保护区始端二相超瞬变短路电流来校验。

5-24 10～35kV 平行线路的相间短路保护如何配置？

答：设横联差动保护做主保护，并以二相星接的双回线电流之和的二段式过电流保护做备用保护，这也是一回线运行时主保护。

5-25 10～35kV 线路何时应使用纵联差动保护？

答：10～35kV 线路使用纵联差动保护为过电流速断不能满足要求，且距离较短，如 10kV 为 1～2km，35kV 为 3～4km。

5-26 电流速断保护的整定原则是什么？

答：电流速断保护简单、可靠且快速，整定原则是按照本线路末端母线短路的最大短路电流整定，以保证相邻下一级出线故障时，不越级动作。

5-27 电流速断保护能保护线路全长吗？ 电流速断定值如何整定？

答：电流速断保护不能保护线路全长，应可靠躲过区外故障时最大故障电流和最大系统振荡电流。

5-28 带时限电流速断保护对本线路电流速断是什么保护？

答：带时限电流速断保护对本线路电流速断应起近后备作用。

5-29 10kV 配电线路为什么有的只装过流保护不装速断保护？

答：10kV 配电线路供电距离较短，线路首末端短路电流值相差不大，速断保护按躲过线路末端短路电流整定，保护范围太小或动作时间较短；或者随运行方式改变保护装置安装处的综合阻抗变化范围大，安装速断保护后保护范围很小，甚至没有保护范围，同时该处短路电流较小，当具备这两种情况时就不必装电流速断保护，用过电流保护作为该配电线路的主保护足以满足系统稳定的要求。

5-30　感应型过电流继电器有什么特点？

答：感应型过电流继电器兼有电磁型电流继电器、时间继电器、信号继电器和中间继电器的功能，不仅能实现带时限的过电流保护，而且可以实现电流速断保护（感应型过电流继电器的可靠系数取 1.5）。

5-31　什么是电压闭锁电流速断保护？

答：电压闭锁电流速断保护是当系统运行方式变化较大，采用电流速断保护不能满足灵敏度要求时，电流和电压继电器的触点构成与门回路输出，即只有电流继电器和电压继电器的触点同时闭合时，保护才能启动跳闸。

复合电压过电流保护是由一个负序电压继电器和一个反映故障时相间电压降低的低电压继电器共同组成的电压复合元件，两个继电器只要有一个动作，同时过电流继电器也动作，整套装置即能启动。

5-32　复合电压过电流保护与低电压闭锁过电流保护相比具有什么优点？

答：复合电压过电流保护与低电压闭锁过电流保护相比具有的优点如下：

（1）在后备保护范围内发生不对称短路时有较高的灵敏度。

（2）在变压器发生不对称短路时，电压启动元件的灵敏度与变压器接线方式无关。

（3）由于电压启动元件只接在变压器一侧，故接线比较简单。

5-33　定时限过电流保护和反时限过电流保护有哪些主要差别？

答：（1）定时限过电流保护的动作时限是确定的，它与故障电流的大小无关，反时限过电流保护的动作时限与故障电流的大小成反比。

（2）定时限过电流保护的配合级差采用 0.5s，反时限过电流保护的配合级差采用 0.7s。

（3）定时限过电流保护是采用电磁式继电器，它由时间继电器、中间继电器和信号继电器组合而成，并且过电流与速断分别由各自的继电器来完成，而反时限过电流保护采用的是感应式继电器，是由继电器的多功能来显示指示信号并使断路器掉闸。

5-34 定时限过电流保护的动作电流、动作时限的整定原则是什么？

答：动作电流的整定原则如下：

（1）应避开可能的最大负荷电流。

（2）上下级保护在动作电流、动作时限都应互相配合。

（3）在最小运行方式下，保护区末端金属性两相短路时灵敏度应不小于1.5。

动作时限的整定原则如下：

按阶梯原则整定，即从负荷至电源方向和各相邻保护装置的动作时限逐级增长一个时间级差。

5-35 什么是线路的阶段式电流保护？

答：阶段式电流保护是指其保护范围、动作时间和整定值的配合带有阶段性。由于保护简单、可靠，两段或三段式在 35kV 及以下电网得到广泛应用。

第Ⅰ段是无时限电流速断保护，动作电流大于线路末端最大短路电流，则

$$I_{op1}^{I} = K_{rel} I_{kmax}$$

式中　K_{rel}——可靠系数，取 1.2～1.3；

I_{kmax}——线路末端短路最大三相短路电流（如果校验灵敏度应校验最小运行方式下其首端两相最小短路时灵敏系数不小于2）；但只能保护线路一部分，最大保护范围不小于线路全长的 50％，最小保护范围不小于线路全长的 15％～20％（校验保护范围用）。

第Ⅱ段是带时限电流速断保护，动作时限增加 0.5s（级差），可靠系数取 1.1～1.2，用下一相邻线路电流速断动作电流来校验的灵敏度要求不小于 1.25，能保护本线路全长，并延伸到下一线路，但不能作为下一线路的后备保护，只能作为下一线路部分长度的后备保护（躲开了下一线路的速断动作电流，时限是为了选择性）。（如果校验本线路灵敏度应校验最小运行方式下

线路末端两相最小短路时灵敏系数不小于 $1.3\sim1.5$)。

第Ⅲ段是过电流保护，动作时限再增加 $0.5s$，即

$$I_{op1}^{\rm III} = (K_{rel}K_{ast}/K_r)I_{max}(按躲开最大负荷电流来整定)$$

式中　　K_{rel}——可靠系数，取 $1.15\sim1.25$；

　　　　K_{ast}——自启动系数，取 $1.5\sim3$；

　　　　K_r——返回系数，取 $0.85\sim0.95$（一般取 0.9）。

用本线路末端两相短路最小短路电流校验的灵敏度要求不小于 1.2，作为本线路和下一线路的后备保护。

当过电流保护灵敏系数大于 1 时，保护区能延伸到相邻线路。

5-36　三段式电流保护中灵敏度最高的是什么保护？

答： 三段式电流保护中灵敏度最高的是定时限过电流保护，定时限过电流保护动作时间与短路电流的大小无关。

5-37　反时限过电流保护如何？

答： 微机保护反时限特性按 IEC 可用三个方程式表示：反时限特性的动作时间：

1）正常反时限。

2）非正常反时限。

3）极端反时限。

变配站所选用反时限过电流保护动作电流整定为 $6A$，采用交流操作电源时应选用 GL-15/10 型继电器。

5-38　由负序电压元件与低电压元件组成的复合电压元件闭锁过流保护，其动作条件是什么？它通常被用作什么的后备保护？

答： 负序电压元件或低电压元件（接在相电压上的低电压继电器）动作，两个继电器只要有一个动作，同时电流元件（过电流继电器）动作，保护才启动出口继电器。

变压器的后备保护，优点为：

（1）在后备保护范围内发生不对称短路时，有较高的灵敏度。

（2）在变压器发生不对称短路时，电压启动元件的灵敏度与变压器接线方式无关。

（3）由于电压启动元件只接在变压器一侧，故接线比较简单。

5-39 在大电流接地系统中，为什么要单独装设零序电流方向保护？

答：（1）系统接地故障占线路故障90%以上，零序保护正确动作率达97%以上，保护简单可靠。

（2）过电流保护需躲过最大负荷电流，而零序过电流保护只躲过最大不平衡电流，所以零序保护的动作电流可以整定得较小，有利于提高灵敏度。

（3）Yd接线的降压变压器，三角形绕组以后的故障不会在星形绕组侧反映出零序电流，所以零序保护的时限可以不必与该变压器以后的线路保护相配合而取较短的动作时限。

（4）解决大过渡电阻接地时其他保护灵敏度不足的问题。

5-40 在大电流接地系统中，为什么有时零序电流保护要带方向？

答：如线路两端的变压器中性点都接地，当线路上发生接地短路时，在故障点与各变压器中性点之间都有零序电流流过，其情况和两侧电源供电的辐射形电网中的相间故障电流一样。加装方向继电器可保证各零序电流保护有选择性和降低定值。

5-41 在大电流接地系统（中性点直接接地系统）中，线路始端发生两相金属性短路接地时，零序方向过流保护中的方向元件将如何？

答：因感受零序电压最大而灵敏动作。

5-42 在大电流接地系统中，当相邻平行线停运检修并在两侧接地时，电网发生接地故障，此时停运线路有否零序电流？运行线路呢？

答：停运线路有零序感应电流流过。

运行线路中的零序电流将会增大。

5-43 在大电流接地系统中，为什么相间保护动作的时限比零序保护动作的时限长？

答：保护的动作时限一般是按阶梯性原则整定的。相间保护的动作时限是由用户到电源方向向每级保护递增一个时间级差构成的，而零序保护则由于降压变压器大都是 Yd 接线，当低压侧接地短路时，高压侧无零序电流，其动作时限不需要与变压器低压侧用户相配合，因此零序保护动作时限比相间保护的短。

5-44 零序电流保护的优点有哪些？

答：（1）结构简单，使用继电器数量少，回路简单，试验维护方便，动作正确率高于其他复杂保护。

（2）整套保护中间环节少，可实现快速动作，有利于减少发展性故障。

（3）在电网零序网络基本保持稳定的条件下，保护范围比较稳定，由于线路接地零序电流变化曲线陡度大，其瞬间段保护范围较大，对一般长线路和中长线路可以达到全线的 70%～80%，性能与距离保护相近。

（4）保护反应于零序电流的绝对值，受故障过渡电阻的影响小。

（5）保护定值不受负荷电流的影响，也基本不受其他中性点不接地电网短路故障的影响，保护延时段灵敏度允许整定较高，而且零序电流保护之间的配合只决定于零序网络的阻抗分布，不受负荷潮流分布和发电机开停机的影响，只需使零序网络阻抗保持基本稳定，就可以获得良好的保护效果。

5-45 零序电流保护运行中的问题有哪些？

答：零序电流保护运行中的问题有：

（1）电流回路断线可能误动。

（2）系统不对称也可能有零序电流。

（3）同杆并架线路之一故障会在另一回路感应零序电流。

（4）零序电流二次回路断线不易发现。

5-46 零序电流保护各段的保护范围是怎样划分的？

答：零序电流保护的灵敏度应按保护范围末端接地短路时流过本线路的最小零序电流校验。作近后备时校验点取本线路末端，可靠系数要求不小于 1.3～1.5；作下一线路的远后备时校验点取下一线路末端，可靠系数要求不小于 1.2。因为零序电流保护的动作电流较小，所以灵敏系数容易满足要求。

5-47 在按躲开区外故障最大 3 倍零序电流整定零序电流保护第一段时，可靠系数是多少？

答：可靠系数必须大于 1.3（因为没有计及可能出现的直流分量）。

5-48 在被控制保护段末端故障时零序方向元件的零序电压及零序功率应如何考虑？

答：为了不影响各保护段动作性能，零序电压不应小于方向元件最低动作电压的 1.5 倍，零序功率不应小于方向元件实际动作功率的 2 倍。

5-49 220kV 电网按近后备原则整定的零序方向保护，方向继电器的灵敏度应满足多少？

答：220kV 电网方向继电器的灵敏度应满足本线路末端接地短路时零序功率灵敏度不小于 2。

5-50 零序功率方向继电器是靠什么来判别方向的？ 零序功率方向继电器的最大灵敏角是多少？

答：是靠零序电压与零序电流之间的相位来判别方向的；零序功率方向继电器的最大灵敏角是 70°。

5-51 按照《电力系统继电保护及安全自动装置反事故措施要点》的要求，采用三相电压自产零序电压的保护应注意什么？

答：按照《电力系统继电保护及安全自动装置反事故措施要点》的要求，采用三相电压自产零序电压的保护应注意当电压回路故障时同时失去相间及接地保护的问题。

5-52 零序电流保护的后加速加 0.1s 短延时是为什么？

答：躲过断路器的三相不同时合闸（断路器的三相不同步），在手动合闸或自动重合时投入使用。

5-53 对只实现三相重合闸的 100km 以上的 220kV 线路，如何整定零序电流保护？

答：零序电流保护可使用两个第一段："躲非全相一段"（也称不灵敏一段）和"一段"（也称灵敏一段）。"躲非全相一段"定值大于区外故障和开关合闸三相不同期的最大三倍零序电流。"一段"定值可以小于开关合闸三相不同期最大三倍零序电流，但动作时间带 0.1s 延时，或者正常为瞬时，重合闸过程中带 0.1s 延时（考虑对侧开关后合闸时的不同期）。

5-54　220kV 线路由旁路代路时，在用旁路断路器合环前应退出什么保护？

答：零序保护Ⅲ、Ⅳ段。

5-55　电网中线路在什么情况下可增设方向电流保护？在什么情况下可增设接地距离保护装置？

答：方向电流保护主要采用在双侧电源或环网的供电方式。

加装有方向性的接地距离保护装置可以明显改善整个电网接地保护性能时。

5-56　35kV 双侧电源线路的电压保护不能满足要求时，可选用哪种保护？

答：选用距离保护；距离在 3～4km，使用纵联差动保护。

5-57　10～35kV 线路单相接地故障以及过负荷的保护措施有哪些？

答：线路单相接地故障时中性点小电流接地系统采用 DZ-4 型设备进行绝缘监视。线路过负荷故障，专设的过负荷保护动作于信号，危及人身和设备安全时带时限动作于跳闸。

5-58　方向过电流保护由什么组成？

答：方向过电流保护由启动元件——电流继电器、方向元件——功率方向继电器、时间元件——时间继电器组成。

5-59　采用接地距离保护有什么优点？

答：（1）瞬时段的保护范围固定，比较容易获得有较短延时和足够灵敏度的Ⅱ段接地保护，特别适合于短线路的Ⅰ、Ⅱ段保护。

（2）对于短线路，利用接地距离保护Ⅰ、Ⅱ段，再辅之以完整的零序电流保护，两种保护各自配合整定，各司其职。接地距离保护用以取得本线路的瞬时保护段和有较短时限及足够灵敏度的全线Ⅱ段保护。零序电流保护以保护高电阻故障为主要任务，保证与相邻线路的零序电流保护间有可靠的选择性。

5 - 60　什么是距离保护?

答：距离保护实质上是反应阻抗（电压与电流的比值 U/I）的降低而动作的阻抗保护，反映故障点至保护安装处的距离。

5 - 61　接地距离保护的阻抗继电器接线如何?

答：按需要保护的线路的长度计算其阻抗值，动作特性是由所测得的短路点阻抗小于其计算阻抗值时动作，大于时拒动。阻抗继电器接入相电流、相电压作单相接地保护，接入相电流、线电压作相间短路保护。

5 - 62　距离保护一般由几部分组成?

答：距离保护一般由测量部分（方向部分）、启动部分、振荡闭锁部分、二次电压回路断线失电压闭锁部分、时间和逻辑部分 5 部分组成。

传统距离保护的元件有一一对应的电路，而微机保护中这些元件主要以软件的形式体现。

5 - 63　阻抗继电器能够判别线路的区内、外故障的原理如何?

答：距离保护装置工作原理如下：

（1）阻抗元件中设置记忆功能，时间不应小于 100ms，将故障前的电压记忆下来，方向阻抗保护中记忆回路的作用是消除正方向出口三相短路死区。

（2）自动偏移功能，当线路手动合闸或单相重合于永久性故障线路时，线路电压没有恢复，阻抗元件将变成偏移阻抗继电器，把坐标原点包括在阻抗特性圆内；阻抗继电器能够判别线路的区内、外故障，即能够测量故障点到保护安装处的距离在于插入了非故障相电压的极化量。

（3）具备躲弧光电阻和过渡电阻的能力，过渡电阻对阻抗继电器的影响，视条件可能失去方向性，也可能使保护区缩小，还可能发生超越及拒动。如果在反方向出口（或母线）经小过渡电阻短路，且过渡电阻阻抗呈阻感性时，最容易发生误动。

（4）振荡闭锁功能（只闭锁Ⅰ、Ⅱ段，距离Ⅲ段靠时间躲过振荡周期

1.5s 左右），当整定阻抗相同时，工频变化量阻抗继电器躲过过渡电阻能力最强，也不需要振荡闭锁。

（5）电压互感器断线闭锁功能。

（6）保护的固有电阻时间阻抗Ⅰ段在出口故障时电阻时间不大于 20ms，保护末端故障时动作时间不大于 30ms。

5-64 动作阻抗是指什么？

答：动作阻抗是指阻抗继电器动作的最大测量阻抗。

5-65 电网频率变化对方向阻抗继电器动作特性有什么影响？

答：电网频率变化对方向阻抗继电器动作特性有影响，可能导致保护区变化以及在某些情况下正、反向出口短路故障时失去方向性。

5-66 距离保护对线路末端故障的灵敏度要求是多少？

答：距离保护对线路末端故障的灵敏度要求是：

（1）对 200km 以上的线路不低于 1.3；

（2）对 50km 到 200km 的线路不低于 1.4；

（3）对 50km 以下的线路不低于 1.5，同时当线路末端故障，故障点每相经 10Ω 弧光电阻时保护仍能动作。

5-67 距离保护的启动元件采用负序加零序电流增量或负序分量有什么优点？

答：（1）灵敏度高。

（2）可兼作振荡闭锁的启动元件。

（3）在电压二次回路断线时不会误动。

（4）对称分量的出现与故障的相别无关，启动元件可以采用单个继电器，因此接线比较简单。

5-68 对启动元件的定值，有何具体要求？

答：（1）本线路末端金属性两相短路负序分量灵敏度大于 4。

（2）本线路末端金属性单相和两相接地故障单独的零序或负序分量灵敏度大于 4。

（3）距离保护第三段保护动作区末端金属性两相短路故障负序分量灵敏度大于 2。

（4）距离保护第三段保护动作区末端金属性单相和两相接地故障，单独的零序或负序分量灵敏度大于 2。

5-69 距离保护对振荡闭锁回路的基本要求是什么？

答：（1）系统发生各种类型的故障，保护应不被闭锁而能可靠动作。

（2）系统发生振荡而没有故障，应可靠将保护闭锁，且振荡不停息，闭锁不解除。

（3）在振荡过程中发生故障时，保护应能正确动作。

（4）先故障而后发生振荡，保护不会无选择性动作。

5-70 按照《电力系统继电保护及安全自动装置反事故措施要点》的要求，距离保护振荡闭锁开放时间如何整定？

答：振荡闭锁开放时间原则上应在保证距离保护第二段可靠动作的前提下尽量缩短。但其中切换继电器由一段切换到二段的时间，应大于接地保护第一段动作时间与相间距保护第一段动作时间之和，以尽可能使在距离一段保护范围内发生的单相接地（在接地保护发出跳闸脉冲之前）迅速发展成三相短路的转换性能故障时仍能由距离一段动作跳闸，一般可整定为 $0.12\sim0.15s$。

5-71 距离保护振荡闭锁整组复归时间如何整定？

答：振荡闭锁整组复归时间应大于相邻重合闸周期加上重合于永久性故障保护再次动作的最长时间，并留有一定裕度。

5-72 当系统最大振荡周期为 1.5s 时，不应经振荡闭锁控制的距离Ⅰ段、Ⅱ段、Ⅲ段，各自动作时间应不小于多少？

答：按照《电力系统继电保护及安全自动装置反事故措施要点》的要求，距离保护用电流启动，振荡闭锁第一次启动后，只能在判断系统振荡平息后才允许再开放，距离保护瞬时时段在故障后短时开放。因为通常系统振荡周期为 $0.15\sim3s$，而距离保护第Ⅰ、Ⅱ段的动作时间较短，躲不过系统振荡周期，故需要经振荡闭锁装置。而第Ⅲ段的动作时间一般都大于振荡闭锁，可以躲过系统振荡周期不至于发生误动作，故可以不经振荡闭锁装置。系统最大振荡周期为 1.5s 时，动作时间不小于 0.5s 的距离Ⅰ段、不小于 1s 的距离Ⅱ段、不小于 1.5s 的距离Ⅲ段，不应经振荡闭锁控制。

5-73 距离保护Ⅰ段、Ⅱ段、Ⅲ段各自保护范围通常为多少?

答: 距离保护Ⅰ段保护范围通常选择为被保护线路全长的 80%～85% (即按线路阻抗的 80% 整定)，是按躲过本线路末端短路整定，可在相邻线路出口短路时防止本保护瞬时动作而误动。距离保护Ⅰ段的动作时限为保护装置的固有动作时间，为了与相邻的下一线路的距离保护Ⅰ段有选择性配合，两者的保护范围不能有重叠的部分。否则本线路第Ⅰ段的保护范围会延伸到下一线路，造成无选择性动作。同时，保护定值计算用的线路参数和互感器的测量都有误差，考虑到最不利情况，这些正误差相加，如第Ⅰ段的保护范围为线路全长，就不可避免地要延伸到下一线路，此时如下一线路出口故障，则相邻的两条线路的第Ⅰ段会同时动作，也造成无选择性动作。动作阻抗整定中可靠系数一般取 0.8～0.85 (微机保护取 0.8)，动作时限不大于 0.1s。

距离保护Ⅱ段要求全线有灵敏度，整定上要与求与相邻线路的距离保护Ⅰ段配合，保护范围通常为本线路全长并延伸至下一线路的一部分 (全长的 30%～40%)。动作时限要与相邻的下一线路的距离保护Ⅰ段动作时限相配合，一般约为 0.5s;可靠系数一般取 0.8～0.85 (微机保护取 0.8);灵敏度按线路末端金属性短路条件校验，不小于 1.25;当灵敏度校验不能满足要求时，应进一步延伸保护范围，使之与下一线路的距离保护Ⅱ段相配合，时限整定为 1～1.2s。

距离保护Ⅲ段是距离保护的后备段，除要求与相邻线路的距离保护Ⅱ段配合外，还要求能躲过最大负荷阻抗，启动阻抗应按小于正常时最小负荷阻抗来整定。保护范围通常既为本线路全长，又能保护相邻线路全长。动作时限按梯阶原则整定。考虑到外部故障切除后在电动机自启动的条件下保护第Ⅲ段必须立即返回的要求，可靠系数取 1.2～1.3，返回系数取 1.15～1.25，电动机自启动系数一般取 1.5～3。灵敏度应按相临元件末端短路的条件来校验，并考虑分支系数为最大的运行方式，要求不小于 1.2；当作为近后备保护时则按本线路末端短路的条件来校验，要求不小于 1.5；当全阻抗继电器灵敏度不够时，可采用方向阻抗继电器，可靠系数取 1.15～1.25，返回系数取 1.17，电动机自启动系数一般取 1～3。动作时限按大于相邻下一级保护的配合段动作时限整定，至少大一个时限，并考虑是否受系统振荡影响（大于振荡周期）。

5-74　距离保护使用的防失压误动方法是什么？　按照 《电力系统继电保护及安全自动装置反事故措施要点》 有何要求？

答：距离保护使用的防失压误动方法是整组以电流启动且断线闭锁启动总闭锁。

按照《电力系统继电保护及安全自动装置反事故措施要点》，电压二次回路一相、两相或三相同时失压都应发出警报，闭锁可能误动作的保护。原设计要求用电压互感器二次电压构成的电压回路断线闭锁保护，如果只用一组电压互感器供电时，必须注意解决由此而带来的电压断线闭锁失效问题。

5-75　距离保护在运行中应注意什么？

答：应有可靠的电源，避免运行的电压互感器向备用状态的电压互感器反充电使断线闭锁装置失去作用，若恰好在此时电压互感器二次熔丝熔断，距离保护会因失压而误动作。

对线路距离保护电压回路进行切换，从一条母线切换到另一条母线上运行时，随之应将距离保护使用电压切换到另一条母线上的电压互感器供电，切换过程中必须保证距离保护不失电。

5-76　纵联保护在电网中的重要作用是什么？

答：纵联保护在电网中可实现全线速动：

（1）保证电力系统并列运行的稳定性和提高输送功率。

（2）缩小故障造成的破坏程度。

（3）改善与后备保护的配合性。

5 - 77 光纤通道线路纵联电流差动保护的优、 缺点是什么?

答: 光纤通道线路纵联电流差动保护的优点如下:

(1) 配有分相式电流差动和零序电流差动,本身具有选相能力,不受系统振荡影响,在非全相运行中有选择性地快速动作,灵敏度高、动作速度快、构成原理简单;由于带有制动特性,可防止区外故障误动,不受失压影响,不反映负荷电流,抗过渡电阻能力强。

(2) 在短线路上使用,不需要电容电流补偿功能,一般 1~10kV 线路长度为 1~2km,35kV 线路长度为 3~4km,110~330kV 线路长度为 5~7km。利用光纤通道的差动保护逐渐变成了主流保护。

纵联差动电流保护的缺点如下:

(1) 必须装设与一次线路等长的二次线路来构成保护回路,极易造成二次线路的断线和短路,从而造成保护的误动、拒动。

(2) 必须装设专门的后备保护,否则一旦拒动可能造成严重的后果。纵联载波保护克服了纵联差动电流保护的缺点,充当了超高压输电线路的主保护。

5 - 78 如何根据线路情况确定纵联保护的方式?

答: 一般对 250km 以上线路不宜采用相差高频保护,7km 以上线路不宜采用带辅助导线的导引线保护。环网运行的短线路,如阶段式保护在正常运行方式难以配合,不能取得应有的灵敏度与选择性时,可以考虑装设两套纵联保护。

5 - 79 对装有串联补偿电容的线路, 优先选用什么作主保护?

答: 光纤分相电流差动保护,应考虑串补电容对保护的影响。

5 - 80 按照 《电力系统继电保护及安全自动装置反事故措施要点》 的要求, 对纵联保护的通道、 逻辑回路等有什么要求?

答: 按照《电力系统继电保护及安全自动装置反事故措施要点》的要求:

(1) 电力载波允许纵联保护只能用相一相耦合通道,但当发生多相故障时,原理上也可能拒动,应以此考虑配合要求。

（2）采用解除闭锁式纵联保护，当反方向故障时也必须提升导频功率至全功率，两侧时间配合关系要求与一般闭锁式一样。

（3）纵联保护的逻辑回路必须与通信通道的特点和收发信机的特性相协调，对收发信机的输入/输出的工作信号时延特性、在通道各种强干扰信号下（包括故障点电弧产生的 5mm 左右的强干扰）可能丢失信号及误收信号的特性等直接影响继电保护安全性及可靠性的性能，提出明确要求。

根据《电力系统继电保护及安全自动装置反事故措施要点》：纵联保护应优先采用光纤通道；双回线路采用同型号纵联保护，或线路纵联保护采用双重化配置时，在回路设计和调试过程中应采取有效措施防止保护通道交叉使用；分相电流差动保护应采用同一路由收发、往返延时一致的通道。

5 - 81　怎样选取纵联差动保护的整定电流？　检验灵敏系数的电流取自何处？

答：纵联差动保护的整定电流取线路的最大负载电流，可靠系数取 1.2，返回系数电磁型电流继电器取 0.85；并按躲过外部短路时最大不平衡电流计算，可靠系数取 1.2～1.3，灵敏度按单侧电源供电线路保护范围末端短路时流过的最小短路电流校验，取线路末端最小运行方式下的二相超瞬变短路电流，不小于 1.5～2。电力线载波做高频通道的允许式纵联差动保护有可能拒动。

5 - 82　构成载波通道的主要元件有哪些？

答：（1）高频阻波器，用于阻止高频信号通过，保证通过工频信号。

（2）耦合电容器。用于阻止工频信号通过，保证通过高频信号。

（3）结合滤波器。

（4）单极接地开关。

（5）高频收发信机。

（6）高频电缆。

5 - 83　结合滤波器和耦合电容器起什么作用？

答：（1）结合滤波器和耦合电容器组成的带通滤波器对 50Hz 周波工频呈现极大的衰耗，以阻止工频串入高频装置，当传送高频信号时，处于谐振状态。

（2）使输电线路的波阻抗（约 400Ω）与高频同轴电缆的波阻抗（75Ω）相匹配。

5-84　高频阻波器应检验哪些项目？

答：高频阻波器的作用是阻止高频电流向变电站母线分流，高频阻波器应检验的项目如下：

（1）外部检查。

（2）阻波器的调谐和阻塞频带校验。

（3）检验阻抗频率特性。

（4）检验分流衰耗特性。

（5）放电器放电电压校验。

5-85　高频保护的范围是多少？

答：高频保护的范围是本线路的全长。

5-86　高频保护通道交换试验的 3 个 "5s" 过程是什么？

答：第一个"5s"为收到对侧信号，第二个"5s"为收到两侧信号，第三个"5s"为收到本侧信号。

5-87　高频闭锁零序保护，保护停信需带一短延时，这是为什么？

答：高频闭锁零序保护，保护停信需带一短延时，是为了与远方启动相配合，等待对端闭锁信号的到来，防止区外故障时误动。当区外故障时，总有一侧保护视之为正方向，故这一侧停信，而另一侧连续向线路两侧发出闭锁信号，因而两侧高频闭锁保护不会动作跳闸。

5-88　在具有远方启动的高频闭锁保护中为什么要设置断路器三跳停信回路？

答：设置断路器三跳停信回路的原因是为了两侧装置可靠动作：

（1）在发生区内故障时，一侧断路器先跳闸，如果不立即停信，由于无操作电流，发信机将发生连续的高频信号，对侧收信机也收到连续的高频信号，则闭锁保护出口，不能跳闸。

（2）当手动或自动重合于永久性故障时，由于对侧没有合闸，于是经远方启动回路，发出高频连续波，使先合闸的一侧被闭锁，保护拒动。

5-89　高频保护中采用两个不同灵敏度启动元件的目的是为什么？

答：高频保护中采用两个不同灵敏度启动元件的目的是防止区外短路远短路侧保护误动。高频方向保护中，本侧启动元件（或反向元件）的灵敏度一定要高于对侧正向测量元件。

高频闭锁方向保护整定，如按全电流、全电压启动元件整定：

（1）电流元件。按大于本线最大负荷电流整定，可靠系数取 2.5～3，微机保护可取 2～2.5，返回系数取 0.85，微机保护可取 0.9；按保证线路末端有灵敏度整定，灵敏系数取 1.5～2，微机保护可取 1.3～1.5。

（2）电压元件。按躲过最低运行电压整定（0.9～0.95 额定电压），可靠系数取 1.2，微机保护可取 1.1，返回系数取 1.15，微机保护可取 1.2；灵敏系数大于 1.5。

高频闭锁方向保护当区外故障、线路两端功率方向一正一负时，发高频闭锁信号（方向高频保护闭锁信号由功率方向为负的一侧发出），使保护不动作。当内部故障、线路两端功率方向相同时为正，不发高频闭锁信号，保护动作跳闸。

5-90　高频闭锁负序方向保护的特点是什么？

答：（1）原理比较简单，在全相运行条件下能正确反应各种不对称短路，在三相短路时，只要不对称时间大于 5～7ms，保护就可以动作。

（2）负序方向元件一般有较满意的灵敏度。

（3）对高频收发信机要求较低。

（4）当负序电压和电流为启动值的 3 倍时，保护动作时间为 10～15ms。

（5）不反应系统振荡，也不反应稳定的三相短路。

（6）电压二次回路断线时，保护应退出运行。

（7）在串补线路上，只要串补电容无不对称击穿，则全相运行条件下的短路保护能正确动作。

（8）在两相运行条件下（包括单相重合闸过程）发生故障，保护可靠拒动。

（9）由于线路分布电容的存在，使线路在空载合闸时由于三相不同时合闸，保护可能误动作；当分布电容足够大时，外部短路时也可能误动作，应采取补救措施。

（10）当串补电容在保护区内时，发生系统振荡或外部三相短路，且电容器保护间隙不对称击穿，保护将误动作，当串补电容位于保护区外时，区内短路且电容器不对称击穿，也可能发生保护拒动。

5-91　高频闭锁距离保护的特点是什么？

答：（1）能足够灵敏和快速地反映各种对称和不对称故障。

（2）仍能保持远后备的作用（当有灵敏度时）。

（3）不受线路分布电容的影响。

（4）电压二次回路断线时将误动，应采取断线闭锁措施，使保护退出运行。

（5）串补电容可使高频闭锁距离保护误动或拒动。

5-92　高频闭锁距离保护的整定值及灵敏度如何取值？

答：高频闭锁距离保护启动元件的整定，可靠系数取 1.2～1.3，微机保护可取 1.1～1.2，返回系数取 0.85，微机保护可取 0.9；本线路末端两相短路和单相或灵两相接地短路时电流元件灵敏系数均大于 4，距离保护第Ⅲ段保护范围末端两相短路电流元件灵敏系数大于 2。

5-93　相差高频保护的特点是什么？

答：优点：（1）能反映全相状态下各种对称和不对称故障，比较简单。

（2）不反映系统振荡，在非全相运行状态下和单相重合闸过程中，保护能继续运行。

（3）保护工作情况与是否有串补电容及其保护间隙是否不对称击穿基本无关。

（4）不受电压二次回路断线影响。

缺点：（1）当一相断线接地或非全相运行过程中发生区内故障时，灵敏度变坏，甚至可能拒动。

（2）重负荷线路，负荷电流改变了线路两端电流的相位，对内部故障保护动作不利。

（3）对通道要求高，占用带较宽，在运行中线路两端保护需联调。

（4）线路分布电容严重影响线路两端电流的相位，限制了输电线路的使用长度。

5-94 按照《电力系统继电保护及安全自动装置反事故措施要点》的要求，高频相差保护如何用比相？

答：相差高频通道的工作方式一般采用故障启动发信。高频相差保护用两次比相。

5-95 按照《电力系统继电保护及安全自动装置反事故措施要点》的要求，对远方直接跳闸、强电源侧投入"弱电源回答"有什么要求？

答：对远方直接跳闸必须有相应的就地判据控制；不允许在强电源侧投入"弱电源回答"回路。

5-96 选相元件拒动，后备保护跳三相的延时整定应满足什么要求？

答：（1）在线路两侧选相元件纵序动作情况下，不误跳三相。

（2）大于继电保护动作、出口跳闸继电器返回和断路器跳闸的时间之和。

（3）在保证可靠性前提下该延时应尽量缩短，力求与上一级保护有一定的配合关系。

（4）一般情况下选相元件拒动，后备保护跳三相的延时整定为 0.25～0.3s。

第六章　常用的母线保护、电机保护和电容器保护

6-1　母线保护有什么特点?

答: 母线保护与变压器保护相类似,都同属于元件保护,主保护均采用比率差动保护;为了防止电流回路断线引起差动保护误动,同样都采用复合电压闭锁整套装置。但母线保护的特殊之处在于母线是各路电流的汇流处,当发生区外故障时故障单元的电流互感器流过连接在母线上各元件的总故障电流,使得该电流互感器严重饱和,由此产生的差动不平衡的电流比变压器、发电机等差动保护的区外故障不平衡差流大得多。因此,克服区外故障不平衡差流,防止母线差动保护误动,就成了提高母线保护性能的关键因素。

6-2　现代母线保护要求动作速度快的根本原因是什么?

答: 当母线发生内部故障时,即使电流互感器饱和,母线保护也能抢在其饱和之前动作,母线保护整组动作时间小于10ms,考虑出口继电器动作时间及其他因素,要求5~8ms内必须完成差动保护判据的计算并决定动作行为。母线保护的动作判据是基于对母线上流入与流出的电流的比较,构成比率制动式电流差动保护。

6-3　高、中、低阻抗型母线差动保护有什么特点?

答: 常规的母线保护和微机型母线保护均为低阻抗型母线差动保护,采用电流差动原理、电流相位比较原理,低阻抗型母线差动广泛应用一是装置相对简单,可减少变电站二次投资,保护模块均集成在系统中,并与变电站有机地连成一体,保护在出厂前均可做完备的实验;另一个优点是系统监视

较简单，特别是微机母线差动保护具有完善的自检和互监功能，还包括事故记录、断路器失灵保护及接地保护、过电流保护等后备保护。

电力系统采用低阻抗型母线差动的特点：

(1) 对主电流互感器没有特殊的要求。

(2) 每个连接元件的电流互感器的变比可以不一致，可采用标准（如 5P20、30VA）的保护用的电流互感器铁芯。

(3) 可以和其他保护共用一组电流互感器铁芯。

(4) 电流互感器二次回路不允许切换（即不允许开路）。

(5) 电流互感器绕组可以通过对差动回路电抗的测量进行监视，并可判出电流互感器断线。

高阻抗型母线差动保护电流互感器的特点：

(1) 电流互感器绕组不能与其他保护共享。

(2) 有相同的变比。

(3) 二次绕组必须有较低的阻抗。

(4) 励磁电流必须很低。

因此，高阻抗型母线差动保护在工程建设、维护等方面增加投资，变电站还需要增加额外的设备（专用电流互感器），主要是运行、维护、维修十分困难。特别是双母线系统不宜采用高阻抗型母线差动保护，因为其选择性的要求，双母线系统要根据运行方式（隔离开关的位置不同）进行切换，倒闸过程中电流互感器绕组可能发生开路会导致二次绕组上高电压造成损坏；同时母线内部故障时，由于在高阻上产生几千伏的高电压，高阻抗继电器本身需要附加压控电阻和短路绕组进行保护。

中阻抗型母线差动保护是目前最好的母线保护方案，是一种快速、灵敏、采用比率制动式差动原理的保护方案，既具有低阻抗、高阻抗保护的优点，又避开了它们的缺点，特别是在处理电流互感器饱和方面具有独特的优势。

6-4 哪些地方应装设专用的母线差动保护装置？

答：(1) 110kV 及以上双母线。

（2）110kV 单母线、重要发电厂或 110kV 以上重要变电站的 35～66kV 母线，需要快速切除母线上的故障时。

（3）35～66kV 电力网中，主要变电站的 35～66kV 双母线或分段单母线，需要快速而有选择地切除一段或一组母线上的故障，以确保系统安全稳定运行和可靠供电。

6-5 母线差动保护差电流启动元件定值整定原则是什么？

答：母线差动保护差电流启动元件定值整定原则应可靠躲越区外故障最大不平衡电流（差动保护最小动作电流）和电流二次回路断电时由于负荷电流引起最大差电流。

6-6 单母线分段运行中母联保护如何设置？

答：单母线分段运行中母联保护设置原则是单母线分段运行中母联保护设过电流速断及过电流保护，母联合闸成功后，过电流速断退出运行，仅存过电流保护。

完全电流差动母线保护要求母线各连接元件的电流互感器变比相同。

6-7 母线保护的直流电源的允许电压范围是多少？

答：母线保护的直流电源允许电压范围是 -20%～$+10\%$。

6-8 双重化配置的母线保护应满足什么要求？

答：除终端负荷变电站外，220kV 及以上电压等级变电站的母线保护应按双重化配置。

（1）用于母差保护的断路器和隔离开关的辅助触点、切换回路、辅助变流器以及与其他保护配合的相关回路也应遵循相互独立的原则按双重化配置。

（2）当共用出口的微机型与断路器失灵保护双重化配置时，两套保护宜一一对应地作用于断路器的两个跳闸线圈。

（3）合理分配母差保护所接电流互感器二次绕组，对确无办法解决的保护动作死区，可采取启动失灵及远方跳闸等措施加以解决。

6-9 330～500kV 母线主保护如何设置？

答：330～500kV 母线主保护设置原则是母线主保护要求双重化，母线双套主保护宜采用不同原理，电流、电压互感器使用各自独立的二次绕组，直流电源互相独立，各保护出口同时作用于断路器的一、二次跳闸线圈，保护的电源及保护设备故障都分别引出信号。

6-10　220kV 及以上电压母线装设保护的原则什么？

答：220kV 及以上母线应装设快速且有选择性切除故障的母线保护：

（1）应配置两套相互独立的母线差动保护，并各自独立组屏。

（2）两套母线保护应分别启动断路器的两组跳闸线圈。

（3）快速且有选择性地切除母线的各种接地和相间故障，在区外故障时不应误动作。

（4）用于母线差动保护的电流回路、电压回路、直流电源、断路器和隔离开关辅助触点、切换回路及与其他保护配合的回路或元件均应遵循相互独立原则。

（5）母联、分段断路器应配置独立的母联、分段断路器充电保护，应具备瞬时跳闸和延时跳闸功能的过电流保护装置。

（6）断路器失灵保护。对于 3/2 断路器接线每组母线宜装设两套母线保护。

6-11　对于 220kV 及以上电力系统的母线，什么是主保护？什么是后备保护？

答：母线差动保护是主保护。

变压器或线路后备保护是其后备保护。

6-12　35～110kV 电压母线装设保护的原则什么？

答：110kV 母线和发电厂或重要变电站的 35～66kV 母线需要快速切除故障的母线保护，35～66kV 电网中的主要变电站的双母线或分段单母线需要装设快速且有选择性切除一段或一组母线的故障。

6-13　发电厂和主要变电站的 3～10kV 电压母线装设保护的原则什么？

答：发电厂和主要变电站的 3～10kV 电压母线一般可由发电厂和变电站的后备保护实现母线保护（利用发电机、线路、变压器等供电设备的第Ⅱ段或Ⅲ段来切断，故障切断的时间一般较长），当需要装设快速且有选择性切除一段或一组母线的故障，或线路断路器不允许切除线路电抗器前短路时，应装设专用的母线保护。

6-14 3~10kV分段母线宜采用什么保护？

答：通常可由发动机和变压器的后备保护实现对母线的保护，但为了保证电力网和发电厂的安全运行和重要负荷的可靠供电，应装设专用母线保护或其他速动保护，宜采用不完全电流差动式母线保护，保护仅接入有电源支路的电流；保护由两段组成：第一段采用电流速断保护，第二段采用过电流保护，当灵敏系数不符合要求时，可将一部分负荷较大的配电线路接入差动回路，以降低保护的启动电流。

6-15 双母线差动保护的主要特点是什么？

答：主要优点：

（1）各组成元件和接线比较简单，调试方便，运行人员易于掌握。

（2）采用速饱和变流器，可较有效地防止由于区外故障一次电流中的直流分量导致电流互感器饱和引起的保护误动作。

（3）当元件固定连接时，母线差动保护有很好的选择性。

（4）当母联断路器断开时，母线差动保护仍有很好的选择能力，在两组母线先后发生短路时，母线差动保护仍能可靠动作。

主要缺点：

（1）当元件固定连接方式破坏时，若任一母线发生短路故障，就会将两组母线上的连接元件全部切除，因此适应运行方式变化的能力较差。

（2）由于采用了带速饱和变流器的电流差动继电器动作时间较慢（有1.5~2个周波的动作延时），不能快速切除故障。

（3）若启动元件和选择元件的动作电流按躲过外部短路时的最大不平衡电流整定，其灵敏度较低。

6-16 按照《电力系统继电保护及安全自动装置反事故措施要点》的要求，对双母线差动保护有什么要求？

答：按照《电力系统继电保护及安全自动装置反事故措施要点》的要

求，采用相位比较原理的母线差动保护在用于双母线时，必须增设两母线先后接连发生故障时能可靠切除后一组母线故障的保护回路。

双母线差动保护在一次系统倒方式的过程中，应投入互联功能，因倒闸操作时，两条母线的隔离开关跨接在两母线之间，如果这时母线发生故障，母差保护无法正确判断，这时应投入互联方式（一般都有互联连接片），即非选择方式。

6-17 母线保护对电流互感器的要求有什么差别？

答：母线差动保护的差动继电器反映的是各出线电流之矢量和，因此要考虑各出线电流互感器的型号、特性的一致性；而电流比相母线保护仅比较各出线电流的相位，与电流幅值无关，因此无须考虑电流互感器的型号、特性的一致性。

6-18 电流互感器饱和对母线差动保护有什么影响？

答：在外部故障时可能误动，因为饱和的电流互感器二次绕组呈电阻性而使电流减小导致差动回路电流增大。母联差动保护当发生外部短路最严重的情况是故障线电流互感器饱和。

带比率制动特性的母线差动保护，可解决在区外故障时由于电流互感器饱和引起的母差保护的误动问题。

6-19 固定连接式的双母线差动保护中每一组母线的差电流选择性元件定值整定原则是什么？

答：应可靠躲过相邻母线故障时的最大不平衡电流，一般可按相邻母线短路故障时，流过母线开关最大故障电流的 0.15 倍整定。

6-20 在母线内部故障时中阻抗型母线差动保护整组动作时间最快是多少？

答：动作时间最快不大于 10ms。

6-21 简述大差比率差动元件与小差比率差动元件。

答：大差比率差动元件是将母线上所有连接元件电流采样输入差动判据；小差比率差动元件对于分段母线，将每一段母线上所连接元件电流采样输入差动判据，大差比率差动元件不计母联和分段电流，小差比率差动元件包括母联和分段电流。双母线接线的差动保护应设有大差比率差动元件和小差比率差动元件，大差比率差动元件用于判别母线区内和区外故障，小差比率差动元件用于故障母线的选择。

6-22 当母线内部故障有电流流出时如何确保正确动作？

答：应减小差动元件的比率制动系数，确保内部故障时母线保护正确动作。具有大差比率差动元件（作为区内和区外故障判别元件）和小差比率差动元件（作为故障母线选择元件）的微机型双母线差动保护；大差比率差动元件用于判断区外故障，小差比率差动元件用于故障母线的选择。为确保动作灵敏度，当两个母线解列运行、母联断开时，应将大差动元件的比率制动系数适当降低（大差动比率差动元件自动转用制动系数比率制动系数低值）。双母线保护中，必须大差比率差动元件和小差比率差动元件同时满足判据，差动保护才动作。

双母线倒闸操作过程中，母线保护仅由大差比率差动元件构成，动作时将跳开两段母线上所有连接单元。

6-23 不完全差动是什么含义？

答：不完全差动（宜用在 3~10kV 分段母线）是指母联与有源支路及重要支路参与，而不重要支路不参与所组成的保护（无电源元件上的电流互感器不接入差动回路，因此在无电源元件上发生故障将动作），保护装置仅只需接入有电源支路的电流，只需将连接于母线的各有电的元件上的电流互感器按同名相、同极性连接到差动回路（因为完全差动保护会使设备费用增加，接线复杂，且保护可靠性也大为降低）。

6-24 母联不完全差动保护的整定电流及灵敏系数校验值如何选取？

答：母联不完全差动保护的整定值取外部短路时流过保护装置的不平衡电流，保护装置的整定电流应大于装置中最大容量支路的最大负荷电流。

（1）按躲过差动保护外部短路的最大不平衡电流整定，即

$$I_{op} = K_{rel}K_{TA}K_{fzq}I_{kmax}$$

式中　K_{rel}——可靠系数，取 1.3；

　　　K_{TA}——电流互感器变比误差，取 0.1；

　　　K_{fzq}——非周期分量系数，一般电流继电器取 1.5～2，带有躲非周期
　　　　　　分量性能的继电器取 1～1.3；

　　　I_{kmax}——母线躲过差动保护外部短路时流入保护的最大短路电流二
　　　　　　次值。

（2）按躲过限流电抗器后发生短路时流入差动继电器的最大短路电流（即短路点的总电流）整定，同时由于电抗器作用使母线上残压较高，因而必须计及其他无故障出线的负荷电流，即

$$I_{op} = K_{rel}\left[I_{kmax} + K_{star}I_{L(\Sigma-1)}\right]$$

式中　K_{rel}——可靠系数，取 1.25～1.3；

　　　I_{kmax}——某一出线电抗器后短路的最大短路电流；

　　　K_{star}——电机自启动系数，取 1.2～1.3；

　　　$I_{L(\Sigma-1)}$——除故障出线以外所有未接入差动保护回路的总负荷电流。

用保护区内最小运行方式下的二相短路电流校验灵敏系数值，要求不低于 1.5。

差动过电流保护作为母线故障和限流电抗器故障的后备保护，按躲过未接入差动保护的出线总负荷电流整定电流，并兼顾到本母线出线电抗器后面短路故障被切除以后母线差动保护能可靠返回的条件整定，校验灵敏度数值，要求不低于 1.2。

6-25　母联完全差动保护的整定电流及灵敏系数校验值如何选取？

答：母联完全差动保护是将母线上所有的各连接元件的电流互感器按同名相、同极性连接到差动回路。

母联完全差动保护差动继电器的整定电流：

（1）按躲开外部故障时流入差动回路的最大不平衡电流，即

$$I_{op} = K_{rel}I_{kmax}/n_{TA}$$

式中　K_{rel}——可靠系数，取 1.3；

I_{kmax}——外部故障时最大短路电流；

n_{TA}——电流互感器的变流比。

（2）需要躲开母线连接元件中最大负荷支路的最大负荷电流，目的是防止电流二次回路断线时误动。按躲开电流互感器二次回路一相断线时流过差动继电器的最大电流为

$$I_{op} = K_{rel} \times I_{Lmax}/n_{TA}$$

式中　I_{Lmax}——任意连接元件中最大的负荷电流。

6-26　母线差动保护采用电压闭锁元件的主要目的是什么？

答：母线差动保护采用电压闭锁元件的主要目的是防止因误碰出口继电器而造成母线差动保护误动。用在双母线接线中，防止因差动继电器误动或误碰出口继电器而造成母线差动保护误动。对于非数字式母线保护装置，电压闭锁触点应分别与跳闸出口触点串接；可对于数字式母线保护装置，可在启动出口继电器的逻辑中设置电压闭锁回路，而不在跳闸出口触点回路上串接电压闭锁触点。母线保护在直流消失、装置异常、保护动作跳闸时应发出信号。

6-27　如果母线差动保护设有低电压或低电压与负序（或零序）电压闭锁回路，其低电压继电器的电压定值如何整定？其电压闭锁元件中零序电压和负序电压一般可整定为多少？

答：一般为母线最低运行电压的 $0.6 \sim 0.7$ 倍，其负序（或零序）电压继电器的定值应可靠躲过正常运行情况下的最大不平衡电压；以及低电压继电器的定值应可靠躲过最低运行电压并在故障切除后能可靠返回，有足够的灵敏度。当交流电流回路不正常或断线时应闭锁母线差动保护，并发出告警信号。电压闭锁元件中零序电压一般 110kV 可整定为 $4 \sim 12V$，220kV 可整定为 $4 \sim 6V$；负序电压一般 110kV 可整定为 $4 \sim 8V$，220kV 可整定为 $2 \sim 4V$。

母线保护装置复合电压闭锁 3 个判据中的任何一个被满足，该段母线的电压闭锁元件就会动作。母差保护仅实现三相跳闸出口，应保证母联与分段断路器的跳闸出口时间不应大于线路及变压器断路器的跳闸出口时间。母差

保护动作后，除一个半断路器接线外，对不带分支且有纵联保护的线路，应采取措施，使对侧断路器能速动跳闸。

6-28 电流互感器断线时闭锁电流差动保护是为什么？

答：电流互感器断线时闭锁电流差动保护是为了防止区外故障误动作。

6-29 当故障发生在母联断路器与母联电流互感器之间时，会出现动作死区，此时母线差动保护应如何动作？

答：启动母联死区保护。当故障发生在母联断路器与母联电流互感器之间，断路器侧母线跳开后故障仍然存在，正好处于电流互感器侧小差比率差动元件死区，为提高保护动作速度，专设母联死区保护。

6-30 母线差动保护中使用的母联断路器电流取自 Ⅱ 母侧电流互感器，如母联断路器与母联电流互感器之间发生故障，情况如何？

答：对于母联断路器处于合位时的死区故障，Ⅰ母线差动保护动作，Ⅰ母线失电压，但故障没有切除，随后经 50ms 母联死区保护动作，将Ⅱ母线也切除，Ⅱ母线失电压，切除故障。（如果母联断路器是处于跳位时的死区故障，保护只跳Ⅱ母。）

6-31 母差保护动作为什么要闭锁线路重合闸？

答：（1）防止母线再次遭受短路电流的破坏和冲击（因母线故障多为永久性故障）。

（2）防止发生非同期并列。母差保护动作跳闸，电源线路上都有电压，如几条线路重合闸同时动作对母线重合，可能发生非同期并列。

（3）防止事故扩大。利用双回路重合闸给停电母线充电，如为永久性母线故障而母差不跳（短路电流小），将使横差保护误动跳开运行母线上的双回路线路，使事故扩大为两回线全停电。

（4）简化事故处理的操作。因母线停电后已不可能获得电源，母差使断路器跳闸后，重合无意义。

6-32 如果投入母线重合闸应具备哪些条件？

答：如果投入母线重合闸，只能指定某一条电源线路投入母线重合闸，并具备：

（1）断开该线路母差保护闭锁重合闸的连接片。

（2）选择适当的重合闸启动方式。

（3）考虑给母差保护加装补充保护，即使在母线为永久性故障情况下重合，母差保护也能有选择地动作切除故障点。

6-33　母差保护动作为什么要闭锁双线路的横联差动保护？

答：是为了防止线路断路器与母线断路器跳闸时间不一致，引起横联差动保护误动，致使非故障母线上双回路断路器跳闸。

6-34　闭锁失灵对运行有什么影响？

答：（1）断路器跳闸时间误差、断路器固有分闸时间不可能绝对相等，由于跳闸传动机构的摩擦力、跳闸线圈电磁吸力、动作电压等各不相等造成；对于双回路如不采取措施，可能因此扩大事故。

（2）断路器跳闸时间误差引起后果是双回路供电全中断。

1）若线路断路器先于母联断路器跳闸，在单电源时对两端横联差动保护无影响；在双电源时，双回路的两回路各跳一个断路器（第一回跳 A 端断路器→是跳了母差保护的，第二回跳 B 端断路器→由 B 端电源提供的对 A 端母线短路电流方向与 B 端横联差动保护跳 B 端断路器的功率整定方向一致），使双回路供电全中断。

2）若母联断路器先于线路断路器跳闸，在单电源时提供的对 A 端母线短路电流方向与横联差动保护跳两端断路器的功率整定方向一致，两端断路器都跳；在双电源时，横联差动保护使得双回路的两回路各跳一个断路器，使双回路供电全中断。

（3）闭锁双线路的横联差动保护的目的是为了避免双回线全停，利用母差保护对线路的横联差动保护进行闭锁，启动闭锁继电器，断开横联差动保护直流电源。

（4）闭锁失灵的影响。当闭锁失灵时，接在非故障母线的双回线就要跳闸，此时虽然横联差动保护动作跳了线路断路器，但线路上并无故障并带有正常电压，值班人员处理事故时不要误判。

6 - 35　双母线接线，母线差动保护因故停用，应采取哪些措施？

答：（1）尽量缩短母线差动保护的停用时间。

（2）不安排母线连接设备的检修。

（3）改变母线接线及运行方式。

（4）临时将带短时限的母联断路器的过电流保护投入运行，以快速地隔离母线故障。

6 - 36　母线差动保护动作是什么原因？

答：母线差动保护动作原因是：

（1）母线上设备引线触点松动造成接地。

（2）母线绝缘子及断路器靠母线侧套管绝缘损坏或发生闪络。

（3）母线上所连接的电压互感器故障。

（4）连接在母线上的隔离开关支柱绝缘子损坏或发生闪络事故。

（5）母线上避雷器及支柱绝缘子等设备损坏。

（6）各出线（主变压器断路器）电流互感器之间的断路器绝缘子发生闪络故障。

（7）二次回路故障。

（8）误拉、误合、带赢荷拉合隔离开关或带地线合隔离开关引起的母线故障。

（9）母线差动保护误动。

（10）保护误整定。

6 - 37　一次接线为 3/2 断路器接线时如何设置母线保护？

答：每组母线宜装设 2 套母线保护，且该母线保护不应装设电压闭锁元件。制动特性原理的差动保护使用在 3/2 断路器接线场合中灵敏度可能降低。

6 - 38　外桥的桥路开关应采用什么保护？

答：与系统两路出线断路器分别组成两组纵联差动。

6-39 对 220~500kV 断路器三相不一致保护如何处理?

答: 应尽量采用断路器本体的三相不一致保护,不再另外设置三相不一致保护。

6-40 对于各类双断路器接线方式, 当双断路器所连接的线路或元件退出运行而双断路器之间仍连接运行时, 应如何保护双断路器之间的连接线故障?

答: 各类双断路器接线方式应装设短引线保护以保护双断路器之间的连接线故障。

6-41 在 220kV 双母线运行方式下, 当任一母线故障, 母差保护动作但母联断路器拒动时, 母差保护将无法切除故障, 这时需由什么切除故障?

答: 需由断路器失灵保护或对侧线路保护切除故障。断路器失灵保护是近后备中防止断路器拒动的一项有效措施,只有当远后备保护不能满足选择性要求时,才考虑装设断路器失灵保护。当系统发生故障时,故障元件的保护动作,因其断路器操动机构失灵拒绝跳闸时,通过故障元件的保护,作用于同一变电站相邻元件的断路器使之跳闸的保护方式,称为断路器失灵保护。

6-42 失灵保护由哪 5 个部分组成?

答: 当系统发生故障时,故障元件的保护动作而断路器拒绝跳闸时,通过故障元件的保护,作用于同一变电站相邻元件的断路器使之跳闸的保护方式,就称为断路器失灵保护。

失灵保护的组成部分:

(1)启动回路、时间元件,启动回路由线路断路器的失灵保护触点与相电流判别继电器动合触点串联组成,或者由保护跳闸触点启动。

(2)出口跳闸回路(延时)。

(3)信号回路。

(4)防误动复合电压闭锁回路。当某一连接元件退出运行时,其启动失灵保护的回路应同时退出工作，防止试验时引起失灵保护的误动作。

（5）母线选择元件（双母线接线），启动回路经过连接元件的母线隔离开关辅助触点（母线隔离开关位置触点），以判别连接元件所在母线的组别。

6-43　开关失灵保护用在哪个电压等级?

答：主要是 220kV 及以上电网，以及 110kV 个别重要部分。

（1）线路保护采用近后备保护方式，对 220kV 及以上分相操作的断路器，可只考虑断路器单相拒动的情况。

（2）当线路保护采用远后备保护方式，若由其他元件（断路器或变压器）的后备保护切除又将扩大停电范围（例如多角形、双母线或分段单母线），并引起严重后果时。

（3）断路器与电流互感器之间发生故障不能由该回路主保护切除，而由其他断路器或变压器的后备保护切除又将扩大停电范围并引起严重后果时。

6-44　开关失灵保护有哪些具体要求?

答：（1）断路器失灵保护应有负序、零序和低电压闭锁元件。

（2）断路器失灵保护由故障元件的继电保护启动，手动跳开断路器时不可启动失灵保护。

（3）利用失灵分相判别元件（包括判别元件的触点）来检测断路器失灵故障的存在。

（4）当变压器发生故障或不采用母线重合闸时，失灵保护动作后应闭锁各连接元件的重合闸回路，以防止对故障元件进行重合。

（5）当以旁路断路器代替某一连接元件的断路器时，失灵保护的启动回路可作相应的切换。

6-45　如何提高失灵保护可靠性?

答：为提高失灵保护的可靠性，必须同时具备下列条件断路器失灵保护方可启动：

（1）故障线路或设备的保护能瞬时复归的出口继电器动作后不返回。

（2）断路器未断开的判别元件启动，可采用能够快速复归的相电流元件；相电流判别元件的定值，用在保证线路末端故障有足够灵敏度前提下，尽量按大于负荷电流整定。应在保证失灵保护动作选择性的前提下尽量缩短，一般采用检查通过断路器的故障电流作为断路器拒动的判据。

当线路或变压器保护跳闸触点闭合，同时若该元件的对应相电流大于失灵相电流定值（可整定是否再经零序或负序电流或经电压闭锁），则启动失灵保护。

6 - 46 断路器失灵保护动作时间如何整定？

答： 断路器失灵保护动作时间宜无时限再次动作于本断路器跳闸；对双母线或单母线分段接线，以较短时限动作于断开母联和分段断路器，再经一时限动作于断开与拒动断路器连接在同一母线上的所有有源支路的断路器。双母线经母联开关并联运行时，应尽量利用先跳开母联开关的方法来改善和提高整个电网保护的性能

为了从时间上判别断路器失灵故障的存在，断路器失灵保护的动作时间应大于故障元件的断路器跳闸时间和继电保护返回时间之和，双母线接线的变电站，断路器失灵保护断开母联断路器的动作延时在目前设备条件下可考虑整定为 $0.25\sim0.3s$ 跳母联开关，；主要是为了尽快将故障隔离，减少对系统的影响，避免非故障母线线路对侧零序速动段保护误动。$0.5s$ 跳其他有关开关（与拒动断路器连接在同一母线上的所有断路器）。

6 - 47 失灵保护的电流判别元件的动作时间和返回时间是多少？ 返回系数是多少？ 灵敏度是多少？

答： 失灵保护的电流判别元件的动作时间和返回时间不应大于 20ms，返回系数不宜低于 0.9。

应保证在本线路末端或本变压器低压侧发生短路故障时有足够灵敏度。失灵保护的相电流判别元件的整定灵敏度大于 1.3（在线路末端和本变压器低压侧单相接地故障时，并尽可能躲过正常运行负荷电流）。

6-48 断路器防跳功能应由什么来实现?

答：断路器防跳功能应由断路器本体机构来实现。

6-49 对失灵保护有哪些技术要求?

答：（1）失灵保护跳闸时应同时启动断路器的两组跳闸线圈。

（2）失灵保护动作后，应给线路纵联差动保护发出允许或闭锁信号，以便使对侧断路器跳闸。

（3）对于3/2接线的失灵保护，在保护动作之后，以较短的延时再次给故障断路器一次跳闸脉冲，以较长的延时跳相邻断路器。

（4）对于双母线和发电机-变压器组接线形式，当发电机-变压器组保护启动失灵保护时，应有解除电压闭锁的输入回路，《电力系统继电保护及安全自动装置反事故措施要点》明确要求发电机-变压器组启动失灵保护要解除复合电压闭锁。原因是当发电机一变压器组内部故障时，若故障点在发电机内部，失灵保护中的低电压和负序电压的灵敏度可能不够，造成不能开放跳闸回路，跳不开母线上的其他断路器。

6-50 按照《电力系统继电保护及安全自动装置反事故措施要点》的要求，对母线与断路器失灵保护提出哪些要求?

答：（1）当母差保护与失灵保护共用出口时，应同时作用于断路器的两个跳闸线圈。

（2）220kV及以上电压等级3/2、4/3接线的每组母线应装设两套母线保护，重要变电站、发电厂的双母线接线也应采用双重化配置，并满足：

1）用于母差保护的断路器和隔离开关的辅助触点、切换回路、辅助变流器以及与其他保护配合的有关回路也应遵循相互独立的原则按双重化配置。

2）当共用出口的微机型母差保护与断路器失灵保护双重化配置时，两套保护宜一一对应地作用于断路器的两个跳闸线圈。

3）合理分配母差保护所接电流互感器二次绕组，对确无办法解决的保护动作死区，可采取启动失灵及远方跳闸等措施加以解决。

（3）220kV 及以上电压等级的母联、母线分段断路器应按断路器配置专用的、具备瞬时和延时跳闸功能的过电流保护装置。

（4）220kV 及以上电压等级双母线接线的母差保护出口均应经复合电压元件闭锁；对电磁型、整流型母差保护其闭锁触点，应一一对应地串联在母差保护各跳闸单元的出口回路中。

（5）采用相位比较原理等存在问题的母差保护应加速更新改造。

（6）单套配置的断路器失灵保护动作后应同时作用于断路器的两个跳闸线圈；如断路器只有一组跳闸线圈，失灵保护装置工作电源应与相对应的断路器操作电源取自不同的直流电源系统。

（7）断路器失灵保护的电流判别元件的动作和返回时间均不宜大于 20ms，其返回系数也不宜低于 0.9。

（8）220～500kV 变压器、发电机－变压器组的断路器三相位置不一致或断路器失灵时应启动断路器失灵保护，并应满足：

1）按母线配置的断路器失灵保护，宜与母差保护共用一个复合电压闭锁元件，闭锁元件的灵敏度应按断路器失灵保护的要求整定；断路器失灵保护的电流判别元件也应采用相电流、零序电流和负序电流按"或逻辑"构成，在保护跳闸触点和电流判别元件同时动作时去解除复合电压闭锁，故障电流切断、保护收回跳闸命令后应重新闭锁断路器失灵保护。

2）线路－变压器和线路－发电机－变压器组的线路和主设备电气量保护均应启动断路器失灵保护；当本侧断路器无法切除故障时，应采取启动远方跳闸等后备措施加以解决。

3）220kV 及以上电压等级的断路器失灵时，除应跳开失灵断路器相邻的全部断路器外，还应跳开本变压器连接其他电源侧的断路器。

6-51 失灵保护动作跳闸应满足什么要求？ 为提高动作可靠性， 必须同时具备哪些条件方可启动？

答：失灵保护动作跳闸应满足：

（1）对具有双跳闸线圈的相邻断路器，应同时动作于两组跳闸回路。

（2）对远方对侧断路器的，宜利用两个传输通道传送跳闸命令。

（3）应闭锁重合闸。

为提高动作可靠性，必须同时具备下列条件方可启动：

（1）故障线路或电力设备能瞬时复归的出口继电器动作后不返回（故障切除后启动失灵的保护出口返回时间不大于30ms）。

（2）断路器未断开的判别元件动作后不返回。若主设备保护出口继电器返回时间不符合要求时，判别元件应双重化。

6-52 当某一连接元件退出运行时，它的启动失灵保护的回路如何处理？

答：当某一连接元件退出运行时，它的启动失灵保护的回路应同时退出工作，防止试验时引起失灵保护的误动作。

6-53 对高压开关失灵保护的负序电压、零序电压和低电压判别元件的定值灵敏度有何要求？

答：应保证在与本母线相连的任一线路末端和任一变压器低压侧发生短路故障时有足够灵敏度。其中，负序电压元件与零序电压元件的定值应可靠躲过正常运行情况下的不平衡电压，低电压元件的定值应保证继电器在母线最低运行电压下不动作而在系统故障被切除后能可靠返回。

6-54 双母线经母联开关并联运行时，如何改善和提高整个电网保护的性能？

答：应尽量利用先跳开母联开关的方法。

6-55 双母线接线的变电站，当一连接元件发生故障且断路器拒动时，失灵保护首先如何动作？

答：首先跳开母联或分段断路器，现行要求时间为0.25～0.35s；主要是为了尽快将故障隔离，减少对系统的影响，避免非故障母线线路对侧零序速动段保护误动。以第二延时跳开失灵开关所在母线的其他所有开关（与拒动断路器连接在同一母线上的所有电源支路的断路器），现行要求时间为0.5s。

6-56　按照 《电力系统继电保护及安全自动装置反事故措施要点》 的要求， 对双母线断路器失灵保护失灵有什么要求？

答：按照《电力系统继电保护及安全自动装置反事故措施要点》的要求，双母线断路器失灵保护除发电机变压器组的断路器非全相开断的保护外，均应设有足够灵敏度的电压闭锁控制多触点回路，闭锁触点应分别串接在各跳闸继电器触点中，不共用。为了适应降低电压闭锁元件的启动值的需要，应在零序电压继电器的回路中设三次谐波阻波回路。

对双母线接线变电站的母差保护、断路器失灵保护，除跳母联、分段的支路外，应经复合电压闭锁。

6-57　母线形主接线的断路器失灵保护有哪些设计原则？

答：（1）失灵保护的启动回路必须同时具备保护动作和断路器失灵两个条件，在断路器跳闸切除故障后启动回路应快速返回。

（2）失灵保护的判别元件用专用的相电流元件。

（3）为改善失灵保护的选择性一般为两段式，其中以较短时限动作于跳开母联，以较长时限跳开拒动元件所在母线的其他电源断路器，并分别装设信号和跳闸压板。

（4）失灵保护与母差可公用出口回路和电压闭锁，但要注意二次接线，防止母差循环自保持和信号混淆问题。

（5）每个断路器应分别装设失灵启动连接片和跳闸连接片，任一断路器检修时只需停用该断路器的启动连接片和跳闸连接片，不影响整个失灵保护盒母差保护的运行。

（6）母联断路器的失灵保护回路兼作母联断路器与电流互感器之间故障母差保护死区的保护。

（7）变压器保护一般不启动断路器失灵保护。

（8）非故障相拒动不应启动失灵保护。

6-58　多角形主接线的断路器失灵保护有哪些设计原则？

答：（1）只考虑线路故障时断路器失灵，不考虑变压器故障时断路器失灵。

（2）只考虑线路故障，一台断路器失灵，不考虑两台断路器同时失灵。

（3）多角形主接线的断路器既是线路的又是变压器的，故只需联切变压器各侧断路器，不需两台线路断路器联跳，失灵保护经变压器差动出口即可。

（4）四角形接线失灵保护由本断路器重合闸出口和本断路器操作跳闸出口来启动；仅联切一台变压器，故出口可不闭锁。

（5）判别失灵的相电流元件应接于本断路器电流互感器回路中。

（6）两台断路器同时三相跳闸应发出远切信号，以实现加速切除对侧断路器。

（7）可设计成两台断路器都单相重合的失灵启动回路和只有一台断路器进行单相重合闸、一台三相跳闸的失灵保护启动接线。

6-59　母线充电保护是利用什么来实现的保护？

答：母线充电保护是利用母联断路器的电流保护来实现的。判别母联断路器的电流，在母联或分段断路器上，宜设置相电流或零序电流保护，保护应具备可瞬时和延时跳闸的回路，作为母线充电保护。母线充电保护接线简单，在定值上可保证高的灵敏度。在有条件地方，该保护可以作为专用母线单独带新建线路充电的临时保护。它只在母线充电时投入，当母线充电良好后，应及时停用。

6-60　保护动作应满足什么条件？

答：（1）母联充电保护连接片投入。

（2）母联电流大于母线充电保护电流定值。

（3）母联断路器位置由分到合。

（4）其中一段母线已失电。

6-61　怎样实现母线绝缘监察？

答：根据发生单母接线时各相电压发生明显变化这一特点实现的。10kV母线可采用三相五柱式电压互感器，35kV及以上母线可采用三台单相三绕组电压互感器接线方式。

6-62 对水电厂机组继电保护主要有哪些特点?

答:(1)大型水轮发电机组定子绕组中性点侧引出方式、中性点侧电流互感器数量选择以及安装位置的确定、主保护配置等,相对于汽轮发电机组要复杂些,主保护配置对于多分支同步发电机组内部故障要进行定量分析计算,以避免盲目性。

(2)由于水轮发电机的静稳特性与汽轮发电机存在较大差异,所以水轮发电机组的低励及失磁保护特性的选用与汽轮发电机区别对待。

(3)随着水轮发电机组单机容量的增大、并联支路数量的增多,定子绕组对地电容会增大,相应的单相接地电流也会增大,可能危及定子铁芯,因此,必须针对发电机中性点不同的接地方式,合理选取保护构成原理,以满足保护范围和灵敏度的要求。

6-63 电动机完善保护有哪些?

答:电动机完善保护有电流速断(2MW以下,宜采用两相式),但当灵敏系数不够时可装纵联差动保护、过负荷保护、单相接地保护、失步保护、断电失步保护(以防止非同步冲击)、低电压保护。2MW以上必须装纵联差动保护。高压电动机继电保护接线方式采用两相差或两相V形接线;容量超过2MW时应装设差动保护。过负荷保护动作于跳闸,无时限接地保护的动作电流可靠系数取1.5~2。

电流速断动作电流应按躲过电动机启动电流整定为

$$I_{op} = K_{rel}K_{jx}K_{np}I_{st}$$

式中 I_{st}——电动机启动电流;

K_{rel}——可靠系数,对电磁型继电器取1.4~1.6,对微机型保护,其速断定值可按启动时间内和启动时间后分别整定,启动时间内取1.8,启动时间后对非自启动的取0.8,对自启动的取1.3;

K_{jx}——接线系数,采用不完全星形接线时为1,两相电流差接线时为$\sqrt{3}$;

K_{np}——非周期分量，反时限继电器取 1.8，定时限继电器取 1。

灵敏系数按电动机出口两相最小短路电流校验，不小于 2。

纵联差动保护的差动继电器动作电流应按躲过电动机额定电流来整定，以防止电流互感器二次回路断线时误动作，即

$$I_{op} = K_{rel} I_n$$

式中　K_{rel}——可靠系数，对 BCH-2 型电流继电器和微机型取 1.3，对 DL-11 型取 1.5～2。

灵敏系数按电动机出口两相最小短路电流校验，不小于 2。

6-64　电动机什么情况应装设单相接地保护并动作于跳闸？

答：电动机单相接地电流大于 5A，应装设单相接地保护，10A 及以上带时限动作于跳闸，保护动作电流应大于电动机本身对地电容电流，K_{rel}可靠系数，对不带时限取 4～5，对带 0.5s 时限的取 1.5～2。灵敏系数按系统最小运行方式下电动机内部发生单相接地时经零序互感器的最小接地电容电流校验，不小于 2。

6-65　异步电动机装设的低电压保护的动作值为多少？

答：易发生过负荷的电动机或启动困难的情况，应装设过负荷保护，按电动机额定电流整定，则

$$I_{op} = K_{rel} K_{jx} I_n / K_r$$

式中　K_{rel}——可靠系数，作用于信号取 1.05，作用于跳闸取 1.1～1.2；

　　　K_{jx}——接线系数，采用不完全星形接线时为 1，两相电流差接线时为 $\sqrt{3}$；

　　　K_r——返回系数，模拟式保护取 0.85，微机保护取 0.9。

动作时间一般取 15～20s（电动机带负荷启动经历时间一般为 10～15s）。

电动机额定电压的 60%～70%；需要自启动的为电动机额定电压的 50%，时限一般为 5～10s。

电动机直接启动时间在 30s 以上。

6-66　什么情况不装设低电压保护？

答：接在母线上的一些需要自启动的重要电动机或生产过程中不允许自

启动的电动机。

6-67　低电压保护的时限为多少?

答：0.5s 和 5～10s 两段时限，用于判断母线电压短时降低的时间。装设低电压保护，分别将动作电压整定为额定电压的 40%～70%，其中Ⅰ类电动机考虑自启动，高压电动机取 45%～50%，低压电动机取 40%～45%，动作时限 0.5s；Ⅱ类电动机不考虑自启动，高压电动机取 65%～70%，低压电动机取 60%～70%，动作时限 9～10s。整定计算如下：

（1）按保证电动机自启动条件整定，取 0.45～0.55 额定电压；

（2）按不允许自启动条件整定，取 0.6～0.7 额定电压；

（3）按保安条件整定，取 0.25～0.4 额定电压，失压保护时限取 6～10s；

（4）具有备用设备而断开的电动机，取 0.25～0.4 额定电压，时限取 0.5s，以躲过速断保护动作时间和电压回路断线可能引起的误动。

同步电动机低电压保护取 0.7～0.75 额定电压，带有强励的取 0.5 额定电压，强励动作电压取 0.85～0.9 额定电压。同步电动机电流速断动作电流躲过电动机最大启动电流整定，可靠系数取 1.3。保护如按躲过外部短路时同步电动机输出的次暂态短路电流整定，可靠系数取 1.3。

6-68　抽水蓄能机组特殊保护的使用有哪些?

答：在抽水蓄能机组特殊保护之中：

（1）低功率保护仅在电动机工况投入，用来防止电动机工况下失去电源或输入功率过低（启动过程中有应用），保护作用于停机。

（2）低频保护仅在电动机工况和调相工况投入，作为调相工况的失电保护和电动机工况低功率保护的后备保护，动作于低频减载或由调相转发电；启动时应退出，水泵工况启动过程中处于低频状态而发生过励磁，所以还设置过励磁保护。

（3）相序保护，以防止换相开关因故障或误操作导致的，分别检测机组正序和负序电压，作用于解列和灭磁。

（4）逆功率保护，仅载发电机工况投入，防止抽水蓄能在发电机工况下有可能出现深度反水泵运行，从系统吸收有功功率，保护动作于解列和灭磁。

6-69　3kV 及以上的并联补偿电容器组哪些故障或异常运行方式需要装设保护？

答：（1）电容器组与断路器之间连接线短路。

（2）电容器内部故障及其引线的短路。

（3）电容器组中，某一故障电容器切除后所引起剩余电容器的过电压。

（4）电容器组的单相接地故障（可配置两段式零序过电流保护）。

（5）电容器组过电压。

（6）所连接的母线失压。

（7）中性点不接地的电容器组，各组对中性点的单相短路。

风电场的 10～35kV 电容器装设限时电流速断、定时限过电流、过/欠电压、不平衡电压、零序过电流保护。

6-70　220～500kV 变电站低压补偿装置如何配置保护？

答：（1）应配置一套完整的主保护、后备保护和过负荷保护。

（2）220 变电站采用保护测控合二为一装置，分散布置在高压开关柜上，500kV 变电站保护装置应按每台铸变压器为单元集中组屏。

（3）应快速切除电容器、电抗器引出线的相间短路和接地短路等故障，并带时限切除电容器、电抗器的内部故障。

（4）过负荷保护应作用于发告警信号。

（5）对于低压电容器组保护还应配置母线过电压保护和母线失压保护。

（6）当采用油浸式电抗器时还应配置瓦斯保护和非电量保护。

6-71　电容器组多台电容器有哪些保护方式？

答：（1）电容器组为单星形接线时，常用零序电压保护（接在电压互感器开口三角形绕组中）。

（2）电容器组为单星形接线可接成 4 个电桥平衡臂的桥路时，常用电桥式差动保护。

（3）电容器组为单星形接线每相两组电容器串联时，常用电压差动保护。

（4）电容器组为双星形接线时，常用中性点不平衡电流（横差）保护或电压保护。

（5）电容器组为三角形接线时，常用零序电流保护。灵敏系数取 1.2～1.5。

6-72　对电容器内部故障及其引线的短路，采用什么保护？

答：宜对每台电容器分别装设专用的保护熔断器，熔丝额定电流为电容器额定电流的 1.5～2.0 倍。过电流保护整定值为电容器组额定电流的 1.5～2.0 倍，动作时间为 0.3～1s；延时电流速断保护整定值为电容器组额定电流的 3～5 倍，动作时间为 0.1～0.2s。

6-73　电容器应设置什么保护？

答：电容器应设置失压保护（或称低电压保护，整定值为 0.2～0.5 倍电容器组一相额定电压），当母线失压时，带时限切除所有接在母线上的电容器。安装在绝缘支架上的电容器可不再装设单相接地保护。

6-74　电容器不平衡保护动作延时取多少？

答：不平衡保护整定值由制造厂提供、用户进行复核，其动作延时取不大于 0.5s（0.1～0.2s），防止电容器合闸、断路器三相合闸不同步、外部故障等情况下误动。当电容器短路故障电流小于 8 倍额定电流时，不平衡保护会先于熔断器动作跳闸，故不平衡保护功能已经成为电容器内部故障的主保护，而熔断器不具有主保护的功能。当电容器短路故障电流大于 8 倍额定电流时，熔断器为电容器内部故障的主保护，而不平衡保护功为备用保护，在熔断器失效时起保护作用。正常时内熔丝和不平衡保护均为电容器内部故障的主保护，过电流保护是不平衡保护的后备保护。单星形接线电容器组多采用不平衡电压，有中性点电压偏移保护、零序电压保护、电压差动保护，中性点电压偏移保护是在中性点与大地之间连接电压互感器一次绕组，利用二次电压的变化启动保护；零序电压保护是单星形接线电容器组一般采用的方式，采用电压互感器的开口三角形电压；当单星形接线电容器组每相为两组电容器组串联组成时采用电压差动保护。此外还有不平衡电流保护。

6-75　电容器过电压和失压保护如何设置?

答: 电容器过电压保护,超过 1.1 倍额定电压应动作于信号、超过 1.2 倍额定电压应经 5～10s 动作于跳闸(当电容器组中将故障电容器切除到一定数量时可能会出现,动作时间小于或等于 60s,5～10s 的时限是为了防止因电压波动而引起误动)。当母线失压(低电压保护,低电压系数取 0.5)时,应带时限切除所有接在母线上的电容器;否则母线失压后,电容器的积累电荷尚未释放前电压恢复,将使电容器再次充电,在电容器中残存着与之极性相反的电荷,将使合闸瞬间产生很大的冲击电流,能造成电容器过电压损坏、外壳膨胀或喷油甚至爆炸。同样,电容器也不允许装设自动重合闸装置。

此外还有缺相保护,以保护由于投切开关原因可能出现的非全相合闸。

6-76　对电容器和断路器之间连接线的短路如何保护?

答: 可装设带短时限的电流速断和过流保护,动作于跳闸。

电流速断保护应增设 0.2s 延时,以避免合闸涌流误动,按最小运行方式下电容器端部引线发生两相短路时有足够灵敏系数整定。

过电流保护是电流速断的后备保护,按电容器长期允许最大工作电流整定。灵敏度动作时间取 0.3～0.5s,以躲过涌流。

第七章 常用的变压器保护

7 - 1 变压器微机保护装置与常规保护装置相比有什么特点?

答:(1)性能稳定、技术先进、功能齐全、体积小、综合判断能力强。

(2)可靠性高、自检(自诊断、自闭锁、自恢复)功能强。

(3)灵活性强,硬件规范化、模块化,互换性好,软件编制可标准化、模块化,便于功能扩充。

(4)现场调试方便,整定简便,运行维护工作量小。

(5)具有可靠的通信接口,接入厂、站的计算机可使信息分析处理后集中显示和打印。

7 - 2 变压器微机保护装置与模拟式继电保护相比有哪些基本特点?

答:(1)利用计算机智能功能,具有在线自检功能,能检测到本身绝大多数故障,可靠性高,元件数量少、芯片损坏率低。

(2)灵活性大,硬件是通用的,软件可实现自适应性。

(3)利用计算机记忆功能,保护性能得到改善,解决了模拟量保护的难题,如接地距离保护允许过渡电阻的能力,距离保护判别振荡和短路的措施,大型变压器差动保护区分励磁涌流和区内故障的方法等。

(4)易于获得扩充功能,例如计算机距离保护装置,只需修改软件,还具有故障测距、故障录波、重合闸等功能,并可实现远方调节定值或投切保护。

(5)维护调试方便,传统保护特性和功能是靠相应硬件和逻辑布线实现的,需定期通过逐项模拟试验来检验;而微机保护的特性或功能取决于软件,一旦运行出现异常,保护装置自检功能会发出警报,调试人员只需简单操作即可完成调试、维护。

（6）通信功能有利于实现综合自动化技术，只要微机保护备有适当的通信接口就可实现综合自动化，电力系统的保护、检测、远动、信号等过程控制功能全由计算机实现。

7-3 主变压器配置有哪些保护和监控项目？

答： 主变压器配置保护有：

（1）差动保护或电流速断保护（作为电气主保护）。

（2）零序电流保护（或带方向元件）、中性点放电间隔及零序电流保护、零序过压保护、过电流保护（或复合电压闭锁过流、负序电流及单相式低电压启动的过电流保护、阻抗保护）、过负荷保护（过负荷信号、过负荷启动风扇、过负荷闭锁有载调压等）。

（3）非电量保护（本体的重瓦斯、轻瓦斯，有载调压开关的重瓦斯、轻瓦斯，压力释放，油温和绕组的过温、油位异常、冷却系统失电等）。

主变压器监控项目有：

（1）遥测对象。包括高中低侧三相电压、线电压、三相电流、$3U_0$（零序电压）、$3I_0$（零序电流）、有功功率、无功功率、功率因数、频率、主变压器油温、直流电压等。

（2）遥信对象。包括主变压器高中低侧断路器位置信号、操作信号、隔离开关位置信号、有载调压开关位置信号、各保护装置动作信号及装置故障信号等。

（3）遥控对象。包括主变压器高中低侧断路器及隔离开关、中性点接地开关、主变压器有载调压开关的升降和急停等。

对于 110kV 及以上系统主变压器保护和测控单元通常是分开的，对于 110kV 以下系统主变压器保护和测控单元通常一体化。一般采用后备保护带测控功能设计原则；保护和测控共享信息、不共享资源，保护测控单元既保持相对独立又相互融合。

7-4 高压并联电抗器设置什么保护？

答： 高压并联电抗器一般设置的保护有瓦斯保护、差动保护、过电流保护、匝间保护。10MVA 及以上宜装差动保护，带时限的过电流保护为其后备保护；10MVA 以下的可装过电流保护，动作时间整定为 1.5s 跳闸。63kV 及以下一般只装设电流速断保护，按引出端两相内部短路最小电流校验的灵敏系数不小于 2。500kV 应装瞬时跳闸，动作电流一般可取电抗器额定电流的 5%～10%，它比电动机的纵连差动保护的动作值小，但该保护不能保护匝间短路。

7 - 5　220kV 以上电压等级的变压器电气量保护如何配置？

答：应配置两套保护装置，实现双主双后的电气量保护功能。

7 - 6　330kV 及以上电压等级的超高压变压器通常应设置哪些保护？

答：（1）电气量主保护、纵联差动保护或分相差动保护。

（2）后备保护。

1）带偏移特性的低阻抗保护（是特殊保护）。当变压器绕组和引出线发生相间短路时作为差动保护的后备保护。

2）复合电压（复压）闭锁过流保护。

3）零序电流保护。

4）过励磁保护（是特殊保护）。用来防止变压器突然甩负荷或因励磁系统因引起过电压造成磁通密度剧增，引起铁芯及其他金属部分过热。

5）断路器失灵保护。

6）过负荷保护（动作发信号）。

阻抗保护通常用于 330kV 及以上电压等级的超高压变压器，当电流、电压保护不能满足灵敏度要求或根据网络保护间配合的要求，作为变压器引线、母线、相邻线路的相间故障后备保护，灵敏系数不小于 1.3。

（3）非电量保护。

7 - 7　微机型发电机 - 变压器组保护有哪些典型配置？

答：100MVA 及以上容量发电机 - 变压器组应按双重化原则配置微机保护（非电量保护除外），200MVA 及以上容量发电机 - 变压器组应配置专用故障录波器。大型发电机组和重要发电厂的启动变压器宜采用双重化配置。每套保护均应含有完整的主、后备保护，能反应被保护设备的各种故障及异常状态，并能作用于跳闸或给出信号。200MVA 及以上容量发电机应装启、停机保护及断路器断口回路闪络保护，200MVA 及以上容量发电机定子接地保护宜将基波零序保护与三次谐波电压保护的出口分开，基波零序保护投跳闸。

微机型发电机－变压器组保护通过各个 CPU 来完成保护功能，以下按大型发电厂为例：

（1）CPU1 柜。

1）发电机－变压器组差动保护。

2）主变压器油位降低保护以及油温升高保护。

3）发电机差动保护。

4）发电机定子绕组接地保护。

5）发电机励磁绕组过负荷保护以及励磁系统故障保护。

6）发电机调速等动力系统保护。

7）高压厂用变压器油位降低保护以及油温升高保护。

（2）CPU2 柜。

1）主变压器差动保护。

2）发电机低频保护。

3）发电机定子过电压保护以及定子过负荷保护。

4）发电机过励磁保护。

5）发电机负序过负荷保护。

6）主变压器冷却器故障保护以及厂用变压器冷却器故障保护。

7）启停机保护。

（3）CPU3 柜。

1）发电机失步保护。

2）发电机逆功率保护。

3）发电机定子绕组匝间短路保护。

4）发电机失励保护。

5）发电机转子一点接地保护。

6）主变压器零序过电流保护以及间隙零序电流保护。

7）主变压器瓦斯保护和压力释放保护。

（4）CPU4 柜。

1）厂用变压器瓦斯保护以及压力释放保护。

2）厂用变压器高压侧过电流保护和差动保护。

3）主变压器绕组温度保护。

4）母差和断路器失灵保护。

5）断路器失灵保护启动。

6）非全相运行保护。

7-8 对变压器非正常工作状态和故障一般应装设什么保护？

答：（1）为防御变压器油箱内部各种短路故障和油面降低的瓦斯保护。

（2）为防御变压器绕组和引出线多相短路、大接地电流系统侧绕组和引出线单相短路、绕组匝间短路等纵联差动保护或电流速断保护。

（3）为防御变压器外部相间短路，并作为瓦斯保护和差动保护或电流速断保护后备保护的过电流保护（或复合电压启动的过电流保护、负序过电流保护）。

（4）为防御大接地电流系统中变压器外壳接地的零序电流保护。

（5）为防御变压器对称过负荷的过负荷保护。

（6）为防御变压器过励磁的过励磁保护。

7-9 风电场的 110kV 主变压器配置什么继电保护？

答：变压器外部故障是指变压器油箱外部绝缘套管及其引出线上发生的各种故障，主要有绝缘套管闪络或破碎而发生单相接地短路，引出线之间相间故障。

备用变压器平时应降轻瓦斯气体继电器接入信号电路。

风电场的 110kV 主变压器主要配置一套二次谐波制动原理的微机型纵差

保护，后备保护包括在低压侧装设复合电压启动的过电流保护、高压侧装设低电压闭锁过电流保护，保护经延时动作跳开主变压器两侧断路器。还有防止接地故障的零序电流和零序电压保护（也可以看作为变压器的后备保护）；以及过负荷保护（也是变压器的后备保护），带时限动作于发信、启动风扇、闭锁有载调压，或跳低压侧分段断路器。非电量保护包括重瓦斯、轻瓦斯、绕组温度和油温高、压力释放、冷控失电等动作于发信号。

7-10 变压器非电量保护如何设置？

答：变压器非电量保护是指反映变压器油箱内部各种温度、油位、油流、气流等非电量的本体保护，而变压器差动保护是电气保护，两者都不能相互代替，因此变压器本体保护通常也称为非电量保护，一般是指本体瓦斯保护、有载调压瓦斯保护和压力释放保护。变压器和电抗器非电量保护应同时作用于断路器的两个跳闸线圈（且驱动两个跳闸线圈的跳闸继电器不宜为同一继电器）。未采用就地跳闸方式的变压器非电量保护应设置独立的电源回路和出口跳闸回路，且必须与电气量保护完全分开；当变压器和电抗器采用就地跳闸方式时应向监控系统发送动作信号。

应设置独立的电源回路（包括直流小开关及其直流电源监视回路）和出口跳闸回路，且必须与电气量保护完全分开，在保护柜上的安装位置也应相对独立。

7-11 为什么电量保护和非电量保护的出口继电器要分开设置？

答：（1）完善断路器失灵保护。

（2）慢速返回的非电量保护不能启动失灵保护。

（3）变压器的差动保护等电气量保护和瓦斯保护合用出口，会造成瓦斯保护动作后启动失灵保护的问题；由于瓦斯保护的延时返回可能会造成失灵保护误动作。

7-12 220～500kV主变压器有哪些保护？

答：（1）遵循相互独立原则按双重化配置并独立组屏。

（2）采用两套不同原理的差动保护为主保护，两套差动及后备保护的电流、电压应分别取自电流互感器和电压互感器不同的二次绕组，电源回路完全独立。

（3）非电量保护的电源回路和出口跳闸回路应独立设置，与电气量保护完全分开；非电量保护按主变压器制造厂要求作用于跳闸或信号。

（4）对于具有两组跳闸线圈的断路器，非电气量保护应同时启动两组跳闸线圈。

（5）过负荷保护作用于信号。

（6）主变压器断路器配置失灵保护，主变压器电量保护启动220kV断路器失灵保护，启动元件设有电流判据，220kV断路器侧失灵保护启动逻辑应经第一时限解除失灵保护复合电压闭锁回路，第二时限启动失灵保护并发信号。

（7）配置采用零序或负序电流判别的220kV断路器三相不一致保护。

（8）主变压器后备保护。

（9）500kV主变压器还应配置零序差动或分相差动保护。

7-13 220kV主变压器有哪些后备保护？

答：（1）高压侧相间阻抗保护。

（2）高压侧相过流保护。

（3）高中压侧定时限零序电流保护。

（4）高中压侧及中性点侧的反时限零序电流保护。

（5）高中压侧间隙零序过流和零序电压保护。

（6）三侧和公共绕组的过负荷保护。

（7）三侧装设复合电压启动的过流保护。

7-14 500kV主变压器有哪些后备保护？

答：（1）高压侧相间阻抗保护。

（2）高中压侧相过流保护。

（3）高中压侧和公共绕组的定时限零序电流保护。

（4）高中压侧及中性点侧的反时限零序电流保护。

（5）过励磁保护。

（6）三侧和公共绕组的过负荷保护。

（7）低压侧电流速断和过电流保护。

7-15 电压在 **10kV** 以上、 容量在 **10MVA** 及以上的单独运行且不作为其他电源的备用， 应配置哪些保护？ 若变压器的高压套管侧发生相间短路， 哪个保护应动作？

答：电压在 10kV 以上、容量在 10MVA 及以上的单独运行且不作为其他电源的备用，应配置如下保护：

（1）瓦斯保护和温度保护。

（2）带时限的过电流保护。

（3）电流速断保护。

若变压器的高压套管侧发生相间短路，电流速断保护应动作。对 6.3MVA 以下厂用变压器和并列运行的变压器以及 10MVA 以下厂用备用变压器和单独运行的变压器，当后备保护时限大于 0.5s 时，应装设电流速断保护。

并列运行的变压器容量为 5.6MVA 及以上时应装设差动保护以代替电流速断保护。

7-16 **Yd11** 接线的变压器对差动保护用的电流互感器有什么要求？ 为什么两侧电流互感器只允许一侧接地？

答：Yd11 接线的变压器两侧电流相位相差 330°，为了消除因相位造成的不平衡电流应将变压器星形侧电流互感器的二次侧接成三角形，而将三角形侧电流互感器的二次侧接成星形，以补偿变压器低压侧电流的相位差。接成星形的差动用电流互感器二次侧应接地，而接成三角形的电流互感器二次侧不能接地，否则会使电流互感器二次侧短路，造成差动保护误动作。

7-17 变压器电压在 **10kV** 以上、 容量在 **10MVA** 及以上的变压器应采用什么主保护？

答：变压器电压在 10kV 以上、容量在 10MVA 及以上的变压器应采用纵差保护为主保护。

7-18　1MVA 以下的变压器过流保护时限大于 0.5s 时一般应采用什么保护?

答:1MVA 以下的变压器过流保护时限大于 0.5s 时一般应采用电流速断保护。

7-19　传输线路纵联保护信息的数字式通道传输时间是多少? 在什么情况不应误动作?

答:传输线路纵联保护信息的数字式通道传输时间应不大于 12ms,点对点数字式通道传输时间应不大于 5ms。变压器差动保护应满足在变压器过励磁、外部短路产生的不平衡电流时不应误动作(能躲过)。

7-20　中性点接地变压器发生高压侧单相接地故障, 接地点与纵差保护灵敏度关系如何?

答:中性点接地变压器发生高压侧单相接地故障,故障点越靠近接地点,相间纵差保护灵敏度越低。

7-21　变压器的主保护是什么? 是什么类型的主保护?

答:变压器的主保护是差动和瓦斯保护。瓦斯保护是反映变压器内部故障时会产生或分解出气体这一特点制造的保护,动作速度快、灵敏度高,能反映变压器油箱内部的各种类型的故障,主要对变压器内部绕组匝间短路及油面降低、铁芯过热烧伤等本体内的任何故障有良好的反应能力(是变压器铁芯烧损的唯一保护),但对油箱外套管及连线上的故障反应能力却很差,不能反映套管闪络故障,匝间短路反应不灵敏。也可以认为瓦斯保护是变压器内部故障的后备保护。

7-22　为什么差动保护不能代替瓦斯保护?

答:差动保护是比较变压器各端电流大小与相位特点设计的保护装置,主要反映变压器绕组、引线的相间短路,以及大电流接地系统侧的绕组、引出线的接地短路,即能反映该保护范围之内变压器的内外部故障。虽然也能反映油箱内部的一些故障,但对于变压器绕组匝间短路故障,可视为出现一个新的短路绕组，使差流变大，当达到整定值时差动就会动作；然而，虽然短路匝内造成局部绕组严重过热将产生强烈的油流向油枕冲击，但表现在相电流上升却并不大，差动保护的灵敏度小于瓦斯保护，零序差动保护也不能作为匝间故障主要保护；当变压器铁芯过热烧伤、油面降低，差动保护无反应。这就是差动保护不能代替瓦斯保护的原因。

7-23 多大容量的变压器应装瓦斯保护？

答：400kVA 及以上车间内油浸变压器和 800kVA 及以上车间内油浸变压器，均应装设瓦斯保护（即气体保护）；它是内部故障的主保护。

7-24 按照 《电力系统继电保护及安全自动装置反事故措施要点》 的要求， 为提高重瓦斯动作的可靠性， 气体继电器如何更改？

答：（1）气体继电器的下浮筒应改为挡板式，触点改为立式，以提高重瓦斯动作的可靠性。

（2）为防止气体继电器因漏水短路，应在气体继电器端子和电缆引线端子箱上采取防雨措施。

（3）引出线应采取防油线。

（4）气体继电器的引出线和电缆线应分别连接在电缆引线端子箱内的端子上，就地端子箱引至保护室的二次回路，不宜存在过渡或转接环节。

7-25 按照 《电力系统继电保护及安全自动装置反事故措施要点》 的要求， 对气体继电器引线等还有哪些更改？

答：用水银触点的气体继电器必须更换（防震型），因为水银触点坡度不够，当继电器动作时触点不能可靠闭合，且不防震。

7-26 可能引起变压器轻瓦斯保护动作的原因是什么？

答：（1）因滤油、加油或冷却系统不严密以致空气进入变压器。

（2）因温度下降或漏油致使油面缓慢下降。

（3）因变压器故障产生少量气体。

（4）因发生穿越性故障而引起。

7 - 27　在 220kV 及以上变压器保护中瓦斯保护的出口不宜启动什么保护?

答:在 220kV 及以上变压器保护中瓦斯保护的出口不宜启动断路器失灵保护。

7 - 28　重轻瓦斯保护的正电源各接什么电源?

答:重瓦斯保护的正电源接保护电源,轻瓦斯保护的正电源接信号电源。

7 - 29　重轻瓦斯保护的整定值是多少?

答:瓦斯保护一般是按气体容积进行整定,范围为 $250\sim300cm^3$,重瓦斯保护的流速整定值:范围为 $0.6\sim1.5m/s$,一般是 $1m/s$;对于自冷或风冷的变压器为 $0.7\sim1m/s$,对于强迫油循环的变压器为 $1.0\sim1.4m/s$。轻瓦斯保护的动作容积整定值:对于容量 10MVA 以上的变压器为 250mL(cm^3)。

7 - 30　重瓦斯保护由 "跳闸" 位置改为 "信号" 位置运行现场是什么情况?

答:现场是变压器进行注油和滤油时,运行变压器补油、进行呼吸器畅通工作或更换硅胶。

7 - 31　差动速断元件动作出口值为多少?

答:当短路电流达到 $4\sim10$ 倍额定电流时,差动速断元件快速动作出口。

7 - 32　变压器保护回路的出口中间继电器为什么要有自保持回路?

答:保护回路中的继电器触点,往往由于故障的不稳定而发生抖动或有瞬时接触现象,尤其是非常灵敏的气体继电器的水银触点,会造成断路器不能迅速可靠地跳闸使故障进一步扩大。变压器保护回路的出口中间继电器要有自保持回路,是为了保证断路器在故障开始阶段就能可靠跳闸。

7 - 33　什么是变压器相间短路后备保护?

答:变压器相间短路后备保护选用过电流保护、复合电压启动的过流保护、负序电流保护、阻抗保护。

(1)过电流保护(宜用于降压变压器)。动作电流按躲过变压器可能出

现的最大负荷电流 I_{Lmax} 整定，即

$$I_{op} = K_{rel}/K_r I_{Lmax}$$

式中 K_{rel}——可靠系数，取 $1.1 \sim 1.2$；

  K_r——返回系数，取 0.85。

在电动机自启动时的自启动电流为

$$I_{Lmax} = I_{ast} = K_{ast} I'_{Lmax}$$

式中 K_{ast}——自启动系数，取 $1.5 \sim 3$；

  I'_{Lmax}——正常运行的最大负荷电流。

在变压器低压母线短路时要求灵敏度校验系数 $K_{sen} = 1.5 \sim 2$；在后备保护范围末端短路时 $K_{sen} \geqslant 1.2$。

（2）复合电压启动的过流保护（宜用于升压变压器、系统联络变压器和过电流保护不符合灵敏度要求的降压变压器），电流继电器动作电流与过电流保护相同。

（3）负序电流保护，可用于 31.5MVA 及以上升压变压器和系统联络变压器，动作电流整定即要躲过变压器正常运行时负序滤过器可出口的最大不平衡电流，又要躲开线路一相断线时引起的负序电流，并与相邻元件上的负序电流保护在灵敏度上配合。

（4）阻抗保护（距离保护），当上述保护不能满足灵敏度要求时采用，灵敏度高，用于 330kV 及以上大型变压器相间短路后备保护。

7-34 什么是变压器零序方向保护？ 有何作用？

答：变压器零序方向保护是指在中性点直接接地系统中防御变压器相邻元件（母线）接地时的零序电流保护，其方向是指向本侧母线。它的作用是作为母线接地故障的后备，保护设有两级时限，以较短的时限跳开母联或分段断路器，以较长时限跳开变压器本侧断路器。

7-35 在中性点直接接地系统中， 为什么零序保护动作的 Ⅲ 段时限比相间保护动作的 Ⅲ 段时限短？

答：保护的 Ⅲ 段动作时限一般是按阶梯性原则整定的，相间保护动作时

限是由用户到电源方向每级保护递增一个时间级差构成的；而零序保护则由于降压变压器大都是 Yd 接线，当低压侧接地短路时，高压侧无零序电流，其动作时限不需要与变压器低压侧用户相配合，所以零序保护的动作时限要比相间保护动作时限短。

7-36　变压器相间保护，相应的各侧母线相间故障的灵敏度是多少？

答：1.5 以上。

7-37　变压器零序电流保护的动作灵敏度和动作时间为多少？

答：变压器零序电流保护的动作灵敏度大于 1.5，动作时间一般不超过 1.5s 的保护段。

7-38　哪些属于变压器内部故障？

答：变压器内部故障有绕组匝间短路、变压器引出线套管内故障接地、冷却系统故障使变压器升温。

7-39　400kVA～1MVA 配电变压器应有哪些保护？

答：1MVA 变压器应有下列保护：

（1）瓦斯信号或重瓦斯跳闸。

（2）高温信号或高温跳闸，油浸变压器温度信号装置电触点式压力温度计的测温给定温度上限是 55℃、下限是 45℃，以控制冷却风扇开停。

（3）两相过电流保护（Dyn11 接线组别为三相过电流保护）及单相接地保护。

7-40　在什么情况下采用三相差动保护？

答：采用三相差动保护的情况为：

（1）所有升压变压器及 15MVA 以上降压变压器。

（2）对单台运行的 8MVA 以上降压变压器，若无备用保护时采用三相三继电器差动保护。

7-41　什么情况下采用两相差动保护？

答：采用两相差动保护的情况：10MVA 以下降压变压器采用两相三继

电器接线，但对其中 Yd11 接线的双绕组变压器如灵敏度足够，可采用两相两继电器接线。

7-42　光纤分相电流差动保护有哪些优点？

答：（1）动作速度快。

（2）能反映各种类型的故障。

（3）具有天然的选相能力。

7-43　什么时候适用纵联差动保护？

答：纵联差动保护适用于：容量在 10MVA 及以上单独运行的变压器或 2 台 6.3MVA 及以上并列运行的变压器应装设纵联差动保护，而 2MVA 及以上的变压器当过电流保护对变压器内部故障灵敏系数不合要求时宜装设纵联差动保护。对高压侧电压 330kV 及以上变压器可装设双重纵联差动保护。

7-44　变压器差动保护范围在哪里？

答：变压器差动保护范围为变压器两侧电流互感器之间设备，包括变压器套管及其引线。主变压器接线为 Yd11，当装设纵联差动保护时，电流互感器接线应为 Dy。

7-45　变压器差动保护不平衡电流是如何产生的？

答：暂态情况下，变压器差动保护不平衡电流产生是由于短路电流的非周期分量为电流互感器的励磁电流，使其铁芯饱和，误差增大。主要的原因是：

（1）由于变压器各侧电流互感器型号不同而引起的不平衡电流。

（2）由于实际的电流互感器不平衡电流和计算变比不同而引起的不平衡电流。

（3）由于变压器改变调压分接头引起的不平衡电流。

（4）外部短路电流倍数太大，两侧电流互感器饱和程度不一致。

（5）外部短路电流非周期分量造成两侧电流互感器饱和程度不同。

（6）二次电缆截面选择不当，使两侧差动回路不对称。

（7）各侧电流互感器二次回路的时间常数太大。

（8）变压器空载运行时的励磁涌流。

7-46　如何减小差动保护的稳态和暂态不平衡电流?

答：（1）差动保护各侧电流互感器同型（短路电流倍数相近，不准 P 级与 TP 级混用）。

（2）各侧电流互感器的二次负荷与相应侧电流互感器的容量成比例（大容量接大的二次负荷）。

（3）各侧电流互感器铁芯饱和特性相近。

（4）差动各侧二次回路时间常数应尽量接近。

（5）在短路电流倍数、电流互感器容量、二次负荷的设计选型上留有足够余量，例如计算值/选用值之比大于 1.5～2。

（6）必要时需要同变比的两个电流互感器串联应用，或两根二次电缆并联使用、增大导线截面。

（7）使用带气隙铁芯 P 级电流互感器。

7-47　比率差动继电器有什么特性?

答：在小电流下无须制动，可以提高内部轻微故障时的灵敏度；在大电流下尽量提高制动系数，以保证选择性。

7-48　当变压器采用比率制动的差动保护时，制动特性主要起什么作用（原因）? 此时变压器无电源侧电流互感器如何?

答：当变压器差动保护采用制动特性的原因：

（1）发生区外故障时差动回路不平衡电流增加，采用制动特性使差动保护动作电流随之而增加，防止误动。

（2）制动分量主要作用是为了躲过区外故障。

变压器无电源侧电流互感器必须接入制动线圈。

7-49　对于单电源的双绕组变压器，采用带制动线圈的差动继电器构成的差动保护，其制动线圈应装在哪一侧?

答：制动线圈应装在负荷侧。

7-50　变压器差动保护电流回路如何接地?

答:变压器差动保护电流回路必须可靠接地,如差动各侧电流回路存在电气连接,则只能有一个公共接地点,应在保护屏上经端子排接地;如果差动各侧电流回路不存在电气连接,一般各电流回路应分别在开关场端子箱经端子排接地。

7-51　变压器差动保护在过励磁或过电压时为防止误动采取什么措施?

答:变压器差动保护在过励磁或过电压防止误动的措施是增设五次谐波制动回路。五次谐波制动比越大,躲过过励磁能力越弱。在过励磁保护中,当 U/f 达到额定值的 1.02~1.2 倍时,经 4s 发信号;当 U/f 达到额定值的 1.25~1.4 倍时,经 120s 动作跳闸。

7-52　励磁涌流有哪些特点?

答:励磁涌流可达稳态励磁电流值的 80~100 倍或额定电流值的 6~8 倍,其特点:

(1) 包含很大成分的非周期分量,使涌流偏于时间轴的一侧。

(2) 包含大量的高次谐波,并以二次谐波成分最大。

(3) 涌流波形之间存在间断角(波形出现间断)。

(4) 涌流在初始阶段数值很大,以后逐渐很快衰减,通常经 0.5~1s 后其值可不大于 0.25~0.5 倍额定电流值,但大型变压器要完全衰减则需要较长时间。

7-53　变压器差动保护防止励磁涌流影响有怎样的措施?

答:(1) 采用间断角原理鉴别短路电流和励磁涌流波形的区别,要求间断角不小于 65°。(例如 JCD-2A、JCD-4A 型);除去直接由各相涌流间断角实现闭锁以外,还有一种是由涌流导数波形的间断角(不小于 65°)和波宽(不小于 140°)来实现闭锁。

(2) 为躲过励磁涌流,采用二次谐波制动原理(例如 BCD-32A、JCD-62 型);二次谐波制动比越大,躲过励磁涌流的能力越弱;通常取二次谐波制动比（二次谐波电流与基波电流之比）不小于15%～20%，可防止励磁涌流对差动保护的影响。

（3）采用具有速饱和铁芯的差动继电器（例如用电磁式 DC-11 型继电器与 FB-1 型速饱和变流器组成的）。

（4）利用波形对称原理的差动继电器。

暂态过渡过程开始部分具有直流分量，因而对以直流分量作为唯一制动量的差动保护装置将会延缓其动作时间，但单纯采用直流分量制动不够理想，BCH-2 型差动继电器是带有制动和助磁特性的差动保护。BCH-1 型差动继电器是带有短路线圈的直流助磁特性的差动保护。

由自耦变压器高、中压及公共绕组的三侧电流构成的分相电流差动保护无须采取防止励磁涌流影响的专门措施。

7-54　变压器差动保护在外部短路故障切除后随即误动，原因可能是什么？

答：误动原因可能是电流互感器二次回路时间常数相差太大。

7-55　主变压器差动保护设置电流速断保护是为什么？小容量配电降压变压器呢？

答：主变压器差动保护设置电流速断保护，主要解决在主变压器区内故障时保护拒动问题：因较高的短路电流水平使电流互感器饱和以及产生高次谐波，从而使二次谐波制动的主变压器差动保护拒动。其动作电流按照实际的最大励磁涌流来整定，可靠系数可取为 1.15～1.30，大型发电机—变压器组因通常不存在很大的励磁涌流条件，可取变压器的 2～3 倍额定电流，而降压变压器最大励磁涌流可取到变压器的 4～8 倍额定电流；但在小容量配电降压变压器上采用差动电流速断保护时，为了提高灵敏度只要避开经过一定程度衰减后的励磁涌流即可，根据实践经验一般取变压器的 3.5～4.5 倍额定电流。优点是接线简单、动作迅速，缺点是整定值大，用于大容量变压器灵敏度很低（但灵敏度不得小于 1.2）。而小容量变压器两个差动臂电流接近相等，可反应相间故障。

7-56 变压器差动保护用电流互感器在最大穿越性电流时误差超过10%，可采取什么措施防止误动作？

答：（1）适当增大电流互感器变比。

（2）将两组同型号电流互感器二次串联使用。

（3）减少电流互感器二次回路负载。

（4）在满足灵敏度的前提下，适当提高动作电流。

（5）对新型差动继电器可提高比率制动系数等。

7-57 什么情况下使用 BCH-1 型差动继电器？

答：在下列情况下使用 BCH-1 型差动继电器：

（1）采用 BCH-2 型差动继电器灵敏度不够时。

（2）有载调压变压器差动保护。

（3）多侧电源的三绕组变压器的差动保护。

（4）变压器外部故障时产生的不平衡电流较大时。

7-58 通常什么保护被用作变压器的后备保护？

答：复合电压过电流保护。过电流保护是变压器主保护及相邻元件的后备保护，负序电压元件或低电压元件（接在相电压上的低电压继电器）动作，两个继电器只要有一个继电器动作，同时电流元件（过电流继电器）动作，保护才启动出口继电器。

7-59 复合电压过电流保护与低电压闭锁过电流保护相比具有什么优点？

答：（1）在后备保护范围内发生不对称短路时，有较高的灵敏度。

（2）在变压器发生不对称短路时，电压启动元件的灵敏度与变压器接线方式无关。

（3）由于电压启动元件只接在变压器一侧，故接线比较简单。

7-60 变压器低电压启动的过电流保护的动作电流等是按照什么整定的？

答：按照躲过变压器额定电流整定。低电压保护的动作电压应按躲过电动机自启动条件整定，当电压取自变压器的低压侧电压互感器时动作电压为 0.5~0.6 的变压器额定电压，当电压取自变压器的高压侧电压互感器时动作电压为 0.7 的变压器额定电压。负序过电压的动作电压应按躲过正常运行时出现的不平衡电压整定，可根据电力系统运行规程的规定取 0.06 的变压器额定电压。

过电流保护的灵敏度不小于 1.2，为后备保护区末端两相金属性短路时流过保护的最小电流与动作电流之比；低电压保护的灵敏度不小于 1.2，为动作电压与校验点发生金属性三相短路时保护安装处的最高残压之比。负序过电压保护的灵敏度不小于 5，为后备保护区末端两相金属性短路时保护安装处的最小负序电压与动作电压之比。

变压器的高压侧宜设置长延时的后备保护，在保护不失配的前提下，尽量缩短变压器后备保护的整定时间级差。

7-61 单侧电源双绕组变压器各侧反映相间短路的后备保护各时限段动作于哪些断路器？

答：单侧电源双绕组降压变压器，相间短路的后备保护宜装于各侧。非电源侧保护带 2 段或 3 段时限，用第一时限断开本侧母联或分段断路器，缩小故障范围；用第二时限断开本侧断路器，用第三时限断开变压器各侧。电源侧保护带一段时限，断开变压器各侧断路器。

7-62 双绕组变压器的零序保护是什么保护的后备保护？

答：双绕组变压器的零序保护是高压侧绕组接地短路的后备保护和保护区外单相接地的后备保护。

7-63 变压器的过流保护是什么保护的后备保护？

答：变压器的过流保护是差动和瓦斯保护的后备保护。

7-64 如何贯彻变压器 "加强主保护，简化后备保护" 的原则？

答：变压器的后备保护主要是母线的近后备、110kV 及以下电压等级的远后备，只要系统内故障能由保护动作切除不至于拒动就满足要求。"加强主保护，简化后备保护"，为此高压侧后备保护仅设复合电压过流保护，中、低压侧后备保护设复合电压过流保护和电流限时速断保护，前者按变压器额定电流整定，后者按同侧母线的最低灵敏度要求整定，衰减应与同侧相邻线路的相应时间相配合。

7-65　装于 Yd 接线变压器高压侧的过流保护采用哪种继电器接线方式灵敏度高?

答：装于 Yd 接线变压器高压侧的过流保护，在低压侧两相短路，采用三相三继电器接线方式比两相两继电器接线方式灵敏度高。

7-66　变压器绕组、套管及引出线上的故障，应装什么保护?

答：变压器绕组、套管及引出线上的故障应根据容量不同，装设纵联保护或电流速断保护。而变压器的过流保护不仅可以反映变压器油箱内部短路故障，也可反映套管和引出线故障。

7-67　中性点直接接地的普通变压器接地后备保护是如何整定的?

答：中性点直接接地的普通变压器接地后备保护由两段式零序过电流保护构成，保护装置接在变压器接地中性点回路电流互感器二次侧，保护整定如下：

变压器零序过电流保护应与相临线路零序过电流保护相配合，即

$$I_{op.0} = K_{rel}K_{bri}I_{opⅠ/Ⅱ}$$

式中　K_{rel}——可靠系数；

　　　K_{bri}——零序电流分支系数；

　　$I_{opⅠ/Ⅱ}$——线路零序过电流保护的动作电流。

其中：保护Ⅰ段与相临线路零序过电流保护第Ⅰ段相配合，零序电流分支系数等于Ⅰ段保护区末端发生接地短路时流过本保护的零序电流与流过线路的零序电流之比；保护Ⅱ段与相临线路零序过电流保护备用段相配合，零序电流分支系数等于出线零序过电流后备段保护区末端发生接地短路时流过本保护的零序电流与流过线路的零序电流之比；保护Ⅰ段的 $I_{opⅠ/Ⅱ}$ 为线路零序过电流保护Ⅰ段或Ⅱ段的动作电流，保护Ⅱ段的 $I_{opⅠ/Ⅱ}$ 为线路零序过电流保护后备段的动作电流。

7-68 三绕组变压器的后备保护有哪些?

答:(1)单侧电源时,在高压侧装设复合电压启动的三相式过流保护,电压元件由中压侧电压互感器取得电压。保护有三段时限,保护第一段时限跳开中压侧分段或母联断路器,第二段时限跳开中压侧断路器,第三段时限跳开变压器三侧断路器。

(2)高中压侧均有电源时,可按高压侧为主电源设计,除主电源侧外,其余各侧只要求作相邻元件的后备保护,有两种方案:双侧装后备保护方案,装于主电源侧(高压侧)和低压侧。

220kV 三绕组变压器的高压侧装设负序方向(指向 220kV 侧,方向元件由中压侧电压互感器取得电压)过流保护和防止三相短路的单相式低压过流保护(对各侧母线短路有足够灵敏度)。带方向保护以较短时限跳开变压器 220 kV 侧断路器;而不带方向的负序过流保护有两段时限,第一段时限跳开 110kV 侧断路器,第二段时限跳开变压器三侧断路器。

110kV 三绕组变压器的高压侧装设复合电压启动的方向过流保护,方向指向 35 kV 侧,方向元件从 110 kV 电压互感器取得电压,方向保护带两段时限,第一段时限跳开 35 kV 侧分段或母联断路器,第二段时限跳开 35 kV 侧断路器;不带方向的保护以最长时限跳开变压器三侧断路器(低压侧装设两相式过流保护)。

(3)三侧保护方案,高中压侧均装复合电压启动的过流保护,低压侧装设两相式过流保护。

110~220/35/10kV 三绕组变压器,中压侧装复合电压启动的方向过流保护,方向指向 35 kV 侧,方向元件从高压侧电压互感器取得电压,保护第一段时限跳开中压母线分段或母联断路器,第二段时限跳开中压侧断路器;高压侧装设三相式复合电压启动的过流保护,以最长时限跳开变压器三侧断路器。

220/110/35kV 三绕组变压器,高压侧由带方向和不带方向两段组成,方向指向 220kV 侧,方向元件从 110 kV 电压互感器取得电压,带方向保护以较短时限跳开变压器高压侧断路器，不带方向保护以最长时限跳开变压器三侧断路器。

7-69　110kV 或 220kV 变压器的中性点运行方式如何考虑？

答：如果变电站只有一台变压器，中性点应直接接地运行；有两台及以上主变压器，一般只将一台变压器的中性点接地运行；当该变压器停运时，将另一台中性点不接地的变压器改为直接接地。如果由于某些原因变电站正常运行必须有两台变压器的中性点直接接地运行，当其中一台变压器停运时，若有第三台变压器，则将第三台变压器改为直接接地运行。否则按特殊情况处理。

对有三台及以上 110kV 或 220kV 变压器的双母线运行的发电，一般正常按两台变压器中性点直接接地运行，并分别接于不同的母线上。自耦变压器必须中性点直接接地运行。

7-70　变压器接地保护的方式有哪些？　各有什么作用？

答：除装设差动和瓦斯保护能反映接地故障外，中性点直接接地变压器一般设有零序电流保护，主要作为母线接地故障的后备保护，并尽可能起到变压器的线路接地故障的后备保护。中性点不接地变压器，一般设有零序电压保护和与中性点放电间隙配合使用的放电间隙零序电流保护，作为接地故障时变压器一次过电压的后备措施。中性点非直接接地系统中，单相接地保护在多数情况下只是用来发信号，而不动作于跳闸。

7-71　变压器零序过电流保护如何设置？

答：变压器零序过电流保护应装在变压器中性点直接接地侧，用来保护该侧绕组及引出线上的接地短路，也可作为相应母线和线路接地短路时的后备保护，因此当该变压器中性点接地开关合入后零序保护即可投入。

（1）降压变电站一般装设两台变压器，其中一台中性点接地，另一台中性点不接地，保护第一段时限跳开中性点不接地变压器各侧断路器，以第二段时限跳开接地变压器，零序电压元件从本侧电压互感器开口三角形取得电压。

（2）220/110/35/10 kV 三绕组变压器，220 kV 和 110 kV 侧中性点可能同时接地，在 220 kV 和 110 kV 侧均装设零序方向元件，零序电压元件从本侧电压互感器开口三角形取得电压。

（3）单侧电源的双或三绕组变压器，保护第一段时限跳开各侧母线分段断路器，以第二段时限跳开本变压器高压侧断路器。

7-72　变压器的中性点间隙接地保护由什么组成？

答： 由零序电压保护与零序电流保护并联构成、带 0.3～0.5s 时限，延时动作目的是躲过系统的暂态过电压。间隙保护与零序过电流保护不能同时投入。中性点间隙接地保护应在变压器中性点接地隔离开关断开后投入，接地隔离开关合上前停用。

7-73　220kV 和 110kV 变压器的中性点放电间隙零序电流保护的定值如何整定？

答： 220kV 不直接接地的变压器，中性点放电间隙零序电流保护的一次启动电流可整定为 100A 左右，保护动作后带 0.5s 延时，跳变压器各侧开关；对高压侧采用备用电源自动投入方式的变电站，中性点放电间隙零序电流保护可 0.2s 断开高压侧电源，以 0.7s 断开变压器。110kV 变压器的中性点放电间隙零序电流保护的一次启动电流可整定为 40～100A，保护动作后带 0.3～0.5s 延时，跳变压器各侧开关；对高压侧采用备用电源自动投入方式的变电站，中性点放电间隙零序电流保护可 0.2s 断开高压侧电源，以 0.7s 断开变压器。

7-74　220kV 和 110kV 变压器零序电压保护定值一般为多少？

答： 220kV 变压器（中性点经放电间隙接地）零序过电压保护是由零序电压继电器与零序电流继电器或门关系构成（并联方式）、带 0.5s 时限；其 $3U_0$ 定值一般可定为 180V、0.3～0.5s。220kV 系统中不接地的半绝缘变压器中性点应采用放电间隙接地方式。

110kV 变压器零序电压为 150～180V。变压器间隙保护有 0.3～0.5s 的动作延时，其目的是躲过系统的暂态过电压。

7 - 75 当变压器接地保护 （中性点经放电间隙接地） 采用零序电流保护与零序电压保护相互控制时， 变压器开关跳闸顺序如何安排？

答： 先跳不接地变压器，后跳接地变压器的方式时，零序电压保护定值应比零序电流保护要灵敏些，以保证任何情况下均能跳不接地变压器。但对 220kV 系统，不接地变压器以中性点经放电间隙接地方式为好。用以反映外部接地短路引起的过电流和中性点不接地运行时外部接地短路引起的过电压。

7 - 76 大型变压器非全相运行保护由什么构成？

答： 大型变压器非全相运行保护主要由灵敏的负序或零序电流元件和非全相判别回路构成。

7 - 77 主变压器零序过流保护和经放电间隙过流是否同时工作？

答：两者不同时工作。

7 - 78 主变压器零序过流保护和经放电间隙过流保护各在什么条件下起作用？

答：（1） 当变压器中性点接地运行时，零序过流保护起作用，放电间隙过流应退出。

（2） 当变压器中性点不接地运行时，放电间隙过流起作用，零序过流保护应退出。或因延时长而来不及动作。

7 - 79 对 **110kV** 及 **220kV** 两侧中性点都接地的三个电压等级的变压器，零序电流保护各段之间是如何配合的？

答：零序电流保护第一段一般可与线路零序电流保护的躲非全相第一段配合，必要时可以带方向性，同时动作后考虑 0.3s 跳母联开关，0.5s 跳本侧开关。第二段可与线路零序电流保护最后一段配合，也与变压器其他侧的零序电流保护相配合，动作后以较短时限先跳本侧开关，以较长时限跳其他各侧开关。

7 - 80 **220kV** 及以上电网为什么不宜选用全星型自耦变压器？

答：220kV 及以上电网不宜选用全星型自耦变压器，以免恶化接地故障后备保护的运行整定。

7-81 为什么自耦变压器的零序电流保护不能装于中性点?

答: 在自耦变压器高压侧接地短路时,中性点零序电流的大小和相位,将随着中压侧系统零序阻抗的变化而改变,中性点电流取决于二次绕组所在电网零序综合阻抗,当它为某一值时,一二次电流将在公用绕组中完全抵消,因而中性点电流为零;当它大于此值时,中性点零序电流将与高压侧故障电流同相,当它小于某一值时,中性点零序电流将与高压侧故障电流反相。因此,自耦变压器的零序电流保护不能装于中性点,而宜分别取自装在高、中压侧的电流互感器。

7-82 自耦变压器至少应装设什么保护?

答: 自耦变压器至少要在送电侧和低压侧各装设过负荷保护。

7-83 变压器的过负荷保护如何整定?

答: 按躲过变压器额定电流整定,即用电流继电器来实现变压器的过负荷保护,一相上装一个电流继电器,即

$$I_{op} = K_{rel}/K_r I_n$$

式中 K_{rel}——可靠系数,取 1.05;

K_r——返回系数,取 0.85(但一般是按变压器额定电流的 120% 来选择);

I_{op}——过负荷保护动作电流;

I_n——变压器额定电流。

为防止短路时发生不必要信号,需装设一个时间继电器,动作时间应比变压器后备保护的最大时限大 1~2 个时限级差(一般采用 10~15s)。

在配电变压器容量超过 75kVA 时,一般不装设低压侧的熔断器,而采用适当选择高压侧跌落式熔断器的办法来解决,此时跌落式熔断器可按其高压侧额定电流的 1.3~1.5 倍以上来选择;当变压器容量在 100 kVA 及以上时,取 1.5~2 倍;100 kVA 以下时,取 2~2.5 倍。而配电变压器的低压侧熔断器熔丝可根据低压侧额定电流取整来选择。

7-84 变压器各侧过电流保护的整定原则是什么?

答:按躲过变压器额定负荷电流整定,动作时间应大于所有出线保护的最长时间。

(1)两个电压等级。单侧电源的变压器电源侧过电流,作为最后一级跳闸保护同时兼作无电源侧母线和出线故障的后备保护;无电源侧配置过电流保护,动作后跳两侧断路器,在变压器并列运行时若无电源侧未配置过电流保护,也可先跳无电源侧母联断路器,再跳两侧断路器。

(2)单侧电源三个电压等级。小电流侧或无电源侧过电流保护主要保护本侧母线,对只有在电源侧和主负荷侧装有过电流保护,作为最后一级跳闸保护同时兼作无电源侧母线和出线故障的后备保护。

(3)三侧均装过电流保护。电源侧应与两个无电源侧保护整定值相匹配,动作后跳开三侧断路器。

7-85 如果分支侧变压器低压侧无电源,中性点不接地变压器的负荷为多大容量时,在线路故障时分支侧开关不跳闸?此线路分相后加速继电器定值如何考虑?其可靠系数取多少?

答:中性点不接地变压器的负荷小于 15MVA。

此线路分相后加速继电器定值应大于分支侧负荷电流,其可靠系数取 1.5。

7-86 在变压器低压侧未配置母差和失灵保护时,应采取什么措施提高切除变压器低压侧母线故障的可靠性?对于低压侧单相接地短路,什么情况下的变压器可采用高压侧的过流保护?

答:220kV 电压等级变压器低压侧未配置母差和失灵保护时,为提高切除变压器低压侧母线故障的可靠性,宜在变压器低压侧设置取自不同电流回路的两套电流保护,当短路电流大于变压器热稳定电流时,变压器切除故障的时间不宜大于 2s。

400kVA 及以上、10kV 及以下的三角-星形连接、低压侧中性点直接接地的变压器,当灵敏度符合要求时变压器可采用高压侧的过流保护。

第八章 计算机监控和水电厂 自动化基础

8-1 综合自动化系统中的计算机监控系统能实现哪些应用功能以及监控功能？ 其软件分哪两大类？

答： 综合自动化系统之中的计算机监控系统一般由 CPU、存储器、定时器/计数器、看门狗电路、外围支持电路、输入/输出控制电路组成，主要完成数据采集及计算、数据处理、控制命令的接受与执行、逻辑闭锁、GPS 校时、MMI 接口〔MMI 接口一是指人机界面接口（man machine interface），二是指多媒体接口（multi-media interface）〕通信等。其具体的应用功能如下：

（1）监视控制和数据采集功能（包括数据采集与处理、事件处理与报警、遥控/遥测、人机接口、统计与计算、报表生成及打印等）。

（2）防误闭锁功能。

（3）电压无功自动控制（AVQC）。

（4）远动功能。包括遥测、遥信、遥控、遥调。

（5）继电保护及故障信息隔离、管理功能。

实现的监控功能如下：

（1）模拟量、开关量和电能量的数据采集。

（2）断路器跳合闸记录、保护动作顺序的事件顺序记录，故障记录、故障录波和故障测距的故障处理。

（3）操作控制功能：断路器和隔离开关分合、变压器分接头位置调节、电容器投切的远方操作。

（4）历史数据的形成和储存、用于管理的数据统计的数据处理与记录。

（5）安全监视：对电流、电压、主变温度、频率越限监视和告警以及记录显示，保护装置是否失电，自动装置是否正常。

（6）谐波分析。

（7）人机联系：屏幕画面实时显示（运行参数、主接线图、事件顺序、越限报警、故障记录、运行状态、值班记录、历史趋势、保护定值、自动装置设定值等）、输入数据、打印功能（报表、日志、记录、操作票、事故追忆）等。

其软件分如下两大类：

（1）系统软件。包括操作系统软件和数据库软件，操作系统软件可分为程序设计系统、操作系统、诊断系统三类，是计算机随机软件系统；数据库软件一般分实时数据库和历史数据库，应满足实时性、灵活性、可维护性、一致性、并发操作。

（2）应用软件。监视程序（自诊断软件和自恢复软件）、过程控制程序、共用程序三类，由用户按需要自行选择，应满足下列要求：

1）采用模块化设计，退出时并能告警。

2）必须满足系统功能和性能要求。

3）具有良好的实时响应性、可扩充性和灵活性。

4）面向用户，便于操作使用。

5）应架构在统一的软件平台上，具有统一风格的人机界面和统一的数据库，并能实现图模库一体化。

8-2　综合自动化系经的输出、输入是什么量？

答：输出、输入是模拟量和开关量。将电流电压温度等模拟量信号转换成数字量信号，按照极性、转换速度、转换精度（字长，如高精度用 12 位字长）选择。

8-3　集中式和分布式结构有什么特点？

答：集中式结构的优点是便于设计、安装、调试和管理，可靠性较高：

（1）功能单元之间相互独立、互不影响。

（2）具有较为完善的人机接口功能，综合性能强。

（3）结构紧凑，体积小，可大大减少占地面积。

（4）造价低，尤其是对 110kV 或规模较小的变电站更为合适。

集中式结构的缺点明显地需要控制电缆多，增加了电缆投资，易受干扰：

（1）运行可靠性较差，每台计算机功能较集中，如果一台计算机出故障影响面大，因此必须采用双机并联运行的结构才能提高可靠性；同时前置机管理任务繁重、引线多，形成了信息瓶颈，降低了整个系统的可靠性。

（2）计算机软件复杂，修改工作量大，系统调试麻烦。

（3）组态不灵活，对不同主接线或规模不同的变电站，软硬件都必须另行设计，工作量大，可移植性差，扩容灵活性差，影响了批量生产，不利于批量推广。

（4）与采用一对一的常规保护相比集中式不直观，不符合运行维护人员的习惯，调试维护不方便，程序设计较麻烦，只适合保护算法简单的情况。

分散式更强调地理上的位置概念，分散布局还意味着系统是面向间隔层的。分布不是指地理位置分散，更强调的是工作方式、任务、功能的分布；分层应是指根据 IEC 观点来考虑的层次。

分布式计算机系统是指多个分散的计算机经网络连接构成的统一的计算机多机系统，具有三个特性：模块性、并行性、自治性，分布式计算机系统的潜在优越性：

（1）可靠性和坚固性。资源冗余和自治控制使系统具备动态重构，甚至经受破坏也能继续工作。

（2）增量扩展性。可以廉价模块作为系统扩展或资源更新的增量，不必替换整个系统。

（3）灵活性。容易改变系统配置。

（4）快速响应能力。

(5) 软硬件资源共享。

(6) 增强计算和有效处理能力。

(7) 经济性。有利于发挥计算机性价比优势。

(8) 适应各种应用环境，特别适用于经济管理、事务管理、过程控制等具有分散用户又要求相互协调的场合。

分布式结构的优点：

(1) 可靠性大大提高，部分设备有故障一般不影响其他部分工作。

(2) 灵活性高，设计、生产和维护工作量小。

(3) CPU 数量增加，但每个 CPU 都简单，也利于系统扩容。

(4) 数据传输瓶颈问题得以解决，提高了系统的实时性。

分布式结构的缺点：

(1) 按同一种功能组屏，屏内可能装有多个不同间隔的装置，给维修带来不便。

(2) 同一间隔层内的测控装置被放在不同的盘柜、不同位置，使连接电缆繁杂而增多。

(3) 组态不够灵活，对不同主接线或规模不同的变电站，软硬件都必须另行设计。

8-4 分布式系统集中组屏、面向对象的分层分布分散式结构以及全分散式结构各自有什么特点？

答： 分布式系统集中组屏最主要的特点：集中组屏是指把系统组成集中安装在变电站主控室中，把集中式结构系统的工控机用多个小计算机系统代替，以减轻工控机工作、提高系统的可靠性，如果一台计算机故障只影响局部；各保护或自动装置相对独立，不受其他任何部分损坏影响。仍然是分布式结构，主要是信息管理综合化，系统的局部还是集中式的，例如管理机、处理机或控制机部分，但这些集中式会部分降低变电站数据采集和操作控制的可靠性。

分层分布分散式结构变电站综合自动化系统的结构特点主要表现在间隔

层设备的设置是面向电气间隔的，即对应于一次系统的每一个电气间隔设置标准智能电子装置来实现对该间隔的测量、控制、保护等任务；面向对象（是指把间隔层按所属一次设备的不同划分为不同的间隔，每个间隔层的二次设备只完成本间隔的继电保护、数据采集和操作控制等功能）的；分层分布分散式结构的特点有：

优点：（1）结构分层分布，系统框架由间隔层测控装置和站控层计算设备构成，调试维护方便，一般只要利用几个简单软件操作就可以检验系统的硬件是否完好。

（2）面向对象设计，以站内各电气间隔为对象开发、设计、生产和应用的计算机监控系统，以变电站一次主接线图为依据。

（3）功能独立，每个智能电子装置 IED 与电气间隔形成一一对应关系，这是区分集中式与分散式监控系统的一个重要依据。间隔层单元综合化程度高，减少了硬件重复；间隔层单元就地安装，方便对一次设备的继电保护、数据采集和控制，减小了电流互感器负载，提高了电流互感器精度。由于间隔层各智能电子设备硬软件都相似，对不同主接线或规模不同的变电站，硬软件都不需另行设计，便于批量生产和推广、扩建。

（4）多 CPU 分散模块化结构具有软件相对简单、组态灵活、可靠性高、调试维护方便等特点，每台计算机只完成部分功能，如果一台计算机故障只影响局部，提高了变电站自动化系统整体的可靠性和灵活性。

（5）继电保护装置相对独立，不受当地监控、远动系统等影响。

（6）设备安装紧凑、灵活，测控装置可直接安装在断路器柜上或断路器间隔附近，实现了间隔层设备就地布置，相互之间用光缆或其他通信电缆连接，也可在控制室或继电小室内按功能组屏，站内二次电缆大大减少，变电站占地面积缩小，节省投资，简化了维护工作量。

缺点：（1）综合化程度高，技术含量更高，对人员的知识面更广更深。

（2）由于计算机技术和通信技术发展太快，变电站自动化系统中软硬件都容易过时，较难维护。

全分散式结构随着新设备和新技术的进展已经成为目前发展的方向，其特点有：

（1）取消了集中式的保护管理机、电能管理机，主控室内的变电站层（监控主机等）直接通过网络与间隔层联系，可靠性更高；极大地简化变电站二次部分的配置，大大缩小控制室面积。

（2）当地监控主机直接接在网络上，与总控机不直接通信，当地监控功能与远动功能基本分开，可靠性更高。

（3）间隔层分散安装在开关柜上，由于测控装置在一次设备附近，所以不需要将大量二次电缆引入主控室，大大简化了变电站二次设备之间的互连线，节省大量连接电缆，减少了施工和设备安装工作量；出厂前已由厂家调试完毕，可有效缩短现场施工安装和调试的工期。

分散式与集中相结合结构的优点：

（1）便于调试与安装，各间隔层数据采集和开关量输入/输出的测控及保护装置分别就地安装在一次设备附近的小保护室内，调试工期短，减少了安装工程量。

（2）缩小了主控室占地面积，分散就地安装。

（3）经济效益好，各小保护室建立，减少了二次电缆，节省投资，减少了事故发生概率。

（4）可靠性高、组态灵活、检修方便，在间隔层内可独立完成保护和监控功能而不依赖通信网络。

分散式与集中相结合等几种结构的共同缺点是由于通信规约的不兼容，不同接口需要进行通信规约转换，因而在通用性、开放性等方面性能校弱，使用场合受到较大限制。

目前分散与集中相结合常用的组屏方式为：

（1）10～35kV馈线保护测控装置采用分散式安装，就地安装在室内开关柜上，通过通信电缆（光缆或双绞线）与主控室内的变电站层设备交换信息，可节省大量的二次电缆。

（2）高压线路保护和变压器保护测控装置以及自动装置（如备用电源自投入装置、电压无功综合控制装置）都采用集中组屏结构，将各装置分类集中安装在控制室内的线路保护屏（如 110kV 线路保护屏和 220kV 保护屏）、变压器保护屏等上面，使这些重要的保护装置处于比较好的工作环境下，对可靠性较为有利。

8-5 什么是后台监控系统？

答： 通常把在中央控制室用来加强、补充或取代传统控制屏台（例如模拟指示返回屏、中央控制操作台等）的部分称为站控层的后台监控系统。

后台监控系统原本设计是为运行值班人员使用的，随着无人值班厂站的逐步成熟和推广，以及计算机技术的发展和性价比的提高，进一步简化后台监控系统的规模、降低造价是今后发展趋势，应当把投资的重点放在间隔层等基础装置或设备上。

后台监控系统是整个接口系统的窗口，系统所有信息都是通过后台系统来反映的，接口系统中各种事件都是由后台系统产生的。后台监控系统非常重要一环就是人机界面，即图形系统。后台监控系统的显性功能，最重要的两项就是屏幕显示和报表打印功能；隐性功能（运行人员看不见的）是依据计算机计算、逻辑比较与判断、数据处理等来自间隔层的大量实时数据的加工所生成了系统的数据库。此外还有保护管理机功能、操作票专家系统功能等。

后台监控系统网络体系结构目前在逻辑上由两大部分组成，即服务器系统和客户机系统。服务器是网络环境下为客户提供服务的专用计算机，服务器系统通常是指安装在服务器上的操作系统。设计后台监控软件中服务器是最重要的核心部分，它担负起系统、数据处理、内存数据库的管理等重要任务。

服务器是功能意义上的服务器；即功能服务器；而前置机和调度员工作站是系统客户机部分，通过网络链路将两大部分有机地整合在一起。服务器和客户机是进程一级概念上的称谓，它们可以有各自的硬件平台，又可以运行在同一台机器上，这时同一台机器既是服务器又是客户机。服务器的软件结构：①网络范围系统，由服务器端网络程序和客户端网络程序组成。②数据库管理系统，客户应用程序通过内存数据库管理接口才能访问内存实时数据库。③数据处理系统，要担当起与主控单元或前置机的通信任务。④数据采样系统，主要指后台系统中历史数据的生成。⑤告警处理系统，担负起各种事件的处理及产生报警信息。

数据库是后台接口系统中最基本部分，是后台系统的基石，也是衡量系统性能的重要指标之一。可划分为：①基波信息库（库结构库或数据字典库）；②网络管理信息库，包括网络软硬件配置、通信管理信息；③实时数据库，包括"四遥"、脉冲量和报警信息；④设备及其参数信息库，包括各种主要电气设备和负荷、继电保护信息；⑤历史数据库，统计报表和曲线、事件顺序记录和事故追忆；⑥图形信息库，包括图元、图形动静态、图形定位和图形基本信息；⑦高级应用数据库，包括网络拓扑库、状态估计库、实时潮流库、负荷控制库、网络分析库；⑧信息管理库，如生产管理、办公自动化、物资管理和用电管理等。

8-6 后台监控系统有哪些特点？

答：（1）后台监控系统仅针对一个发电厂或变电站，其数据库的规模比调度端要小得多。

（2）后台系统在逻辑上属于站控级范畴，而且还处于这一层次的高端即后台部位，故不与过程层发生物理上直接联系，即其数据来源都是间接地而非直接地采集得来的。

（3）后台监控系统不必具有调度高级功能（例如状态估计、安全分析），但必须提供适合厂站影响特点的功能，例如无功电压调节、断路器联锁等。

（4）要求具有相对灵活的配置方式，对于大量中低压厂站或部分高压站，考虑无人值班的现况，从节约成本出发，可配置较为简略的单机系统以备定期查询时使用，平时可长期处于关机状态。

（5）必须考虑厂站内可能出现的传统上不属于监控的信息或系统，例如大量继电保护信息、故障录波信息、电能质量信息以及视频监控信息。处理好同这些设备的关系，实现资源利用的最大化和信息的高度共享。

8-7 主控单元和后台系统的关系如何？

答：主控单元一般位于站控层，用于完成厂站内间隔层的各种测控单元或测控保护综合单元以及各种智能电子装置 IED 与站控层的后台系统之间的信息交换，实质上是起着通信控制器的作用。主控单元功能逐渐从数据收集、转移，发展到开关联锁、自动电压无功控制等比较专门复杂的功能，主控单元的主要硬件向双重冗余化方向发展，并随着网络兴起主控单元的位置与作用也会发生变化，或者融入后台系统，或者与远动机相结合，或者成为沟通间隔层网络与后台网络之间的网关。

主控单元和后台系统都属于站控层的范畴，各自担负不同的任务，它们之间的关系：

（1）前后级关系。主控单元更加靠近间隔层和过程层，即主控单元相当于前置机，而后台系统更加靠近集控中心或远方调度控制中心，主控单元和后台系统之间一般以串行通信或网络通信方式相互连接，前者适用于双方都是单机的情况，后者适用于其中任一方或双方都是多机的情况。

（2）并列关系。主控单元和后台系统处于相同层次中，两者之间以网络相连接，这种关系使站控级部分的结构更趋于"扁平化"，有利于数据的交换。

8-8 目前的主控单元硬件结构有哪些部分？ 对软件有哪些要求？

答：目前的主控单元的主流选择是工业控制计算机和工业级嵌入式硬件系统。以工业级嵌入式硬件系统为例，主要包括装置机架、电源模件、主CPU 模件、带 CPU 的独立智能模件、带有 RS232/ RS485 通信接口和光纤接口的扩展系统模件组、完成与间隔层通信的现场总线通信模件、具有工业以太网接口的通信模件、开关量输入模件、开关量输出模件、模拟量输入模件等部分。

对软件的要求：采用双机互备实时多任务操作系统，基本目标是层次清晰，任务功能要简单明确、调试方便、不易出错、多任务协调，具有在不同任务和操作系统之间有效地同步和通信机制。

8-9 500kV 变电站计算机监控系统的基本结构、配置原则和组屏原则以及特点主要有哪些？

答：500kV 变电站微机保护系统和计算机监控系统通常是完全独立配置，监控系统中重要设备一般均按冗余配置且均为双网。

配置原则如下：

（1）站控层一般配置两台主机、两台操作员工作站、两台远动工作站及一台工程师工作站，站控级网络通信设备按双网配置两台独立的交换机。

（2）间隔层测控装置严格按电气单元配置并组屏，满足与电气单元的独立"一对一"原则。500kV 一个完整串配置 3 台独立测控装置（考虑每串组 1～2 面测控柜，每面盘柜上布置 2～4 个测控装置），两条线路配置 2 台测控装置，变压器本体通常也配置 1 台独立测控装置。220kV、110kV 测控保护合一装置按断路器配置，500kV、220kV、35kV 按每段母线单独配置 1 台测控装置，站用电和直流系统按一一对应配置，每个继电器室各配置 1 台公用测控装置。对 35kV 及以下的间隔不配置智能终端；对 220kV 以上的间隔双重化保护配置，智能终端也应双重化配置，双套配置与双重化保护和双分闸线圈配合。

组屏原则如下：

（1）站控层设备通常布置于主控制室，两台远动工作站组两面屏，站控层网络设备和电力数据网络设备各组 1 面屏，其余设备通常不组屏。

（2）间隔层设备按 500kV、220kV 各两个继电器小室分别就地集中布置，测控装置组屏原则：500kV 继电器小室按一串间隔电气单元组成 2 或 3 面测控屏，220kV 继电器小室按 2 个间隔电气单元单独组一面屏，每台变压器按其各侧电压等级分别组屏或单独组成 1 面屏，35kV 电容器、电抗器间隔单元一般按 3～4 台装置分别组屏，公共信息管理机单独组屏，布置于各继电器小室。

特点如下：

（1）配置要求。重要设备要求双重化配置，通常将主机和人机操作员站分别独立配置，还配置专用工程师站，站控层设备配置较完备，目前变电站主要采用有人值班模式，后台系统各种报警、显示功能均按有人值班要求来完善化。

（2）控制对象全面性。控制范围一般涵盖500kV所有断路器、电动隔离开关和接地开关、220kV所有断路器和隔离开关、35kV所有断路器和隔离开关及主变压器分接头等。控制方式一般采用四级：间隔层测控装置上一对一操作、站控层计算机上操作、远方调度操作和操动机构上手动操作。任何时刻只允许用一种方式操作一个对象。为实现间隔层测控装置上一对一操作，测控装置应具备如下条件：具有较高分辨率的较大LCD显示屏，能显示相应间隔的电气主接线图及断路器编号；能通过操作键盘设置工作方式和所有被控对象；当设置成就地工作方式时后台及控制中心的远方控制权限应被闭锁，当设置成远方工作方式时面板上就地控制权限应被闭锁，但无论何种方式监测信息不受影响。

（3）有完整、严密的防误操作联锁功能。通常由计算机监控系统负责完成而不再配置独立的计算机防误系统，由间隔层和站控层（站控层安装防误软件实现全站防误闭锁功能）两层防误功能组成。

（4）500kV、220kV所有断路器（主变压器220kV侧开关除外）配置的测控装置应具有检同期合闸功能，计算机监控系统应具备同期合闸、检无压合闸及强制合闸三种合闸功能，在判别方法上严格分开并能根据需要由操作员主动选择。监控系统应具有自动检测电压二次回路状态的功能而避免非同期合闸事故。

（5）继电保护完全独立配置，保护装置和测控装置间仅通过二次信号回路将保护动作硬触点信号接入监控系统，保护装置通过公共信息管理机以通信方式将各类保护软报文信息送至监控系统，可使运行人员有针对性地了解保护信息。

（6）采用全站统一 GPS 对时功能，配备两台主备运行的 GPS 主机，以达到全站时钟统一。

（7）具备以下的抗干扰措施：

1）间隔层设备通常要求采用光纤作为通信介质，各继电器小室的门和墙按屏蔽要求设计。

2）不因变电站一次设备操作、保护跳闸、雷电波产生电磁场瞬态干扰而影响设备正常运行；间隔层测控装置间、间隔层设备与同一小室其他智能设备之间的通信、间隔层设备与站控层设备之间的数据通信不能因电磁干扰而中断或影响。

8-10 220kV 变电站计算机监控系统的基本结构、配置原则和组屏原则以及特点主要有哪些?

答：220kV 变电站微机保护系统和计算机监控系统通常是完全独立配置，监控系统中重要设备一般均按冗余配置且均为双网。

配置原则如下：

（1）站控层与 500kV 基本相同。一般配置两台操作员工作站、两台远动工作站及一台工程师工作站，为节省投资通常将主机和操作员工作站合并，站控级网络通信设备一般按双网配置两台独立的交换机。

（2）间隔层测控装置严格按电气单元配置并组屏，满足与电气单元的独立"一对一"原则。220kV、110kV 测控保护合一装置按断路器配置，220kV、110kV、35kV 按每段母线单独配置 1 台测控装置（按电压等级布置 2～3 台测控装置组 1 面测控屏），220kV 母联（分段）断路器保护单独组屏；变压器各侧及本体各配置 1 台测控装置。站用电和直流系统各配置 1 台测控装置，全站一般还配置 2 台公用测控装置（2 个测控装置布置在 1 面公用测控屏），以采集 UPS 等公共信息。对于 35kV、10kV 低压设备的间隔层一般采用保护测控一体化单元，其保护信息通常采用数据通信方式直接接入监控系统中，而不是采用硬触点方式。间隔层网络设备采用分散式安装；对

35kV 及以下的间隔不配置智能终端；对 220kV 以上的间隔双重化保护配置，智能终端也应双重化配置，双套配置与双重化保护和双分闸线圈配合。

组屏原则如下：

（1）站控层设备通常布置于主控制室，两台远动工作站组两面屏，包括站控层网络设备，电力数据网络设备组 1 面屏，其余设备通常不组屏。

（2）间隔层设备集中布置于一两个继电器小室，测控装置组屏原则：110kV 和 220kV 设备按 2 个间隔电气单元单独组一面屏，每台变压器组 1 面屏（主变压器组 1 面测控屏，屏上布置 3～4 个测控装置，一般配置双重化的主备一体化的变压器保护装置以及一套非电量保护，操作箱及操作继电器装置按断路器装设；站用变压器组 1 面测控保护屏，屏上布置 3 个保护测控一体化装置），35kV、10kV 线路及电容器、电抗器一般按 4 个电气间隔组一面屏，也有就地安装于开关柜的布置方式，公共信息管理机单独组屏。35kV 无功补偿装置采用保护测控一体化装置，按 3～4 台保护测控装置组 1 面屏。每个交换机屏可根据需要组 4～6 台交换机。

特点与 500kV 相仿，也有自身特点如下：

（1）三种形式的防误功能：第一种独立防误系统模式优点是防误功能相对独立，并具备模拟预演功能，便于改扩建工程防误逻辑验证，缺点是功能真正实现依靠防误和监控厂家共同完成，实践证明采用串口通信问题较多，通信中断、信息出错等时有发生。第二种内嵌监控系统模式优点是既有独立计算机防误系统的特点，又避免了防误和监控厂家配合问题，缺点是预演和实际操作界面在同一计算机上，需人为切换，区别不明显、容易混淆。第三种监控系统自身防误功能模式，优点是具有站控层和间隔层双重防误闭锁逻辑，简洁可靠，操作方便，缺点是与传统操作和管理模式不一致，在改扩建工程中的防误逻辑验证比较困难。

（2）继电保护相对独立，保护装置和测控装置相对独立，对于 110kV 和 220kV 线路及主变压器的重要电气设备通常采用独立配置继电保护和测控装置的方式，110kV 及以上的微机保护需通过保护信息管理机以通信方式接入监控系统；35kV 电气设备包括线路和无功补偿设备，通常采用保护测控合一装置，以减少投资、简化设计，且保护测控合一装置通常由监控系统厂家负责提供，保护测控合一装置的保护和测量电流互感器一般均分开，以适应国内专业管理模式。

（3）35kV 线路保护测控一体化装置的距离保护功能应根据实际需要配置，一般只要求配备三段式电流保护即可。

（4）保护测控合一装置安装主要有两种：就地安装于开关柜和集中组屏安装于继电保护小室，应由实际情况综合考虑而定。就地安装的优点是可以节省大量二次电缆，简化就地安装二次回路，减少施工和设备安装工程量，减少屏位，改造工程中还能减少运行设备与改造设备间相互影响等。缺点为 35kV 开关柜较高，不便于日常运行巡视，装置运行使用环境要求较高（尤其是目前 35kV、10kV 间隔层设备已基本采用网络通信方式）等问题。

8-11 110kV 及以下变电站计算机监控系统的基本结构、配置原则和组屏原则以及特点主要有哪些？

答：110kV 及以下变电站计算机监控系统大多数采用总线型分层分布式计算机监控系统，包括站控层和间隔层两大部分。

配置原则如下：

（1）站控层一般只配置一台后台机（近年来功能逐渐弱化）及一台主单元（或双主单元），有的站兼作远动工作站。

（2）间隔层测控装置完全按一次设备中断路器间隔、主变压器间隔等单元配置间隔层的保护、测控装置，并配置全站公用测控装置。对 35kV 及以下的间隔不配置智能终端；对 110kV 的间隔配置单套智能终端。

组屏原则：总控单元采用集中组屏安装，布置在变电站主控室内。35kV、10kV 线路采用保护、测控合一装置，一般直接分散安装在开关柜上，110kV 线路和主变压器的 110kV 保护设备和测控设备各自独立配置，采用集中组屏方式，和主单元以及当地后台系统一起安装在主控室。

特点如下：

（1）保护与测控的高度合并，这不仅表现在 35kV、10kV 线路采用保护、测控合一装置，还表现在主变压器保护、备自投等相对独立的保护装置也通常由监控系统生产厂家负责提供，保护和测控装置是整个变电站计算机监控系统不可分割的基本组成部分。

（2）综合自动控制功能广泛应用，如小电流接地选线功能、无功电压综合控制功能等，这些功能目前在实际过程中取得初步成效，但不理想，尚需进一步完善。

（3）适应无人值班的要求、弱化当地功能。负责当地监控功能的后台机等功能可适当弱化，但负责与远方集控中心通信的功能需进一步加强，如远动工作站需双重化配置等以确保信息传输可靠性。为适应无人值班需求的各种功能在不断发展和完善之中，如开放低压出线的重合闸远方投退功能、增加统计型电压表功能等，

35kV 接线的变压器采用主保护、后备保护以及测控功能和操作箱一体的变压器保护测控装置来完成对变压器的所有保护和高低压侧断路器的控制、变压器分接头控制等功能，而其他测控功能可由另一个测控装置完成。

110kV 变压器非电量保护一般独立设置，而电量保护既可主备保护一体化配置，也可分别由不同的装置共同完成。

8-12 站控层内主要工作站或主机的主要功能各有哪些？

答：（1）站控层主要任务。

1）汇总全站实时数据信息，刷新实时数据库和按时登录历史数据库。

2）按规约将数据信息传送给调度或控制中心。

3）接受调度或控制中心控制命令并转向间隔层和过渡层执行。

4）在线可编程的全站操作闭锁控制功能。

5）站内当地监控、人机联系功能。

6）对间隔层、过渡层设备的在线维护、在线组态、在线修改参数的功能。

7) 变电站故障自动分析和操作培训功能。

（2）操作员工作站是变电站内的主要人机交互界面，它收集、处理、显示和记录间隔层设备采集的信息，并根据操作人员的命令向间隔层设备下发控制命令，从而完成对变电站内所有设备的监视和控制。

（3）工程师工作站主要功能：

1) 监视、查询和记录保护设备的运行信息。

2) 监视、查询和记录保护设备的告警、事故信息及历史记录。

3) 查询、设定和修改保护设备的定值。

4) 查询、记录和分析保护设备的分散录波数据。

5) 用户权限管理、装置运行状况统计等。

（4）继电保护工程师站主要功能：

1) 通信管理功能。对主要介质和规约的支持，提供通道监视。

2) 保护信息处理功能。对各保护装置和录波装置进行数据的采集和监控信息，包括设备当前设定值及状态、连接片投切状态、异常告警、保护测量值、通信状态等运行信息。

3) 录波管理功能（巡检录波器）。

4) 图形及系统监控功能。图形化方式显示系统运行状态、保护配置和运行情况，并在异常、故障等情况下主动发出告警信号和及时保存到历史数据库中，并有选择、分优先级地上传调度和当地及时地提醒运行人员能够迅速、准确地掌握故障情况加快处理。

5) 告警管理功能。

6) GPS 对时功能。

7) 数据库管理功能。

8) 历史记录、查询合报表功能。

（5）"五防"主机主要功能：对遥控命令进行防误闭锁检查，系统内嵌"五防"功能。能根据防误规则进行规则校验，并闭锁相关操作；根据操作规则和用户自定义的模块自动开出操作票，确保遥控命令的正确性；通常还提供编码/电磁锁具，确保手动操作的正确性。

（6）远动主站作为变电站对外的通信控制器，主要功能是"四遥"，完成变电站与远方中心之间的通信，实现远方控制中心对变电站的远方监控；提供多种常用通信接口和规约，与各种常用 GPS 接收机通信，实现对变电站间隔层装置的 GPS 对时。远动主站直接连到以太网上，同间隔层的测量保护设备直接通信，通过周期扫描和突发上送等方式采集变电站数据，创建实时数据库作为数据处理中心，以满足调度主站对数据的实时性要求。

8-13 间隔层有哪些主要功能？

答：（1）汇总本间隔过渡层实时数据信息。

（2）实施对一次设备保护控制功能。

（3）实施本间隔操作闭锁功能。

（4）实施操作同期及其他控制功能。

（5）对数据采集、统计运算及控制功能。

（6）承上启下的通信功能。

8-14 间隔层装置有哪些优点？

答：间隔层装置具有以下优点：按电气间隔配置的原则使得因间隔层装置故障产生的影响被限定在本间隔范围内，不会波及其他电气间隔；监控对象由整个变电站缩小为某个间隔，单个装置所需配置的 I/O 点数量较少，减少了装置体积的同时也使装置安装方式更加灵活；间隔层装置除具备传统的输入输出功能外，还集成了同期合闸、防误联锁等高级功能，其中的保护测控综合装置更是把监控功能和微机保护功能合而为一，降低了装置成本。

8-15 I/O 测控单元的测控装置主要由哪些模件组成？

答：间隔层 I/O 测控单元的测控装置主要由主 CPU 模件（含通信接口模件）、模拟量输入模件、开关量输入模件、开关量输出模件、人机对话接口模件（MMI）、电源模件及机箱模件组成，有的间隔层测控装置还要求具有断路器同期合闸功能、防误闭锁功能、时钟同步方式。

各间隔单元均保留应急手动操作跳、合闸手段，按间隔分布式配置，互相独立、互不影响，仅通过通信网互联，并同变电站层设备通信，取消了原本大量引入主控室的信号、测量、控制、保护等使用的电缆，节省投资，提高了系统可靠性。

8-16 间隔层硬件结构有哪些部分？

答：间隔层硬件结构主要包括机箱、交流模件、CPU 模件、人机对话模件、继电器模件和电源模件 6 个部分。

（1）机箱前面板包括液晶显示器、信号指示灯、操作键盘等。

（2）交流模件包括电压输入和电流输入两个部分，负责对输入电压和电流进行信号调理，滤波器滤除高频分量，利用互感器的隔离变换将端子输入的大信号变换成装置可以采集的小信号模拟量。

（3）CPU 模件采用数字信号处理器 DSP 芯片，运算速度快、精度高、低功耗、编程方便、可在线仿真调试，是间隔层单元的核心。不仅要完成数据的采集、存储，还要完成保护、测量和通信等功能。复杂的 CPU 模件已经相当于很小型的计算机系统，由 CPU、存储器、定时器/计数器、看门狗、外围支持电路、输入/输出控制电路等组成，是硬件系统的核心部分。

（4）人机对话模件用作人机交互及通信网关装置，完成通信管理、键盘处理、液晶显示等功能并配置有 RS232/RS422/RS485 等通信接口。

（5）继电器模件包括保护动作信号继电器、保护动作出口继电器、遥控继电器及操作回路。

（6）电源模件采用直流逆变电源，将直流 220V 或 110V 经抗干扰滤波回路后逆变输出所需的直流电压，＋5V 用于计算机系统的工作电源，±15V 为数据采集系统电源，24V 用于驱动继电器和外部开入的电源。

8-17 什么是计算机监控系统的开放概念？

答：计算机监控系统的开放概念是指用户应用软件有可移植性、不同计算机系统间有相互操作性、人机接口的可移植性。

8-18 什么是微机保护软件系统？

答：监控系统的最基础软件主要是数据生成系统，指系统实时数据库，往往下面又分为遥测、遥信、遥调、遥控、脉冲等子系统；其次是界面编辑器，生成地理图、接线图、列表、报表、棒图、曲线图等画面；然后是应用软件包括人机接口（高分辨率的显示、快速画面显示、所有画面显示、多功能系统图）、网络管理（管理计算机之间的通信、切换、协调、监视合控制等功能）、计算机通信支持（负责本系统中的各种通信传输介质合传输协议）等软件。

应用软件主要分为两大部分：

（1）人机接口软件。

1）监控程序。主要是键盘命令处理程序，是为接口插件及各 CPU 保护插件进行调试和整定而设置的程序。

2）运行程序。主要由主程序和定时中断服务程序构成。

（2）保护软件（各保护 CPU 软件）。

1）主程序。包括初始化和自检循环模块、保护逻辑判断及跳闸处理模块。

2）中断服务程序。有定时采样中断服务程序和串行口通信中断服务程序。

8-19　对变电站监控软件一般有什么要求？

答：对变电站监控软件一般要求有可扩充性、组合性（模块化结构）、可维护行和可移植性、独立性、标准化、自卫能力。

8-20　用户信息采集系统在物理架构上分为哪些层次？ 主要采集方式有哪些？

答：用户信息采集系统在物理架构上分为主站、通信信道、现场终端 3 个层次，主要采集方式如下：

（1）自动采集。可设置自动采集的时间、间隔、内容、对象，当定时自动数据采集失败时，主站应有自动及人工补采功能，以保证数据的完整性。

（2）随机召测。根据需要随时人工召测，如出现事件告警时随即召测与事件有关的重要数据，共事件分析使用。

（3）主动上报。允许终端启动数据传输过程将重要事件立即上报主站。

8-21 用户信息采集系统主要有哪些通信方式和通信信道？ 该系统的综合运用功能的具体内容是什么？

答：主要有光纤专网、GPRS/CDNA 无线公网通信、230MHz 无线专网通信、电力线载波通信、RS485 通信方式等。通信信道可分为：

（1）远程通信信道：用于完成主站系统和形成终端之间的数据传输通信，采用光纤专网、GPRS/CDNA 和 3G 等无线公网、230MHz 无线专网、电力线载波等通信方式通信。

（2）本地信道：用于形成终端到表计的通信连接，高压用户一般采用 RS485 通信方式连接专用变压器采集终端和计量表计，低压用户可采用低压电力线载波、微功率无线网络、RS485 通信方式连接集中抄表终端和计量表计。集中抄表终端是对低压用户用电信息进行采集的设备，包括集中器、采集器。集中器是指收集各采集器或电能表的数据，并进行处理储存，同时能与主站或手持设备进行数据交换的设备。采集器是用于采集单/多个电能表信息，并可与集中器交换数据的设备。

8-22 用户信息采集系统主站主要包括哪些设备？

答：用户信息采集系统主站主要由营销系统服务器（包括数据库服务器、磁盘阵列、应用服务器）、前置采集服务器（包括前置服务器、工作站、GPS 时钟、安全防护设备）以及相关的网络设备组成。

8-23 用户信息采集系统采集用户有哪些类型？

答：采集用户包括大型专用变压器用户、中小型专用变压器用户、三相一般工商业用户、单相一般工商业用户、居民用户和公用配电变压器考核计量点共计 6 种类型。

8-24 智能有序用电包括哪些内容？

答：智能有序用电主要包括实现有序用电方案的辅助编制及优化，有序用电指标和指令的自动下达，有序用电措施的自动通知、执行、报警、反馈；建立分区、分片、分线、分用户的分级分层实时监控的有序用电执行体系；实现有序用电效果自动统计评价，确保有序用电措施迅速执行到位，保障电网安全稳定运行。

8-25　双向互动渠道包括哪些内容?

答:双向互动渠道主要有信息提供、业务受理、客户缴费、接入服务、增值服务等内容,双向互动渠道主要通过计算机、数字电视、智能交互终端、自助终端、智能电能表、电话机、手机等设备,利用营业网点、95598供电服务中心、门户网站、短信、邮件、传真、即时通信工具等多种途径给用户提供灵活多种的互动服务。

8-26　智能小区及智能家居是如何构成的?

答:智能小区包含用户信息采集、双向互动服务、小区配电自动化、用户侧分布式电源及储能、电动汽车有序充电、智能家居等多项新技术成果应用,综合了计算机技术、综合布线技术、通信技术、控制技术、测量技术等多学科技术领域,是一种多领域、多通信协调的集成应用。

智能家居的构成如下:

(1)通过构建家庭户内通信网络,实现家庭空调等智能家电的组网与互联。

(2)通过智能交互终端、智能插座、智能家电等,可对家用电器用电信息自动采集、分析和管理,实现家电经济运行和节能控制,完成烟雾探测、燃气泄漏探测、防盗、紧急求助等家庭安全防护功能。

(3)通过电话、手机、互联网等通信方式实现家居的远程控制等服务。

(4)开展水表、燃气表等自动采集与信息管理工作。

(5)支持与物业管理中心的社区主站联网,实现家居安防授权和社区增值服务。

(6)实现可定制的家庭用电信息查询、水表远程控制、缴费、报装、用能服务指导等互动服务功能。

8-27　智能化水电站自动化系统要考虑哪4性? 必须具备哪些基本的技术特点和功能要求?

答:系统要考虑安全性、开放性、扩展性和标准化。

必须具备如下基本的技术特点和功能要求：

（1）建设实时数据库基础平台，采用标准接口，完成自动化全系统的接口连接，实现全厂数据集成。

（2）在数据集成基础上建设画面组态、趋势分析、生产统计、基本报表生成和数据归档校核（运行日志、记录，电量、水情、大坝等的实时报表）、参数设置和事故追忆（设备异常报警）等基本功能，对生产过程进行动态监视。

（3）建设机组运行优化、负荷分析优化（以及机组效率和发电耗水量）、梯级调度、指标分析、对标等扩展功能和高级管理。

（4）进行设备状态诊断、智能调度、与运维协同等智能化应用功能。

8-28　智能水电厂现地自动化系统的现场级设备由哪些部分组成？有哪些主要内容？

答：智能水电厂现地自动化系统总体架构按照二次安全防护划分为生产控制大区和管理信息大区，两大区之间采用物理隔离装置连接；现地自动化控制系统具备数字化、网络化、智能化等特征以及模块化、通用化、信息化，是智能水电厂的一个关键技术；而智能化特征包括很多方面，包括状态监测、在线诊断功能、故障分析功能、联闭锁功能、智能化控制等，基于国际电工技术协会 IEC 61850（MMS 制造报文规范，用于电子式互感器的 SV 协议，GSE 通用变电站事件模型，GOOSE 面向通用对象的变电站事件或 GSSE 通用变电站状态事件…）和以太网的模块级冗余的现场自动化系统，现地系统之间可通过 IEC 61850/GOOSE 协议实现数据共享，同时通过 IEC 61850/MMS 协议实现与厂站级服务器的数据交互。

核心的控制系统是现地控制单元 LCU，基本为集中采集、控制的模式，控制核心以 PLC 为主。PLC 的信号采集和输出以开关量、模拟量为主。

生产大区的现场层设备主要包括机组现场控制单元、继电保护系统、调速器系统、励磁调节器系统、电力五防系统、辅机控制系统、设备在线状态监测系统、水情自动测报系统、大坝安全监测系统、泄洪闸门控制系统等，管理现象区的现场层设备主要包括门禁控制装置、消防装置、无线巡检装置、环境监测装置、工业电视控制装置等。

设备在线状态监测系统包括主轴各关键处的摆度、各个轴承和机架的振动、轴承温度、蜗壳和尾水管的压力、发电机功率、接力器行程等参数，以及变压器状态综合监测、断路器状态监测。通过监测机组各部分的振动、摆度、抬机量和压力脉动分析诊断机组运行稳定性；监视机组各部分温度、液位、流量等，分析诊断机组部件过热、介质泄漏等故障；监视机组有关电量、非电量分析诊断机组效率；监测机组有关电量、非电量对开机、停机、系统振荡、事故等动态过程进行分析；监测定子、转子气隙分析诊断定子绝缘状况；监测机组有关电量、非电量分析诊断导水机构气蚀、磨蚀、裂纹。

机组现场装置的设备应包括保护系统、调速器系统、励磁系统和测控系统（机组顺序控制装置以及兼容传感器的测量装置）。

8-29 水电厂全厂监控系统与火电厂全厂监控系统有哪些主要不同之处？

答：（1）水电机组操作多且要求速度很快，涉及运行方式改变的倒母线操作复杂；水电机组本身控制的特殊性主要是振动、气蚀的影响，水电厂控制过程的重点是实现全厂统一的监控，不仅要对电气系统进行自动控制，还要考虑水力系统对影响方式的制约，实现与水库优化控制。

（2）辅助设备和配套设备与火电机组的控制操作和运行环境不相同，控制要求比较复杂的配套设备通常需要组成一些监控子系统，例如水电站各种闸门启闭机液压控制子系统、励磁控制子系统、调速器油压装置控制子系统、可调叶片液压调节子系统以及供排水泵、空气压缩机等公用设备控制子系统等，直接设置采用分布和远程 I/O 方式的功能组控制层设备。

（3）全厂监控和综合利用的协调控制是重点控制内容，除发电以外，还承担防洪、灌溉、供水、航运和养殖等任务，使得水库调度和水电厂影响方式变得相当复杂，有些要求甚至是相互矛盾的（例如发电要求保持高的水库水位，防洪要求汛期前放水到低水位以便拦蓄洪水）。水电厂全厂监控系统还需要与水电厂视频监测系统、水电厂大坝及水工建筑物安全监测系统、水电厂水文测报系统、水电厂水库调度自动化系统、水电厂信息管理系统 MIS 等实现联网通信。

8-30 举例说明对水电厂全厂监控系统更新改造宜采用哪些设计原则。

答： 以五强溪水电厂为例。

（1）按照厂房内"无人值班"、后方办公楼少人值班的原则检修总体设计，本着安全、可靠、经济、实用的原则，达到国际一流先进水平。

（2）监控系统采用全开放、分布式系统结构，具有很好的先进性和兼容性，整个系统采取总体一次到位，按照现场进度分期施工。数据库及控制功能分布处理，系统功能分布在网络的各个节点中，系统具有自诊断、自恢复功能，系统内任一节点故障不影响其他节点的正常工作，运行控制采用多重软件安全闭锁和操作权限制。

（3）监控系统采用成熟的、可靠的、标准化的软硬件、网络结构和汉化系统。系统关键部位采用冗余配置，如现场控制单元 PLC 为双 CPU 热备等；软件有冗余措施，采用模块化、结构化设计，保证系统的可扩展性，满足功能增加及规模扩充的需要；人机接口功能强，操作方便，适应发电厂运行人员操作习惯；实时数据库采用成熟、完善、高效、可靠的专用数据库，历史数据库采用可与实时数据库无缝连接的成熟商用数据库。

（4）监控系统必须响应速度快，可靠性和可利用率高，可维护性好，先进、经济、灵活、便于扩充，在数据库及硬件接口等留有今后扩机的裕量，系统网络采用光纤技术，避免不同设备之间的电信号连接；现场控制单元的人机界面接口单元配置独立的触摸显示屏，具备独立的监控功能。

（5）现场控制单元采用 PLC 直接上网的结构，取消工控机等中间环节，提高 LCU 整体可靠性能。现场控制单元采用智能模块并要求双 CPU、交直流电源供电；各 LCU 与其他功能装置，采用成熟的现场总线方式进行通信，测温采用 RTD 智能模块直接采集，电量采集改为综合电量采集装置的方式；现有的水机保护屏取消，将其作为 LCU 的部分功能，保留与调速器、励磁系统、保护等系统之间 I/O 通信接口。

（6）发电厂监控系统远动工作站通过调度数据网与调度端 EMS 直接通信，既要能采用原有的 DNP 规约通信，又要同时能采用 IEC60870－1－104 规约通信，上送调度所需遥测、遥信，下发网调指令；在监控系统改造过程中，确保与调度之间的正常通信，保证发电厂安全稳定运行。

（7）计算机监控系统需与电站泄洪闸门系统、电站信息管理系统 MIS、电厂水调自动化系统等实现通信，互联时须设国家有关部门认证的专用、可靠的安全隔离设施。

8-31　各种规模水电站的计算机监控主站系统结构的配置模式如何？

答：（1）小型水电站配置模式监控系统一般采用三机配置，即双数据库管理兼操作员工作站、一台工程师工作站；现地控制单元按机组单元配置，另设开关站单元和/或公用系统单元；全部设备采用单网连接，容量较大的电站也可考虑双网配置。根据需要也可配置通信服务器、厂长总工终端、语音报警站等。

（2）大中型水电站配置模式监控系统一般采用五机双网配置，即双数据库管理机、双操作员工作站、一台工程师工作站；现地控制单元按机组单元配置，另设开关站单元、公用系统单元、闸门控制单元；全部设备采用双网连接，也可配置厂长总工终端、通信服务器、语音报警站、培训仿真站、多媒体站等。

（3）特大型水电站配置模式监控系统可在系统硬件上采取冗余配置，如数据库管理机、双操作员工作站、网络通道、电源等。对于数据采集与控制单元，一般采用不完全冗余配置的方式，即有一套完全配置的主用 LCU 完成正常运行的全部监控功能，另外有一套不完全配置的备用控制系统，在主用 LCU 故障时，备用控制系统确保被控设备不失去控制。LCU 也有采用双 CPU 和双 I/O，或全部采用双重冗余配置的。

（4）巨型水电站一般采用多层分布式开放式系统，一般设现地控制层、电站控制层、电站管理层以及信息发布层，所有重要设备采取冗余配置，可配置多重冗余数据采集服务器，可配置多套操作站，每个电源应有热备冗余模块，涉及控制的重要 I/O 点应全部冗余等。

第九章 计算机监控系统（SCADA）和可编程控制器（PLC）

9-1 电网调度自动化系统基本结构包括哪3部分?

答：（1）调度控制中心。

（2）主站系统（主站系统是调度自动化系统的核心）。

（3）厂站端（厂站系统）和信息通道。

9-2 计算机监控系统（SCADA）是什么? 包括哪些功能?

答： 计算机监控系统（SCADA）是以计算机为基础的生产过程监视、控制与调度自动化系统，可以应用于电力系统、归准系统以及石油、化工等诸多领域。监控 SCADA 系统为数据采集和监视控制系统，是 EMS 的最基本应用功能，包括下列内容：

（1）数据采集和处理。

（2）数据计算和统计。

（3）遥控和遥调。

（4）人工数据输入。

（5）实时数据质量评估（网络拓扑着色）。

（6）备用监视（RM）和内部诊断及维护系统。

（7）断面监视（监视控制电力系统）。

（8）低压低周减载统计查询。

（9）面向电力系统网络功能。

（10）事件顺序记录 SOE。

（11）全息事故追忆 PDR。

（12）事件和报警处理。

（13）趋势记录。

（14）历史数据管理。

（15）时钟与对时。

（16）模拟屏、大屏幕接口。

9-3 什么是 RTU?

答：RTU 是远动系统中装在变电站内的远方数据终端装置，能按规约完成远动数据采集、处理、发送、接受以及输出执行功能。安装时应考虑：

（1）传至调度中心的信息内容应满足体系远动化要求。

（2）远动信息的码制、时钟、规约必须与系统远动装置协调。

（3）远传口的数量应满足系统调度管理要求。

9-4 计算机监控系统（SCADA）监视画面包括哪些?

答：SCADA 监视画面至少有：

（1）厂站监视总画面（厂站名、有功、无功、电压）。

（2）电网安全分析汇总画面（包括断面监视简报、备用监视简报、安全裕度告警、电压越限告警、事故告警、在线 $N-1$ 校核越限结果等信息）。

（3）电网拓扑结构潮流图（电网结构、线路有功、无功、母线电压）。

（4）地理接线图。

（5）发电控制汇总显示画面。

（6）电网运行方式（设备、母线的状态）。

（7）断面监视。

（8）备用监视。

（9）系统资源监视（各服务器、工作站、设备状态）。

9-5 计算机监控系统（SCADA）与调度自动化系统有什么关系? 有什么相同之处?

答：计算机监控系统（SCADA）可以应用于电力系统、水利系统以及石油、化工等诸多领域。监控 SCADA 系统（数据采集和监视控制）是由调度自动化系统（地调称为能量管理系统 EMS，更完善的系统称为调度管理系统 OMS）发展而来的，关系十分密切，两者在功能、结构上有相同之处，甚至在某种情况下可相互替代，但两者的侧重点又各自不同，既可以相互独立，又可相互备用或成为一体化模式，这就决定了两个系统建设方案的多样性：①监控 SCADA 系统与调度自动化系统各自独立；②监控 SCADA 系统与调度自动化系统相互独立并互为备份；③监控 SCADA 系统为调度自动化系统的工作站。

两者的相同之处：①最基本的功能都是数据采集与监视控制，其系统结构基本相同。②均来自变电站计算机监控系统或 RTU，拥有同一数据源，因此两者可互为备用。

9-6　计算机监控系统（SCADA）与调度自动化系统有什么不同之处？

答：（1）应用对象不同：调度自动化系统使用对象主要是电网调度人员，其提供的信息即要满足调度人员在电网正常运行及事故情况下正确调度的需要，又要满足系统各种高级应用软件对信息的要求；而监控 SCADA 系统面向的对象主要是变电站人员，其提供的信息要满足变电运行人员在监控中心或集控站进行远方监控 SCADA 系统远方监视与控制的需要。

（2）功能要求不同：调度自动化除具有 SCADA 功能外，还具有各种高级应用软件（低档为 SCADA，中档为 SCADA＋AGC/EDC，高档为 SCADA＋AGC/EDC＋SA），利用 SCADA 采集到的实时数据用软件进行电网潮流计算（电力系统在线潮流、电力系统最优潮流）和静态安全分析 SA 等（此外还有网络拓扑分析、电力系统状态估计、负荷预报、电压稳定性分析与无功控制、暂态稳定性分析、自动发电控制 AGC、经济调度控制功能 EDC、调度员培训模拟系统 DTS 等高级应用软件），为电网的安全、经济调度提供决策依据；而监控 SCADA 系统在 SCADA 功能基础上，还具备防误操作、智能倒闸操作及预演、值班员仿真培训和运行管理等功能。

（3）信号采集不同：电网调度和变电站对自动化信息的需求各有侧重，电网调度人员注重电网潮流与系统运行方式，需要掌握电网一次系统运行状况及事故下继电保护动作情况；而变电运行人员则更关注变电站一、二次设备运行工况，如是否存在异常、缺陷等；因此调度自动化系统一般只需采集断路器、隔离开关及继电保护动作等信号及重要的遥测量，而监控 SCADA系统要求采集的信息，除上述上送调度端信息外，还包括变电站一、二次设备各种异常告警信息及站用电、直流系统等公用设备信息；此外，调度人员一般不进行远方遥控操作，而监控 SCADA 系统则必须具备遥控功能。

（4）信息处理不同：由于面向的对象不同，因此对信息处理的要求也不同，通常调度自动化系统只需具有电网和变电站的主接线及电网潮流图等即可满足调度人员的要求，而监控 SCADA 系统则还需绘制各种光字牌、间隔分图等以方便运行人员运行、监视和控制。此外，由于同一个变电站上送监控中心（或集控站）的信息比上送调度端的要多很多，因此信息的分层、分流就显得更为重要。例如可方便地屏蔽无用的信息（如设备检修时送上来的信号），可对不同信息按重要等级进行分类并可分类浏览，以便在发生事故时运行人员可快速掌握情况，避免被大量的次要信息干扰、延误事故处理时间，对各条信息应有确认功能，并对未确认信息数量进行统计，以保证所有信息都不会被忽视等。

（5）监控对象不同：调度中心一般指电网区域设备，因此调度自动化系统需要完成对区域电网内所有发电厂和变电站的运行监视工作，而监控SCADA 系统仅用于实现对监控中心（或集控站）所管辖变电站的运行监控。

9-7 简述智能电网调度技术支持系统的构成和特点。

答：公正友好是智能电网调度体系的发展理念。

智能电网调度技术支持系统主要由基础平台和实时监测与预警、调度计划、调度管理、安全防护等几类应用构成。其中：

（1）基础平台包括硬件、操作系统、数据管理、信息传输与交换、公共服务和功能 6 个层次，包括数据存储与管理、消息总线和服务总线、公共服务、平台一体化功能、安全校核防护等基本功能。

（2）实时监测与预警类应用是电网实时调度业务的技术支撑，具有电网运行监视全景化、安全分析和调整控制前瞻化及智能化、运行评价动态化等特点，实现各种预想运行方式和实时运行方式下的电网安全分析。

（3）调度计划类应用是调度计划编制业务的技术支撑，实现多目标、多约束、多时段调度计划自动编制和各级调度计划的统一协调。

（4）调度管理类应用为调度机构日常调度生产管理提供支撑，是实现电网调度规范化、流程化和一体化管理的技术保障，主要包括生产运行、专业管理、综合分析与评估、信息展示与发布、内部综合管理5个应用。

（5）安全防护类主要包括静态安全校核、稳定计算校核、辅助决策和稳定裕度评估4个应用；安全防护功能包括采用专用隔离装置实行安全分区，建立密码、标签及证书管理体系，开发安全的实时通信网关，实现身份认证，建立入侵检测、病毒防护等安全防护手段，建立安全审计等安全管理系统。

通信信息平台的建设涉及7个关键技术领域：传输网、配电和用电侧通信网、业务网、通信支撑网、一体化信息平台、智能业务应用、通信与信息安全保障。

一体化信息平台的主要建设内容包括信息网络、数据中心、集成服务、信息展现。

9-8　智能调度涉及哪些技术领域？

答：（1）电网运行数据的精确测量与网络传输。

（2）电网运行监视全景化与可视化（从时间、空间、业务等多维地全景监视、智能告警、运行数据分析整合等多角度）。

（3）在线安全稳定分析评估与辅助决策（在线仿真评估稳态、静态、动态、暂态、稳定裕度等多角度安全校核）。

（4）调度决策。

（5）运行控制自动化。

（6）网厂协调。

9-9 智能电网调度与传统电网调度有哪些主要区别？

答：（1）智能电网调度特点：预警、预控、优化、协调，具有科学的辅助决策和数据的支撑；而传统的以经验型调度为主兼有部分辅助分析手段。

（2）可控性：

1）智能控制、精细调度；而传统的实时运行控制能力不足。

2）多目标在线协调控制、预控强；而传统的预测准确度不高。

3）实时调度和计划的联动；而传统的实时调度尚处于试点阶段。

（3）安全性：多周期、多防线、多层级的主动安全防御体系；而传统的安全防御协调不完善。

（4）灵活性：

1）运行方式灵活；而传统的影响方式调整不灵活、短路电流超标现象突出。

2）传输方式为柔性交流输电装置广泛采用，以及可再生能源开放、灵活接入。

（5）能源资源配置能力：能得到充分地发挥；而传统的调度计划精细程度不够，节能调度模式在试点，以"公开、公平、公正"调度模式为主。

（6）基础体系：

1）基础自动化日益成熟，而传统的还存在薄弱环节。

2）源端维护、全网共享；而传统的参数维护不及时，维护工作量大，不能共享。

3）基础理论取得突破；而传统的电力系统基础理论有待突破。

4）具有完善的标准和技术规范；而传统的建设不规范、标准不统一。

（7）技术装备体系：易用、好用，准确、可靠，稳定、先进，规范化、标准化，分布式一体化，共享贯通；而传统的高级应用的实用化水平有待提升，动态安全预警系统需要加强在线应用，面向业务的应用还比较少，部分业务应用缺少技术手段支持，流程化、规范化程度不够。

（8）运行控制体系：

1）调度大值班模式，而传统的采用原来调度值班模式。

2）完全统一的协调控制，而传统的控制存在差异性。

3）全热备的主备调度技术支持系统，而传统的调度自身的可靠性不足。

（9）管理体系：

1）协调一致的"专业化、规范化、流程化、智能化"管理模式，而传统的缺乏统一协调管理，协调难度大。

2）创新的电网调度工作协调机制、核心业务集中机制；而传统的差异化程度大。

3）完善的电网调度专业管理体系和人才保障体系；而传统的发展不平衡。

9-10 无人值班变电站 "四遥" 量配置的基本内容是什么？

答：（1）遥测：远方测量 TM，指运用通信技术传输所测变量之值，绝大多数是模拟量，还有电能量。

1）35kV 及以上线路和旁路断路器有功功率和电流。

2）35kV 及以上跨地区联络线计量增测无功功率及双向有功电量。

3）三绕组变压器两侧有功功率、电量、电流及第三侧电流、双绕组变压器一侧有功功率、电量、电流。

4）计量分界点的变压器应增测无功功率。

5）各级各段母线电压、小电流接地系统应测 3 个相电压（小电阻接地母线只需增测 1 个相电压）。

6）站用变压器低压侧电压。

7）直流母线电压。

8）10kV 线路电压。

9）母联分段、分支断路器电流。

10）主变压器有载分接开关位置。

11）主变压器温度、保护设备的室温。

（2）遥信：远方状态信号 TS，指对状态信息的远程监视，主要是开关量，即主要的断路器和隔离开关的位置状态、继电保护与自动装置的动作信息以及个别运行状态信号。

1）所有断路器位置信号。

2）反应运行方式的隔离开关位置信号。

3）主变压器有载调压分接开关位置信号。

4）变电站事故总信号。

5）35kV 及以上线路和旁路主保护信号和重合闸动作信号。

6）母线保护动作信号。

7）主变压器保护动作信号、轻瓦斯动作信号。

8）低频减载动作解列信号。

9）10～35kV（小电流就地）系统接地信号。

10）直流系统异常信号。

11）断路器控制回路断线总信号、断路器操动机构故障总信号。

12）继电保护及自动装置电源中断总信号，监控系统或遥控操作电源消失信号（电压互感器断线信号），继电保护、故障录波装置故障总信号。

13）主变压器冷却系统故障信号、主变压器油温过高信号。

14）距离保护闭锁总信号。

15）高频保护收信总信号。

16）站用电源失压信号、系统 UPS 交流电源失压信号。

17）通信系统电源中断信号。

18）消防及保卫信号。

（3）遥控：远方操作 TC，指从调度发出命令以实现远方对厂（站）端的操作和切换，通常只取两个确定状态指令（如命令开关的合分指令），对运行设备进行远程操作，即远程指令操作的断路器等包括投切补偿装置、调节主变压器分接头、自动装置投切、发电机开停。

1）变电站全部断路器及能遥控的隔离开关。

2）可进行电控的主变压器中性点接地隔离开关。

3）高频自发信启动。

4）距离保护闭锁复归。

（4）遥调：指对具有不少于两个设定值的运行设备进行远程操作；主变压器有载调压分接开关位置调节；消弧线圈抽头位置调节。

此外对于"遥"的提法还有遥视（远程监视）、遥脉（对脉冲量—电能量的远程累计）。

9-11　变电站自动化系统采集的状态量、模拟量、脉冲量、数字量的内容是什么？

答：（1）状态量（开关量）。

1）断路器及反应运行方式的隔离开关状态。

2）变压器有载调压分接开关位置。

3）站用电源失压信号。

4）主变压器系统故障信号。

5）计算机监控系统 UPS 交流电源失压信号。

6）通信系统电源中断信号。

7）消防及保卫信号。

8）其他状态量，继电保护和自动装置的动作信号和软硬压板、一二次设备各种告警信号，如直流系统绝缘监察装置的直流接地告警信号等。

（2）模拟量及脉冲量。

1）35kV 及以上线路和旁路断路器有功功率和电流（线路还有无功功率）。

2）35kV 及以上跨地区联络线计量增测无功功率及双向有功电量（脉冲量）。

3）三绕组变压器两侧有功功率、电量（脉冲量）、电流及第三侧电流、双绕组变压器一侧有功功率、电量（脉冲量）、电流。

4）计量分界点的变压器应增测无功功率。

5）各级各段母线电压和零序电压、小电流接地系统应测 3 个相电压（小电阻接地母线只需增测 1 个相电压）。

6）站用变压器低压侧电压。

7）直流母线电压。

8）10kV线路电压。

9）母联分段、分支断路器电流。

10）主变压器有载分接开关位置（当用遥测方式处理时）。

11）主变压器温度。

12）消弧线圈中性点位移电压及残余电流。

（3）数字量。

1）通过监控系统与保护系统通信直接采集的各种保护信号，例如保护装置（单元）发送的测量值及定值、故障动作信息、自诊断信息、跳闸报告、波形等。

2）通过与电量计费系统通信采集的电量。

3）全球定位系统（GPS）信息。

4）其他智能设备（IED）发送的数字信息。

9-12 主变压器"四遥"监控的具体内容有哪些?

答：（1）遥控。各侧断路器、隔离开关及接地开关、中性点接地开关。

（2）遥测。各侧三相电流和三相母线电压、中性点电流、主变压器绕组和油测温。

（3）遥信。

1）各侧断路器、隔离开关及接地开关，中性点接地开关的分合位置，断路器手动工作位置/试验位置。

2）主变压器保护和其他自动装置动作、预告信号，交流电压和电流、断路器控制等二次回路断线信号。变压器分接头位置（BCD码输入）。

3）主变压器本体信号：重瓦斯动作，压力释放动作，线温高动作，油温高动作，轻瓦斯告警，绕组温度高告警，油温高告警，油位异常告警，突发压力继电器动作，油流故障，油泵、冷却器故障，备用油泵投入，油泵、冷却器交流电源故障，油泵、冷却器全停告警，冷却器全停延时跳闸，冷却器全停 30min 报警，分控箱直流电源故障，气体在线监测装置故障，气体在线监测总烃气体高高告警，气体在线监测总烃气体高告警，总控箱电源Ⅰ故障，总控箱电源Ⅱ故障，总控箱交流进线电源空开断开，本体分控箱总电源空开断开，总控箱照明及加热电源空开断开，总控箱直流电源故障，总控箱380V 交流电源失去，RCP 柜交流电源故障，RCP 柜直流电源故障，RCP 柜分接头位置。

4）变压器分接头位置（BCD 码输入），有载调压开关的"升（挡）""降（挡）""急停"位置或状态，以及操作电源故障信号。

（4）遥调。分接开关挡位上升、下降、急停。

9-13　断路器间隔 "四遥" 监控的具体内容有哪些?

答：（1）遥控：断路器、隔离开关及接地开关。

（2）遥测。三相电流和三相母线电压。

（3）遥信。

1）隔离开关及接地开关的分合位置，断路器手动工作位置/试验位置。

2）保护和其他自动装置动作、预告信号，交流电压和电流、断路器控制等二次回路断线信号。

3）断路器本体信号：断路器 A 相分位置、A 相合位置、B 相分位置、B 相合位置、C 相分位置、C 相合位置，断路器控制回路Ⅰ断线，断路器控制回路Ⅱ断线，断路器第一组控制电源故障，断路器第二组控制电源故障，断路器位置不对应，断路器就地操作，断路器 SF_6 泄漏，断路器 $N_2/OIL/SF_6$ 总闭锁，断路器三相不一致，断路器 N_2 泄漏，断路器油压低闭锁合闸，断路器油泵打压，断路器油泵打压超时，断路器电动机或加热器电源故障，断路器弹簧未储能。

（4）遥调。

9-14　GIS 设备 "四遥" 监控的具体内容有哪些?

答：（1）遥控：断路器、隔离开关及接地开关。

（2）遥测：三相电流和三相母线电压。

（3）遥信：断路器 A 相分位置、A 相合位置、B 相分位置、B 相合位置、C 相分位置、C 相合位置，隔离开关合位，隔离开关分位，接地开关合位，接地开关分位，GIS 就地操作柜 LCU 就地控制，GIS 联锁解除，断路器合闸回路断线，断路器跳闸回路 Ⅰ 断线，断路器跳闸回路 Ⅱ 断线，GIS 就地操作柜 LCC 直流电源 1 消失，GIS 就地操作柜 LCC 直流电源 2 消失，GIS 就地操作柜 LCC 直流电源 3 消失，GIS 就地操作柜 LCC1 交流电源消失，断路器气室 SF_6 气压低闭锁操作，断路器弹簧压力低闭锁操作，断路器储能电动机运行超时闭锁操作，GIS 就地操作柜 LCC 报警装置异常（logo 监视），断路器三相不一致跳闸，GIS 间隔 SF_6 气体压力低报警，GIS 间隔 SF_6 气体压力极低报警，GIS 间隔 DS 或 ES 手柄插入闭锁电动操作，GIS 就地操作柜 LCC 交流电源空气开关未投，GIS 就地操作柜 LCC 直流电源空气开关未投，GIS 就地操作柜 LCC 报警模块准备未就绪，线路 TV 空气开关未投。

（4）遥调。

9 - 15　计算机监控系统的硬件设备通常包括哪些部分？前置机与后台机如何分工？

答：计算机以微处理器为核心，加上大规模集成电路制作的存储器、输入/输出接口、电路外部设备及系统总线所组成。计算机的通用性和灵活性的特点指的是：当任务改变时，不需调整硬件只需调整程序；而计算机能实现自动连续运算是由于采用了布尔逻辑。而计算机与其他计算工具的本质区别是能存储数据和程序。工业中控制电压一般是 24V。

计算机监控系统的硬件设备通常包括三部分：站控层、网络设备、间隔层设备。

（1）站控层包括主机或操作员工作站、工程师工作站、远动通信设备、电能计量设备接口以及公用接口（有的还有"五防"主机）。

（2）网络设备包括网络连接装置、光/电转换器、接口设备和网络连接线、电缆、光缆及网络安全设备（可选屏蔽双绞线、光纤或其他通信介质联网）。

（3）间隔层是继电保护、测控装置层，其设备包括 I/O 单元、控制单元、间隔层网络、与站控层网络的接口和继电保护通信接口装置。

前置机是完成缓冲处理和通信控制功能的处理机；后台机是对数据进行采集及处理，完成监视、控制、操作、统计、报表、管理、打印、维护等功能的处理机。

9-16 可编程序控制器 （PLC） 控制与常规控制相比有什么优点？

答：（1）编程方法简单易学，都配有易于接受和掌握的梯形图语言，其电路符号和表达方式与继电器电路原理图非常类似，只要用 PLC 的 20 多条开关量逻辑控制指令就可以实现继电器的全部功能。

（2）PLC 控制的硬件配套齐全，易于安装，接线很方便，一般用接线端子连接外部接线。

（3）PLC 控制的通用性、适应性强，由于 PLC 的系列化和模块化，硬件膨胀非常灵活，可满足各种控制要求的控制系统；硬件配置确定后，可通过编写用户程序来适应工艺要求。

（4）PLC 控制可靠性高，用软件中的软触点和软连线替代继电器系统中容易出现故障的实际触点和接线。

（5）PLC 控制系统的设计、安装、调试简化方便；PLC 用软件功能取代了继电器控制系统中大量的中间继电器、时间继电器、计数器等器件及连线，使控制系统设计、安装、接线简单方便，工作量大为减少。

9-17 PLC 与继电器控制有何差异？

答：（1）组成器件不同，PLC 采用软继电器，继电器控制采用硬件继电器等元件。

（2）触点数量不同，PLC 触点可无限使用，继电器控制触点是有限的。

（3）实施控制的方法不同，PLC 采用软件编程解决，继电器控制采用硬接线解决。

9-18 PLC 产品在我国实际应用的简况如何？

答：全球 PLC 的三强为：北美的罗克韦尔自动化有限公司、欧洲的德国西门子公司（简称西门子）、亚洲的日本三菱电机有限公司（简称三菱）。各个公司的 PLC 均互不兼容；以施耐德为典型代表的厂家现已开发出以 PLC 机为基础、在 Windows 平台下符合国际电工协会 IEC 61131 - 3 的全新一代开放体系结构的高端网络化 PLC 产品，实现高度分散控制，开放性极高。目前的发展方向为小型化、超高速、大容量、多 CPU、多任务并列运行，广泛接受 IEC 61131 - 3 PLC 编程语言，开放性更大、通信联网能力更强、集成化软件更优。

目前在我国三菱占据了小型 PLC 市场的首位，西门子占据大中型 PLC 的大部分市场。水电站常用的 PLC 有美国 GE 公司 GE90 - 30（中小型水电站）、日本欧姆龙公司的 CQM1H、德国西门子公司的 S7 - 200 和 SF - 300 或 SF - 400、法国施耐德公司的 Quntuam 系列，我国大中型水电站现地单元采用的 PLC 大部分市场为法国施耐德产品，小型水电站、水泵站和闸门系统 PLC 大部分市场为德国西门子产品。

以西门子的 SIMATIC S7 为例，随着模块化控制器 S7 - 400、S7 - 300（今后将被 S7 - 1500 所取代，通常采用环网拓扑结构）和模块化紧凑型控制器 S7 - 1200、S7 - 200 以及逻辑控制模块。其产品档次依次递减，首选采用 PROFIBUS 现场总线或工业以太网，并以 PROFINET 作为通信协议。S7 - 200 属于微型系列，设计紧凑、输出 100 点左右的小型控制；S7 - 300 为中低性能系列，具有模块化扩展功能，适合最大输入/输出 1000 点左右的中小型控制；S7 - 400 为中高性能系列大型系统，具有模块化控制功能，最多可以连接数万个输入/输出点，还可以将冗余系统和故障安全系统结合使用，广泛适用于离散自动化及过程自动化，用于构建高可用性的自动化系统。S7 - 300/400 上述两类都是主流产品，应用采用组态编程工具 STEP7 进行编程，集成各种中断处理能力和强大通信功能。而在 CPU 不能实现的一些功能，如 CPU 内部计数器的计数最高频率受 CPU 扫描周期和输入信号的转换时间限制等，S7 - 300/400 需要由一些 FM 功能模块来实现的一些单一特殊的功能，常用的功能模块有高速计数模块、单轴定位模块、电子凸轮控制器、高速布尔处理器、单轴步进电动机定位控制模块、单轴伺服电动机定位控制模块、PID控制器、温度PID控制器、四轴定位模块等。

9-19 PLC如何工作?

答:PLC工作过程是周期循环扫描,基本分成三个阶段。输入采样阶段、程序执行阶段和输出刷新阶段。扫描周期就是完成一个完整工作周期,即从读入输入状态到发出输出信号所用的时间。PLC用户程序的完成分为输入处理、程序执行、输出处理三个阶段,这三个阶段是采用循环扫描工作方式分时完成的。

9-20 什么是选择PLC的主要性能指标? 如何选择?

答:(1)PLC的I/O点数。是能输入PLC内和从PLC内向外输出的开关量、模拟量的总点数,是最重要的一项技术指标。PLC输入、输出端口都采用光电隔离。PLC产品技术指标中的存储容量是指其内部用户存储器的存储容量,开关量输入、输出总点数是计算所需内存储器容量的重要根据。输入部分是收集被控设备的信息或操作指令。选择I/O点数时要为今后生产发展和工艺改进留有适当余地,以后需要调整和扩充,但兼顾价格和成本,因此要尽量简化系统的I/O点数,应在统计后得出I/O点数的基础上增加15%~20%的备用量(为系统改造留有余地);一些高密度输入点的模块(如32点和64点输入模块)对同时接通的点数有限制,一般应在总输入点数的60%以下。对于功率较小的集中设备,如普通机床,可选用低电压、高密度的基本I/O模块;对功率较大的分散设备,可选用高电压、低密度的基本I/O模块。一般PLC的允许输出电流随环境温度的升高有所降低。12V电压模块的传输距离一般不超过12m,对于传输距离较远的设备应选用较高电压或电压范围较宽的模块。内部辅助继电器从功能上讲相当于传统电控柜中的中间继电器,不对外输出,不能直接连接外部器件,而是再控制其他继电器、定时器/计数器时作数据存储或数据处理用。

(2)内存容量。一般以所能存放用户程序的多少衡量,1个地址一般占用2B。一般估算存储容量=开关量输入点数×10字/点+开关量输出点数×5或8字/点+模拟通道数×80至100字/路+定时器/计数器数量×3至5字

/点＋通信接口个数×200至300字/接口＋备用量。根据经验在选择存储容量时，一般按实际需要的25%～50%考虑余量，对于特殊功能应用系统、不同型号产品、缺乏经验的设计者都应留较大些。

（3）扫描速度。一般以执行1000步或1步指令所需时间来衡量（ms/千步或μs/步）。PLC的I/O响应时间包括输入和输出电路延迟、扫描工作方式引起的时间延迟（一般在二三个扫描周期），对开关量控制的系统PLC和I/O响应时间一般都能满足实际工程的要求，可不必考虑I/O响应问题；但对模拟量控制的系统，特别是闭环系统就要考虑这个问题。

（4）指令条数。是衡量软件功能强弱的主要指标。

（5）内存寄存器的配置情况。通常是衡量硬件功能的一个指标。

（6）高级功能模块的多少、功能强弱是衡量产品水平高低的一个重要标志。

PLC型号选择：

首先，是（1）（2）（3），即I/O点数的选择、存储容量的选择、I/O响应时间的选择。

其次，再根据输出负载的特点选型。例如频繁通断的感性负载，应选择晶体管或晶闸管输出型的PLC，而不应选用继电器输出型的PLC。晶体管输出适用于直流负载，动作频率高、响应速度快，但带负载能力小；晶闸管输出适用于交流负载，响应速度快，带负载能力不大。但继电器输出型的PLC的优点，如导通压降小、有隔离作用、价格相对较便宜，承受瞬时过电压和过电流的能力较强，其负载电压灵活（交、直流）且电压等级范围大等，但动作频率与响应速度慢，所以动作不频繁的交、直流负载可以选择继电器输出型的PLC。

其他的选择内容还有：根据是否联网通信选型（要求具有CRT等接口和通信功能），对在线和离线编程的选择（离线编程是指主机和编程器共用一个CPU，通过编程器的方式选择开关来选择PLC的编程、监控和运行工作状态；处于编程状态时CPU只为编程器服务，而不对现场进行控制；在线编程是指主机和编程器各有一个 CPU，主机 CPU 完成对现场的控制，在每一个扫描周期末尾与编程器通信，编程器把修改的程序发给主机，在下一个扫描周期主机将按新的程序对现场进行控制）。对 PLC 结构形式的选择，在比较复杂的系统和环境差、维修量大、容易判断故障的场合，适用于模块式 PLC，功能扩展灵活，还应考虑扩展插槽数。

9-21　组态软件有哪些基本功能?

答: 组态软件是数据采集与监视控制 SCADA 的软件平台，功能强大，能够使生产过程可视化，是为用户提供快速构建工业部自动控制系统监控功能的、通用层次的软件工具，广泛应用于电力系统、化工、制药、能源、钢铁、水处理等领域的数据采集与监视控制以及过程控制等诸多领域。

目前大部分组态软件具有以下基本功能:

(1) 基于 32 位的 Windows 平台。

(2) 基本采用类似资源浏览器的窗口结构。

(3) 支持单/多用户工程项目（采用 C/S 结构）和客户机项目。

(4) 强大的实时数据库功能，是 SCADA 系统的核心技术。

(5) 系统组态功能，可以配置设备、标签变量、画面等。

(6) 处理数据报警及系统功能。

(7) 报表处理功能。

(8) 强大的工业通信功能，包括标准化的 I/O 驱动软件。

(9) 支持系统冗余技术和分布式网络技术。

(10) 脚本语言二次开发功能。

(11) 储存和查询历史数据功能。

(12) 高度的开放性、可扩展性。

(13) 支持 Internet 功能等。

9-22　以西门子的 WinCC 软件为例，说明组态软件的基本特点和系统构成。

答: 西门子公司 SIMATIC WinCC 组态软件基本特点:

（1）包括所有 SCADA 功能在内的客户机/服务器（C/S）系统。

（2）为模块化设计提供生成复杂可视化任务的组件和函数，可以生成画面、脚本、报警和报表等功能，满足从简单工程到复杂的多用户应用及多服务器分布式应用。

（3）有众多的选件和附加件扩展基本功能。

（4）使用 Microsoft SQL Server2000 作为其组态数据和归档数据的存储数据库。

（5）强大标准接口（如 OLE、ActiveX 和 OPC）可以方便地与其他应用程序数据交换数据。

（6）采用的脚本语言开放编程接口。

（7）提供主流 PLC 系统通信通道。

（8）集成到 MES 和 ERP（制造执行系统和企业资源管理系统）中，将范围扩展到工厂监控级，为制造执行系统和企业资源管理系统（MES 和 ERP）提供管理数据。

（9）增强了 Web 功能。

WinCC 基本系统包括九大部件：

（1）变量管理器。管理所使用的外部变量、内部变量和通信驱动程序。

（2）图形编辑器。用于设计各种图形画面。

（3）报警记录。负责采集和归档报警消息。

（4）变量归档。负责处理变量值，并长期存储所记录的过程值。

（5）全局脚本。系统设计人员用 ANSI－C 和 VB 编写的代码，以满足项目需要。

（6）文本库。编辑不同语言版本下的文本消息。

（7）报表编辑器。提供许多标准的报表，设计各种报表并可按设定时间打印。

（8）用户管理器。用来分配、管理和监控用户对组态和运行系统的访问权限。

（9）交叉引用表。负责搜索在画面、函数、归档和消息中所使用的变量、函数、OLE 对象和 ActiveX 控件。

9-23　WinCC 主要选件和附加件有哪些？

答：（1）服务器系统。用来组态客户机/服务器系统。

（2）冗余系统。用两台 WinCC 系统同时并行运行，并相互监视对方状态。

（3）Web 浏览器。可通过 Internet 使用浏览器监控生产过程。

（4）用户归档。可以连续存储过程控制的数据并进行处理分析。

（5）开放式工具包。提供整套 API 函数，使应用程序与 WinCC 系统各部件进行通信。

（6）WinCC/Dat@Monitor WebEdition。通过网络显示和分析 WinCC 数据的工具。

（7）WinCC/Connectivity Pack。通过 OPC HAD、OPC A&E 和 OLE—DB 访问 WinCC 数据库。

（8）WinCC Industrial dataBrigge。通过标准 WinCC 接口与 WinCC 交换数据。

（9）WinCC、IndustrialX。可以开发和组态用户自定义的 ActiveX 对象。

9-24　目前常用的国内外组态软件有哪些？

答：目前常用的国外组态软件有 Wonderware 公司的 InTouch 组态软件、Inteiiution 公司 iFix 组态软件、CiT 公司的 Citech 组态软件、西门子公司的 WinCC 组态软件、PROGEA 公司的 Movicon 组态软件等，常用的国产公司的组态软件有组态王 KingView 组态软件、MCGS 组态软件、三维力控组态软件、世纪星组态软件、Controx（开物组态软件）、易控组态软件等。

第十章 网络通信基础

10-1 变电站综合自动化系统中数据通信的主要任务体现在哪些方面？

答：变电站综合自动化系统中数据通信的主要任务体现在：

（1）变电站内的信息传输。

1）现场一次设备与间隔层间的信息传输，从现场互感器采集的正常和事故情况下的电压值和电流值、设备状态信息和故障诊断信息。

2）间隔层的信息交换，有间隔层内部的测量数据、断路器状态、器件的运行状态、同步采样信息等，间隔层之间的数据交换（主备继电保护工作状态、相关保护动作闭锁、电压和无功综合控制装置等信息）。

3）间隔层与变电站层的信息，有测量及状态信息、操作信息、参数信息（整定值）。

（2）综合自动化系统与控制中心的通信——"四遥"信息。

10-2 什么是并行数据通信方式？

答：并行数据通信方式是指通过多个通道数据的各位同时传送、同时接受（并行传输），其特点如下：

（1）传输速度快。

（2）并行数据传送的软件和通信规约简单。

（3）并行传输需要传输信号线多、成本高，只适用于传输距离较短且传输速度较高的场合。

10-3 什么是串行数据通信方式？

答：串行数据通信方式是指通过单一通道数据一位一位顺序传送（串行

传输），其特点如下：

（1）最大优点是串行数据的数据的各不同位可以分时使用同一传输线，可以节约传输线。减少投资，并且可以简化接线，特别是当位数很多和远距离传送时其优点更为突出。

（2）串行通信的速度慢，且通信软件相对复杂，因此适合于远距离的传输，数据串行传输的距离可达数千公里。

在变电站综合自动化系统内部，为减少连接电缆、简化接线、降低成本，常采用串行通信。

10-4　串行接口的参数指标和优缺点是什么？

答： 总线式联网，广泛应用二线制 RS-485（或四线制 RS-422A）串行接口，传送距离可达 1200m，最大数据传输速率 10Mbit/s（15m），接收器输入灵敏度 ±200mV，双端发、双端收，用于多站互联非常方便，具有良好的抗噪声干扰性，但只能实现点对多的通信，主节点将成为系统的瓶颈。而目前计算机本身数据通信与网络中应用最广泛、常用的是 RS-232D 多针接口，采用负逻辑、三线制接法（地、接收数据、发送数据三线互联），接收器输入灵敏度 ±3V，单端发、单端收；虽然 RS-232D 传送数据的电路简单，但是传输速率较低，在异步传输时最大数据传输速率为 20kbit/s；传输距离较短，电缆长度限于 15m 之内；抗噪声干扰较弱，共地传输方式容易产生共模干扰。

串行接口的优点是：

（1）通信设备简单、成本低。

（2）可实现监控系统与微机保护和自动装置之间的相互交换数据和状态信息。

（3）可实现多个触点之间的互联。

缺点：

（1）相互连贯的触点数一般不超过 32 个，不易满足较大规模的变电站综合自动化系统的要求。

（2）通信采用多查询（问答）方式，通信效率低（一般在 2400～9600bit/s），难以满足较高的实时性要求。

（3）整个通信网上只能有一个主节点对通信进行管理和控制，其余为从节点，一旦主节点故障，整个系统通信无法进行。

（4）接口的通信规约缺乏统一标准，使不同厂家的设备很难互联，给使用带来不方便。

10-5 各种通信方式有哪些特点？

答：（1）有线通信。以光缆、电缆为主，覆盖范围广，通信容量大，业务种类多，性能稳定，是通信基本手段，但受地理条件限制，抗毁能力差。

（2）无线通信。抗毁能力强，具有机动灵活、组网方便的优点，是应急通信的有效手段。

1）短波通信。频率范围为 3～30MHz，依靠电离层反射，抗毁能力强，投资省见效快特别明显，但电离层不稳定，抗干扰性能差，可靠性低，通信容量小。

2）超短波通信。频率范围为 30～300（1000）MHz，集群移动电话系统（车载台或手机），视距传播，有绕射能力，特别适合应对突发事件等紧急情况。

3）微波通信。频率范围为 2～30GHz，直线传播，绕射能力弱，通过中继可实现长距离通信，通信容量大，受外界干扰小，在应急通信中具有快速反应能力。

4）卫星系统。通信容量大，覆盖面广，距离远，传输性能稳定、可靠，具有多址连接能力，地面站不受地理条件限制，是理想的通信手段，对于连接大量分散站点或边远地区的小容量通信更有吸引力，在应急通信中被广泛应用。

10-6 水电站通信系统有什么特点？

答：（1）可靠性要求高。水电站至电力系统调度部门之间、水电站至对端变电站之间及梯级调度所到各梯级电站之间，一般设置两种不同通信方式，以确保系统的可靠。

（2）通信方式多样化。包括电力系统通信、生产调度系统、行政管理系统等子系统，根据各子系统自身特点、施工系统的现状及永久系统的要求、生产调度方式等采用不同的通信方式。

（3）信息种类繁多。以语音系统为主，并为图像监控系统、火灾自动报警系统以及水电站至电力系统调度部门之间提供远动、线路保护、安全稳定等数据信息传输通道。

（4）适应各类接口。各个子系统大多具有光纤、交换机、载波或微波、集群通信、无线接入、卫星等系统设备，其接口相对比较复杂。

（5）设备布置相对集中。由于水电站通信需求容量不大，用户相对比较稳定，线路不太长，大多采用直配方式，因此中小型水电站只有一个通信机房，大型水电站有两个或以上的通信机房，以实现不同分区的功能。

10-7　什么是通信规约？

答：在通信的发送和接受过程中约束双方进行正确、协调工作的一系列的规定称为数据传输控制规程，简称为通信规约。

10-8　目前国内电网监控系统中主要采用哪两种通信规约？　两者有什么不同？

答：国内电网监控系统主要采用下述两种通信规约：

（1）循环式数据传送（cyclic digital transmission，CDT）规约：适用于点对点通道结构的两点之间通信，信息传递采用循环同步方式，在调度中心与厂（站）端的远动通信。

（2）问答式传送规约：适用于网络拓扑是点对点、多个点对点、多点共线、多点环形或多点星形的远动系统，是一个以调度中心为主动的远动数据传输规约。

两种传输规约的比较：

（1）网络拓扑结构的要求不同。CDT 规约只适应点对点通信，要求通信双方网络拓扑结构是点对点结构；而问答式传送规约能适应多种通道结构。

（2）通道使用率不同。循环式始终占用通道，问答式只在需要传送信息时才能使用通道，因而允许多个 RTU 分时共享通道资源。

（3）调度与变电站的通信控制权不同。用 CDT 以变电站端为主动方，变电站远传连续不断地传往调度中心，变电站重要信息能及时插入传送，调度中心只发送遥控、遥调等命令；而问答式以调度中心为主动方，包括变位遥信等在内的重要远传信息，变电站只有接收到询问后，才向调度中心报告。

（4）对通信质量要求不同。采用 CDT 在通道上连续发送信息，并可在下一次传送中得到补偿，信息刷新周期短，因而对通道质量要求不太高；采用问答式仅当需要时传送，即使选用了防止报文丢失和重传技术，对通道质量要求仍比循环式规约高。

（5）实现的控制水平不同。采用循环式数据采集以变电站为中心，而采用问答式采集信息中心已延伸到调度中心，数据处理比循环式规约简单，可在更大范围内控制电网运行。

（6）通信控制复杂性不同。采用循环式信息发送方不考虑信息接收方接受是否成功，仅按规定的顺序组织发送，通信控制简单；采用问答式信息发送方要考虑接受方的接受成功与否，采用信息丢失以及等待 - 超时 - 重发等技术，通信控制比较复杂。

10 - 9 电力企业信息安全防护的关键在哪里？

答：管理信息系统应遵循"双网双机、安全接入、动态感知、精益管理、全面防护"的安全防护策略，切实做好边界、网络、主机、应用、数据的安全防护。电力二次系统安全防护通信是在满足"安全分区、网络专用、横向隔离、纵向认证"安全防护总体策略的基础上，按照国家信息安全等级保护要求，形成纵深防御安全防护体系，实现对电力市场扩张系统及调度数据网络的安全保护（后者将在调度系统之中提到）。

电力信息系统所采用的安全措施有横向隔离、纵向加密、网络防护、病毒防御及其他措施。在电力企业信息安全防护通信中，信息加密技术是不可缺少的安全保障手段，尤其是在数据的传输和存储两个关键阶段。常用的加密技术不可虚拟专用网技术和数据加密技术。

通常，在外部公共互联网与管理信息大区的主备区之间、管理信息大区的主区与备用区之间都要设置防火墙，在管理信息大区的主备区与生产控制大区的主备区之间都要设置安全隔离装置，在生产控制大区的主备区之中的控制区与非控制区之间要设置逻辑隔离设施，在生产大区的主备控制区与实时子网相连接之间设置纵向加密认证装置，在生产大区的主备非控制区与非实时子网相连接之间设置纵向加密认证装置或防火墙。

横向隔离装置采用电力专用密码算法设计，专用于电力系统单向隔离，禁止 E-mail、Web、Telnet、Rlogin、FTP 等通用网络服务和以 B/S 或 C/S 方式的数据文件访问穿越该设备。

纵向加密采用数学认证、加密、访问控制等技术措施实现数据的远方安全传输及纵向边界的安全防护，保障生产控制大区纵向数据传输的安全性和完整性。

信息内、外网通过隔离设备进行内外逻辑强隔离，或物理隔离。信息内网禁止使用无线网络组网，无线网络启用网络接入控制和身份认证，应用高强度加密算法、禁止无无线网络名广播和隐藏无线网络名标识等有效措施，防止无线网络被外部攻击者非法进入，确保无线网络安全。

10-10　常用的电力通信数字传输系统采用哪些主要手段？

答：（1）数字光纤通信系统。其特点：①显著特点是抗电磁干扰能力很好，传输的光信号不受电磁场影响；②传输容量大、频带宽、误码率低、损耗低、传输速率高、无中继传输距离长，质量高（保真度高），功能价格比（性价比）高；③重量轻、体积小，安装维护简单，扩容便捷；④光纤是非导体，可与导体一起捆绑固定敷设，光缆可与电力电缆同沟敷设于地下，光纤布设于钢绞线可架空架设。⑤可采用与电力线同杆架设的自承式光缆或架空复合光纤地线；基本上由光发送机、光纤（Optical Fiber Cable）、光接收机组成，设备主要采用同步数字传输体制（synchronous digital hierarchy, SDH）。

电力架空光纤采用电力特种光缆，主要有光纤复合地线 OPGW、光纤复合相线 OPPC、金属自承光缆 MASS、全介质自承光缆 ADSS、捆绑光缆 ADL、缠绕光缆 GWWOP、附加型光缆 OPAC（无金属光缆、合成材料外护套，是既经济又快捷的建设光纤通信网络的方式，但施工时需要专用设备如自动捆绑机、缠绕机固定在地线或相线上，不能承受线路短路热效应，容易受到外界损害）等；其中我国电力系统最常用的是光纤复合地线（optical ground wire，OPGW）和全介质自承光缆 ADSS（all dielectric self-supporting optical fiber cable）。而 MASS 是介于 OPGW 和 ADSS 之间产品，在欧洲应用多于 ADSS，其结构简单、价格低廉，主要考虑强度和弧垂以及安全间距，它不必像 OPGW 要考虑短路电流和热容量，也不需要像 OPPC 要考虑绝缘、载流量和阻抗，其外层金属绞线的作用仅是容纳和保护光纤。

ADSS 与高压输电线路同杆塔平行悬挂架设的，具有很强的耐张力，适合大跨距架设；不含金属，完全避免了雷击的可能，但长期运行会受到电磁腐蚀。光缆敷设区空间电位不大于 12kV 的采用 A 级外护套，光缆敷设区空间电位大于 12kV 的采用 B 级外护套（耐电痕护套料）。ADSS 特点是：①内光纤张力理论值为零；②全绝缘结构，可带电作业，大大减少停电损失；③伸缩率在温差很大范围内可保持不变，而且在极限温度下具有稳定的光学特性；④光缆直径小、质量轻，可以减少冰和风对光缆的影响，对杆塔强度的影响也很小。

OPGW 具有普通架空地线和光纤通信双重功能的复合线，特点是：①适用电压超过 110kV 线路，档距较大；②易于维护，容易解决线路跨越问题，机械特性可满足线路大跨越；③外层为金属铠装，对高压电蚀及降解无影响；④性能指标中，短路电流越大，需要用良导体做铠装，则相应降低了抗拉强度，否则只有增大金属截面积，从而导致缆径和缆重增加，这就对线路杆塔强度提出了安全问题。OPGW 的最大允许张力 MAT（maximum allowable tension）推荐为额定拉断力 RTS（rated tensile strength）的 40％，年平均运行应力 EDS（everyday stress）推荐为 RTS 的 15％～25％，应变限量（strain margin）推荐为不小于 RTS 的 60％。OPGW 光缆所有特性参数中，最具有影响力是短路电流容量，其权重最大。

电力架空地线复合光缆 OPGW 在进站门形架处应可靠接地，防止一次线路发生短路时光缆被感应电压而中断。

（2）数字微波和卫星通信，目前在电力系统它是光纤通信的一种备份和补充，工作频率都属于微波频率（300MHz～300GHz），具有直线传播的特性，属视距点对点传输，传输容量大、稳定性能好，运行维护经验丰富。地面长距离微波通信需要采用接力方式，因此需要经过中继方式完成远距离传输。微波通信是由终端站、中间站（约 50m 高）、再生中继站、终点站和电波空间组成。卫星通信可看做是利用微波频率把通信卫星作为中继站而进行的一种特殊的微波中继通信，由地球站、通信卫星、跟踪遥测及指令系统、监控管理系统 4 大部分组成。微波信道的优点是容量大，发射功率小，性能稳定。无线电通信方式的缺点是受气候、地形、各种电磁干扰影响大。

（3）电力线载波通信，投资小、使用方便、充分利用已有资源，主要优点有：①通信距离长，不受地形、地貌的影响，投资少，施工期短，设备简单；②输电线路及其杆塔结构比较牢固、结实，其安全设计系数比较高，所以载波信号在电力线路上传输也是比较可靠的；③具有等时性，只要高压输电线一架通，载波通道就开通了。载波通道早已在电力系统大量应用，但干扰大、受运行方式影响大。主要用来传送继电保护信号和实现一些不具备光纤通信的偏远地区的调度通信，在电力线路上传输载波信号，通常将 0.3～2.5kHz 划归电话使用，2.7～3.4kHz 划归远动数据使用；传输容量比较小，由载波机为主的载波终端设备、电力线路、线路高频阻波器、结合滤波器、耦合电容器、接地开关和高频电缆等构成。其中的载波终端设备包括发信支路、收信支路、差接系统、自动电平调节系统和自动交换系统以及载波架、增音架等。线路高频阻波器的主要作用是阻止高频信号分流，减少介入衰耗，保证工频电流正常传输。

（4）通信终端设备 CTE：电话机、手机、传真机、电报收发机、计算机、视频系统等。

10-11 水情自动测报系统的数据通信采用哪些通信方式？

答：超短波通信系统是水情自动测报系统中应用最广泛、最成功的一种通信方式，其传输质量介于短波和微波通信之间，具有通信质量好、信道稳定、设备简单、投资省、建设周期短等优点，但在距离远或多高山阻挡的区域内，需建多级中继站才能实现测站与中心站之间的数据传输，从而导致系统土建和设备费用的增加、系统可靠性下降，并给设备的维护带来不便；由于中继站设备处于高山之巅，维护困难，且受各种恶劣自然环境的影响，随着运行年数的增加出现故障的次数明显增多。

GSM 通信系统是目前基于时分多址技术的移动通信体制中最成熟、最完善、应用最广的一种系统，但存在因接受拥塞而加大延时甚至造成信息丢失的情况，尤其是当系统测站数量较多，测报流域内出现大范围降雨、水位变化频率较快、数据通信较为频繁时，容易出现通信阻塞、遥测信息接收相对滞后的情况。

GPRS 系统系统是在 GSM 系统上发展出来的一种新的承载业务，特别适用于间断的、突发性和频繁的、少量的数据传输，也可用于偶尔的大数据量传输，为水情数据传输提供了更为可靠和快速的通信网络，但由于 GPRS 移动通信网络在偏远山区和经济欠发达地区网络覆盖率较低，限制了应用。

PSTN 通信系统具有适用范围广、设备简单、价格低廉的特点，传输质量较高，通信覆盖面广，入网费用低。但遇有灾害性天气发生时，通信线路不易保证。

海事卫星 C 通信系统具有终端体积小、安装简单方便、全向天线对选址无特殊要求、安装土建费用低等特点。但运行费用较高、传输时延较长，并容易出现传输信道拥挤的问题。

北斗卫星通信系统采用码分多址直序扩频双向通信体制，具有较强的抗干扰能力，具有终端设备集成度高、安全稳定、设备体积小、安装简单、便于维护等特点，广泛应用于西部偏远山区的水电工程。

我国大多数的大中型水利水电工程水情测报系统覆盖范围广、地理地形条件复杂，通信网络受限，一般采用多通道组合方式；而在我国西部山区，由于地貌崎岖、群山起伏、重峦叠嶂，且经济欠发达，手机系统信号无法覆盖，一般则采用北斗卫星作为主要的通信方式。

10 - 12　程控交换机由哪几大部分组成？　其硬件有哪些部分？　程控交换机有哪些重要指标？

答：程控交换机由话路系统、控制系统、接口系统与信令系统四大部分组成，采用计算机中的"存储程序控制"方式，即把各种控制功能、步骤、方法编成程序，放入存储器，利用存储器内所存储的程序来控制整个交换机工作。

程控交换机的硬件系统有中央处理单元 CPU、程序存储器 ROM、数据存储器 RAM 和连接到接口（用户接口、中继续接口和维护接口）系统和话路系统交换网络的若干输入/输出 I/O 单元组成。

程控交换机有如下重要指标：

（1）评价交换机系统设计水平和服务能力的重要指标是忙时试呼次数 BHCA。

（2）程控交换机容量指标主要包括程控交换机能承受的话务量、呼叫处理能力和能够接入的用户线以及中继线的最大数量。

（3）呼损率是交换设备未能完成的电话呼叫数量和用户发出的电话呼叫数量的比值，简称呼损。

（4）交换机为一次障碍的故障全停时间：行政交换机 15min，调度交换机 10min。

10 - 13　什么是局域网？　局域网有哪些特点？

答：局域网（local area networks，LAN）为分散式系统提供通信介质、传输控制和通信功能的手段。

局域网的特点：

（1）高数据传输速率，0.1～100Mbit/s。

（2）短距离，0.1～25km。

（3）低误码率，10^{-8}～10^{-11}。局域网的体系结构只涉及 OSI 模型的物理层和数据链路层，传输层不属于其内，因为只涉及有关的通信功能且采用共享信道的技术，可不设立单独的网络层，因此不同局域网技术的区别主要在物理层和数据链路层。

10 - 14　什么是以太网？

答： 以太网（Ethernet）是一种常用的局域网通信协议标准（采用 IEEE 802.3 标准，在忽略网络协议细节时人们习惯将 IEEE 802.3 称为以太网），涉及开放系统通信模型的链路层和物理层的局域网模型。采用同轴电缆为传输媒介，一种基于总线（总线拓扑结构的局域网）的广播式网络，使用分布式控制，速率位 10Mbit/ s 或 100Mbit/s，如果多组发生冲突，计算机等待数据试图重发。在以太网中是根据 MAC（介质访问控制）地址来区分不同的设备，所有计算机被连接在一条同轴电缆（与双绞线相比，其抗干扰能力强、传输距离远、提高容量大、可连接较多设备）上，采用具有冲突检测的载波监听多路（感应多处）访问（CSMA/CD）方法，曼彻斯特信令，采用竞争机制，不支持带优先级的实时访问。线路半径 1～10km 中范围内使用。

工业以太网经过三十多年发展，技术非常成熟，使用方便；通信协议 TCP/IP 很好地适应了工业控制领域的需要，该网络协议已能适用于所有计算机，一开始就考虑了异构网的互联问题，今后将建立起 IEC6 1850 体系的统一标准；通信速率不断提高，突破了数据传输上的瓶颈，容错能力提高，使得以太网具有优越的实时性；IEEE 802－3af 标准又解决了供电问题，为以太网发展应用及小型数字化设备连接以太网开辟了新突破口，出现工业以太网的数据采集器和执行器；传输线路的两端采用变压器隔离，抗干扰能力提高，具有良好的防雷性能。目前水电站"少人值班"自动化技术都是采用以太网作控制网络。

以太网接口速度快，但相对成本较高。以太网特点是：①传输安全性和可靠性高，因采用总线型网络拓扑结构，突出特点是使用可靠的信道而不是各种功能设备，当网中某一站发生故障时，不会影响整个系统的运行。误码率很低 $10-11\sim10-8$ Mbit/s；②具有高度的扩充灵活性和互联性，信道带宽较宽，网上增减节点非常方便，任一节点退出不会影响其他节点正常通信；③传输速率高，可达 $10\sim100$Mbit/s；④软硬件支持性好，可自行开发实时点对点的通信软件；⑤实时性；⑥建设成本低，见效快，相对简单，易于实现。

以太网是采用总线型拓扑结构的一种局部通信网络，突出在于线路半径 $1\sim10$km 中等规模的范围内使用。特点有：①信道带宽较宽，在传输数据同时还可以传输图像和声音；②传输速度可达 10Mbit/s；③误码率很低；④具有高度的扩展性和互联性。

10-15 什么是令牌网？

答：令牌网 IBM 是一种基于环形的广播式局域网，IEEE 802.5 标准，令牌环网中主要有三种操作：①截获令牌并且发送数据帧；②接收与转发数据；③取消数据帧并且重发令牌。采用的是单令牌策略，环路上只能有一个令牌存在，任何时刻环路上只能有一个拥有令牌的节点发送信息，并负责在发送完信息后再将令牌恢复出来，发送信息的节点要负责从回路上收回它所发送的信息。因此令牌环网的很大优点就是在重载时可以高效率工作，具有结构简单、价格低廉、实时访问等特点，可采用复杂的令牌管理方式（令牌传递、差分曼彻斯特信令）和算法，以防止发生多令牌、令牌丢失、持有令牌的站故障等情况时导致全网瘫痪，因此网络可靠性仍是主要问题。但是这种令牌传送方式实现比较复杂，而且所需硬件设备较为昂贵，网络维护与管理较复杂，适用于传输距离远、负荷重和实时要求严格的应用环境。

令牌总线访问控制方法的操作原理与令牌环相同，是在物理总线上建立一个逻辑环，令牌在逻辑环路中依次传递；网络中各节点共享的传输介质是总线形的，令牌总线提供了不同的优先级机制。令牌总线的特点在于确定性、可调整性及较好的吞吐能力，适用于对数据传输实时性要求较高或通信负荷较重的应用环境中（各种生产过程控制领域）；缺点在于复杂性和时间开销较大，节点可能要等待多次无效的令牌传送后才能获得令牌。

10-16 什么是虚拟局域网技术？

答：虚拟局域网（virtual local area network，VLAN）是网络中站点不拘泥于所处的物理位置，由局域网网段构成的与物理位置无关的逻辑组根据需要灵活地加入不同的逻辑子网中的一种网络技术。虚拟局域网是一个广播域，实际只是局域网给用户提供的一种服务，并不是一种新型局域网。实现以太网 VLAN 的主要方式有基于端口的、基于 MAC 地址、基于 IP 地址的三种虚拟局域网。

10-17 虚拟局域网的优点是什么？

答：（1）控制了广播风暴，将连接到大型交换机上的网络划分为多个虚拟局域网。

（2）提高了网络安全，可有效限制并合理划分广播组或共享域的大小。

（3）方便了用户管理，可根据用户需求进行网络逻辑配置，而不受物理位置限制，大大减少在网络中增减或移动用户时的管理开销。

10-18 什么是蓝牙技术？

答：蓝牙技术是一种短距离无线通信技术，采用 IEEE 802.15 和分层结构通信协议，使得现代一些轻易携带的移动通信设备和计算机设备能够实现无线上网，并可拓展到各种中小型电器和电子产品，组成无线通信网络（微微网或扩大网）。

10-19 星形拓扑、环网拓扑、总线拓扑各有哪些特点？

答：特点如下：

1. 星形拓扑

（1）优点：结构简单、管理方便、可扩充性强、组网容易，便于节点的增删，每个连接点只接一台设备，连接点故障不会影响整个网络，故障易于检测和隔离；

（2）缺点：属于集中控制，主节点负荷过重，过于依赖中央节点，一旦中央节点故障，整个网络不能工作，因此对主节点的可靠性和冗余度要求很高。

2. 环网拓扑

环网拓扑主要特点是每个节点地位平等，容易实现高速及长距离传送，但通信线路闭合，系统不易扩充，环路一旦断接导致整个网络不能工作。

（1）优点：

1）输速率高，可采用光纤；

2）可采用多种传输介质；

3）传输控制机制较为简单，实时性强。

（2）主要缺点：

1）可靠性差；

2）诊断故障困难；

3）不宜重新配置网络。

为了克服单环网的主要缺点，可以采用具有自愈功能的双环网。双环自愈的原理有以下特征：

a. 利用两根光纤与交换机连成两个环；

b. 两个环上数据流向相反，正常时主环上有数据，形成闭环流通，备环上没有数据；

c. 故障时离故障点最近的两个交换机能够自动识别，实现自愈。

光纤自愈环型以太网有以下优点：

a）时性强，容量大；

b）交换机可靠，适用于工业环境严酷的工作条件下可靠通信；

c）简化了网络接线，节省了投资；

d）良好的灵活性和扩展性；

e）维护方便，优越的网络监视能力，实时监控整个系统网络通信状态实现故障定位。

f）网络可靠性高于双总线网络，避免了多级接入设备的级联，针对工业环境设计的，系统采用星型和光纤自愈环网混合网络，避免了纯环网络在节点过多缺点，且保存了星型以太网接口标准的优点；

g）工安装的方便性。

3. 总线拓扑

（1）优点：

1）电缆长度短，容易布线；

2）可靠性高，易于扩展。

（2）缺点：

1）故障诊断和故障隔离困难；

2）站点必须是智能的；

3）总线长度和节点数有一定限制。

10-20　什么是现场总线?

答：现场总线 IEC 定义为：安装在制造和过程区域的现场装置与控制室内的自动控制装置之间的数字式、串行、双向多点通信的总线式数据通信系统，是开放式、数字化、多点通信的底层控制网络。现场总线是工业自动化的热点之一，是应用在生产现场，在微机化测量控制设备（过程层与更高层）之间实现双向传输、串行、多分支结构、数字式通信系统（IEC 定义为：连接智能现场设备和自动化系统的数字式、双向传输、多分支结构的通信网络）。是基于微机化的智能现场仪表，以现场总线 I/O 集检测、数据处理和通信为一体，可以代替变送器、调节器和记录仪表等模拟仪表，实现现场仪表与控制系统和控制室之间的一种全分散、全数字化的、智能、双向、多变量、多点、多站的通信网络，取代 4~20mA 现场模拟量信号；它不需要框架机柜直接安装在现场导轨槽上，现场总线 I/O 接线只需一根电缆，从主机开始沿数据链从一个现场总线 I/O 连接到下一个现场总线 I/O，节省配线、安装、调试和维护等方面的费用；操作员可以在中控室实现远程监控，对现场设备进行参数调整，还可以通过现场设备的自诊断功能判断和寻找故障点；但 IEC 标准中的现场总线相互之间并不兼容，故障诊断方法有着很大区别。它具有高可靠性（与模拟信号相比，由于现场总线设备智能化和通信数字化提高了系统的准确度和工作可靠性，减少传送误差和信号往返传输）、稳定性好、抗干扰能力强、通信速率高、节省硬件数量（减少变送器的数量，不需要单独控制器和计算单元、信号转换和隔离技术及复杂接线，电缆、端子、槽盒、桥架的用量大大减少，连线设计与接头校对的工作量也减少）、造价低、维护成本低（具有自诊断与简单故障处理能力，缩短维修停工时间，减少维护工作量，节省维护费用）等优点。

10-21　现场总线系统的技术特点有哪些?

答：（1）系统的开放性（是指对相关标准的一致性、公开性，强调对标准的共识与遵从），各不同厂家设备之间可以实现信息交换。

（2）互可操作性与互用性，不同生产厂家性能类似设备可实现相互替换。

（3）现场设备的智能化与功能自治性，将传感测量、补偿计算、工业量处理与控制功能分散到现场设备完成。

（4）系统结构的高度分散性，简化系统结构，提高可靠性。

（5）对现场环境的适应性，具有较强的抗干扰能力。

10-22　现场总线控制系统（FCS系统）的特点有哪些?

答：优点：（1）采用分布式控制模式，信号传输数字化，控制精度和可靠性提高。

（2）现场导线大大减少，降低了成本，系统简单清晰、维护容易。

（3）技术成熟，认可度高，工程中应用广泛。

缺点：（1）访问方式只能竖向进行，资源共享也只能在本系统的中央控制装置。因为是一种用于现场仪表与控制室内的中央控制装置之间的数字串行多点通信的数据总线，通信介质多为双绞线或光缆，所有信息均通过中央控制室集中监控，控制指令只能从上向下传递。

（2）各种总线目前的标准不能统一、互不兼容，造成一个工程中不同协议的设备不能互连，给工程改造和续建带来不便。

10-23 以太网与现场总线有什么区别和联系？

答：以太网与现场总线从技术角度看的区别和联系如下：

（1）两者都属于局域网技术，在网络层次上都以传输介质和数据链路层为基础，规范上都符合相应的国际标准，都是目前应用最为广泛的局域网技术，但都不属于广域网。

（2）在内部机制上，主要是数据链路层两者有明显差异，以太网采用的是同等身份的访问模式，网上各节点地位相同，以速度快、传输数据量大为特点，而现场总线如 profibus 等采用主、从轮询问访问模式，主站之间循环传递令牌，拥有令牌的主站有权访问其他附属和管理的从站设备，这样保证了信息传输的确定性和准确性，传输速度较快的 profibus 最大为 10Mbit/s，其他的像 CAN、Lonworks 等则更低。

（3）应用以太网技术是现场总线发展的必然趋势。

10-24 什么是中继器、集线器、网桥、交换机、路由器、网卡、网关等网络设备？

答：中继器（repeater）也称转发器或收发器，是连接网络线路的一种装置（电子设备），常用于两个网络节点之间物理信号的双向转发。是最简单的网络互联设备，主要完成 OSI（开放系统互联参考模型）参考模型中物理层的功能，负责在两个节点的物理层上传递位流信息，完成信号的复制调整和放大功能，以延长网络长度（可弥补信号随传输距离增加而衰减）。

集线器（hub）是中继器的一种形式，也称多端口中继器，相当于总线（在逻辑上仍是总线形结构），工作在物理层，是局域网中应用最为广泛的连接设备，主要功能是信号再生放大。虽然能扩展局域网段的长度，但由于集线器连接的所有网段都处于同一个域中，所以很容易发生冲突。

网桥（bridge）也称桥接器，工作在数据链路层上实现同构型网络（相同通信协议、传输介质及寻址结构的局域网间）互联的设备，将两个局域网连起来，根据 MAC（数据气连路层）物理地址进行帧的转发。通常用于连接数量不多的、同一类型的网段。硬软件均可。可以看作一个"低层的路由器"，具有转发、存储和地址识别等功能网桥的优点是扩大了物理范围，增加整个局域网上工作站的最大数目。但也具有时延增加、无流量控制功能、耗费时间等缺点，只适合少量用户和较小通信量的局域网，主要用于小规模的局域网互联。

交换机（switch）是集线器的升级换代产品，是由工作在 OSI 模型的数据链路层的双口桥接设备（网桥）发展起来的设备，用硬件来完成过滤、学习和转发过程的任务，是多端口网络交换产品。主要功能：①分组转发，提供最佳路径，将不同硬件技术的网络互联，必要时进行分组格式和分组长度转换；②提供隔离；③提供经济合理的 WAN 接入；④支持备用网络路径、网关网络拓扑、交换机、网桥要求，无环路拓扑。适用于大型交换网络。从宏观角度出发，可以认为通信子网实际上是由路由器组成的网络，路由器之间的通信规则通过各种通信子网的通信能力予以实现。

路由器（router）是一种连接多个网络或网段的网络设备，能翻译不同网络或网段之间的信息，从而构成一个更大的网络，有两大典型功能：数据通道功能（硬件完成）和控制功能（软件完成）。路由器工作在 OSI 参考模型中第三层多端口的网络层设备，能实现不同的网络层协议转换功能的互联，选择通畅快捷的信息路由，提高通信速度，减轻网络通信负荷，节约网络系统资源，提高网络系统通畅率，从而让网络系统发挥更大效益；同时还有数据转发、过滤网络流量、网络广播和自动调整路由的作用，其功能涉及物理层、数据链路层和网络层。但由于端口数量有限，路由速度较慢，限制了网络的规模和访问速度。它比网桥更复杂、智能。路由器的 WAN 口用来连接外网（公网），只能连接猫、光猫、入户网络或上级网络；路由器的 LAN 口是用来连接内网中设备，只能连接计算机、打印机、交换机等设备。

网卡实质上是在网络层上实现异构型局域网的连接，是一种智能接口协议转换器，可以工作在 OSI 模型的所有 7 层中。网卡设备比路由器更复杂，除具有路由器全部功能外，还要考虑因操作系统差异而引发的不同协议间的转换，这是由网关软件来实现不同报文格式的转换。

网关（gateway）是网间协议转换器，具有高层协议的转换功能，是连接两个协议差别很大的计算机网络时使用的设备，可将具有不同体系结构的计算机网络连接在一起，需要将格式、地址、协议作变换。网关是工作在第三层以上的网间设备，具有强大的功能，但传输实现非常复杂，工作效率难提高，一般只能提供有限的几种协议的转换功能，传输数据速度要比网桥或路由器低些，有可能造成网络堵塞。网关是能够连接不同网络的软硬件结合的产品，通常是安装在路由器内部的软件在 internet 中容易将路由器和网关两个概念混用，安装了防火墙软件的计算机就是一种网关。

10-25　网络综合监管系统一般如何分层？　一般应包含哪些功能模块？

答：网络综合监管系统一般应分为数据采集层、统一接口层、数据管理层和界面表示层。数据管理层通过统一接口层向数据采集层发布调度信息，数据采集层接到命令后执行采集任务监测并将返回数据，通过统一接口层回传给数据库系统，统一接口层负责保障数据信息安全稳定地传输，界面表示层负责监控信息的统一展现。

网络综合监管系统应包括网络拓扑监测、网络设备状态监测、服务器状态监测、基础应用服务监控、数据库运行状态监测、中间件监控、业务系统状态监测、安全系统监测等模块。

10-26　电力信息通信网络综合管理系统有哪些主要功能？　各层次之间逻辑关系如何？

答：就像人类大脑，对电力信息通信网设备、电路业务以及日常运行维护进行统一监控、配置和管理。主要包括故障管理、性能管理、配置管理、安全管理和成本管理 5 大功能，管理的内容主要包括设备、业务、网络规划、数据管理和电路设备运行状态等。

信息通信网类似于人体神经协调，其中：

（1）骨干层类似于人体的神经中枢，将网络信息通过物理介质传送到神经中枢指挥系统，完成各种信息的加工、协调和整合功能。骨干层主要采用同步数字系统、波分复用、光传送网、多业务传送平台、分组传送网等多种信息传送技术，同时无线通信方式（如微波和卫星）作为补充技术；信息通信网中的同步数字体系信号就像是神经细胞内的生物电信号，通过类似于神经细胞的信息载体传递电信号。

（2）汇聚层是骨干层的延伸，连接接入层和骨干层，负责区域内各接入点的多种业务汇聚，承担路由功能和访问控制功能。汇聚层好比人体神经协调中的神经节。将神经末梢感知、收集的一切外部信息汇聚到神经中枢，起着承上启下的作用。

（3）接入层位于网络边界，类似于人体的神经末梢或外围神经组织，将所收集的信息通过骨干层传送到对端。感知、收集一切外部信息，同时在大脑和神经中枢的控制下，完成对外界的一切反应。接入层的有线接入主要包括无源光网络、电力线载波等，无线接入主要包括 TD-SCDMA、WCDMA、CDMA2000、WiMAX、Wi-Fi、ZigBee 等。

10-27　什么是全景数据？

答：全景数据是反映变电站电力系统运行的稳态、暂态、动态数据以及设备运行状态、图像等数据的集合。

10-28　全景数据统一信息平台的作用有哪些？

答：（1）可统一和简化变电站的数据源，形成基于同一断面的唯一性、一致性基础信息，以统一标准的方式实现变电站内外的信息交互和共享，形成纵向贯通、横向导通的电网信息支撑平台。

（2）实现各种数据的品质处理技术及设计接口访问规范，形成满足高实时性、高可靠性、高自适应性、高安全性需求的变电站信息库，可为智能化高级应用通过统一化的基础数据，并为一体化监控互动系统提供基本的测量数据。

（3）可实现变电站监控系统与配电自动化系统的无缝连接，满足大用户的互动要求和变电站的最优协调控制，并实现对微电网、分布式发电的支持。

10-29 变电站全景数据统一信息平台需要整合和存储的信息包括哪些内容?

答:(1)电网运行数据。反映电网运行状态的电压、电流、开关状态等一次设备的数据,反映用户用电状态的数据。

(2)变电站高压设备状态数据。站内高压设备的状态监测数据,与变电站相邻的输电线路的状态监测数据。

(3)相邻变电站的状态数据。反映本站与相邻变电站的沟通过程和状态数据。

(4)变电站保护控制设备的影响状态或控制状态数据及动作信息。

(5)保证变电站正常运行的环境数据。站内火警监测、烟雾监测、视频监测信息等数据。

10-30 国际标准化组织 ISO 为开放系统互联 (OSI) 定义了哪几层框架组成的参考模型? IEEE 计算机协会 802 项目又是如何定义的?

答:国际标准化组织 ISO 为开放系统互联(OSI)定义了 7 层框架组成的参考模型:将网络通信定义的标准模式,按功能分成物理层、数据链路层、网络层、传输层、会话层、表示层和应用层。IEEE 计算机协会于 1982 年启动 802 项目,制订能使来自不同厂商的设备能够相互通信的标准,局域网 LAN 是其组成部分,802 项目涵盖了 OSI 模型最低两层及第三层的一部分,作为通信网局域网 LAN 主要有物理层和数据链路层这两个最低的层次,LAN 与 OSI 模型比较可以发现,OSI 第二层数据链路层对应 802 项目的第二层又可分为逻辑链路子层 LLC、介质访问控制子层 MAC(不同局域网的区别所在)两部分。

物理层是最底层,通常要考虑接口与介质的物理特性、信息流的表示、数据速率、位同步、线路配置、物理拓扑、传输方式等问题,基本功能是在终端设备之间传送比特流,定义电压、接口、线缆标准、传输距离等基本特性;物理层只能看见 0 和 1,为数据链路层提供服务,从数据链路层接收数据,并按规定的信号和格式向数据链路层提供数据和电路标识、故障状态及服务质量参数等。物理层数据称为比特流。

数据链路层是第二层，可以粗略地理解为数据通道，基本任务是数据链路的建立、拆除，以及对数据的检错、纠错（注意：数据链路不等同于链路，它是在链路上加了控制数据传输的规程）。数据链路层数据称为帧。

网络层主要功能是路由选择、拥塞控制与网络互联。网络层的任务就是要选择合适的路径和转发数据包，使发送方的数据包正确地按地址寻找到接受方的路径，并将数据包交给接受方。网络层数据称为数据包。

传输层负责端对端通信，即在网络源和目标系统之间协调通信：为数据交换提供可靠的传送手段和传输服务，验证所有分组是否都收到，并将收到的乱序数据包重新排序。传输层数据称为段。

会话层利用传输层提供的端对端服务向表示层或会话用户提供会话服务。主要功能是在两个节点间建立、维护和释放面向用户的连接，并对会话进行管理和控制，保证会话数据可靠传送。

表示层专门负责网络中计算机信息表示方式的问题，在不同数据格式之间进行转换操作，以实现不同计算机系统间的信息交换；还负责对数据的加密和解密、文件的压缩和解压。

应用层是最靠近用户的一层，与其他层不同的是：不为任何其他 OSI 层提供服务，而只是为 OSI 以外的应用程序和用户提供服务，包括为相互通信的应用程序或进程之间建立连接、进行同步、建立纠错和控制数据完整性过程的协商等，还包含大量的应用协议，如虚拟终端协议（Telent）、简单邮件传输协议（SMTP）、简单网络管理协议（SNMP）、域名服务系统（DNS）、和超文本传输协议（HTTP）等。其中在互联网常用的 POP3 和 SMTP 就是工作在应用层。

分别工作在 OSI 模型各层的用于网络互联的设备为：①工作在第一层（物理层）有集线器、中继器；②工作在第二层（数据链路层）有交换机、网桥；③工作在第三层（网络层）有路由器；④工作在网络层以上的高层次有网关。

10-31　TCP/IP 协议是什么？　域名是什么？　POP3 协议是什么？

答：TCP/IP 协议栈，即传输控制协议（transport control protocol）与国际协议（internet protocol），负责管理和引导数据报文在互联网上的传输，主要目标是致力于异构网络的互联。TCP/IP 是在 OSI 模型之前开发的，其层次与 OSI 模型的层次也不对应，TCP/IP 协议栈只有五个层次组成：物理层、数据链路层、网络层、传输层和应用层（也有的书把 TCP/IP 协议模型列为 4 层：网络接口层、互联网络层、传输层和应用层），前面四层与 OSI 模型的前四层相对应，而 OSI 模型最上面三层在 TCP/IP 协议栈中作为单独一层成为应用层；相对于 OSI 模型没有定义会话层和表示层。网络接口层（包括物理层、数据链路层）是最底层，实现了不同技术和网络硬件之间的互联，处理具体的硬件物理接口。互联网络层非常类似于 OSI 参考模型中的网络层，检查网络拓扑结构，以决定传输报文的最佳路由。传输层提供可靠的端对端数据通信，传输层协议也提供了确认、差错控制和流量控制等机制。应用层为用户提供网络应用，涵盖了所有与应用相关的内容，除提供网络接口以外，还要提供网络支撑服务，包括处理高层协议、数据表达和对话控制等任务。

其中的 IP 协议是网络层的核心协议，所提供的是无连接的数据服务，TCP 协议是面向连接的协议，TCP 主要功能是保证可靠传输。TCP/IP 协议具体的有网络接口层协议、网络层协议、传输层协议、应用层协议。TCP/IP 最大优点是它与所有可采用的方法无关，不依赖于网络模型，与传输媒体无关，不取决于操作系统和计算机硬件，能够连接任意网络并运行，是复杂网络及不同类型计算机相互通信的基础；这个多面性是它能成为世界上最流行的网络协议的原因。

域名（domain name，DN）即为连接因特网上计算机所指定的名字。IP 地址也称为网络地址，在 IP 地址中网络号的作用是指定主机所属网络，并指定设备能够运行通信的网络。根据 IP 地址规则，定义了五类地址：A 类地址适用于大网，每个网络主机数为 16777214 个；B 类地址适用于中型网络，每网主机数为 66534 个；C 类地址适用于小型网络，如一般的局域网；D 类地址用来支持组播；E 类地址是因特网（internet）工程任务组保留作为科学研究使用的。

POP3（post office protocol 3）即邮局协议的第 3 个版本，是 TCP/IP 协议族中的一员，规定了个人计算机连接到互联网上邮件服务器进行收发邮件的协议，主要用于支持使用客户端远程管理在服务器上的电子邮件。SMTP（simple mail transfer protocol）即简单邮件传输协议，也属于 TCP/IP 协议族，用来发送或中转发出的电子邮件。

10-32 DL/T 860《变电站通信网络和系统》有哪些主要内容?

答：DL/T 860 基本等同于 IEC 61850，是新一代的变电站网络通信体系，适用于智能变电站电站系统的分层结构。其根据电力系统生产的特点，制定了满足实时信息传输要求的服务模型；采用抽象通信服务接口、特殊通信服务映射，以适应网络发展；采用面向对象建模技术，面向设备建模和自我描述，以适应功能扩展，满足应用开放互操作要求；采用配置语言，配备配置工具，在信息源定义数据和数据属性；定义和传输元数据，扩充数据和设备管理功能，传输采样测量值等。还包括变电站通信网络和系统总体要求、系统和工程管理、一致性测试等内容。

10-33 IEC 61850 有哪些主要特点?

答：IEC 61850 主要特点有：

（1）使用分布、分层体系，信息分层，从逻辑上、物理上和通信上将系统分为 3 层：变电站层、间隔层和过程层。

1）变电站层即站控层，负责人机接口、报警和事件处理等功能。面向全变电站进行运行管理的中心控制层，由主机或操作员站、工程师站、远动接口设备等构成；具有控制操作、防误闭锁、电压无功自动调节、监视和报警、在线计算及制表、事件顺序记录及追忆、电能处理、远动、自诊断与恢复、运行管理、与其他设备的接口等功能。

2）间隔层负责控制、保护、计量、记录等功能。由智能输入/输出单元、控制单元（前两项构成测控单元）、间隔层控制网络、与监控网保护的接口和保护管理机等构成；具有数据采集和处理、同期功能。

3）过渡层由面向单元设备的就地测量、控制单元组成，主要设备有合并单元、智能操作箱/智能终端、负责开关设备的所有信号采集及对象控制装置。合并单元是连接电子式互感器与智能二次设备之间的设备，负责将模拟量、数字量转换成标准格式的数据包，发送给保护、测控等间隔级设备使用。而随一次开关设备就地安装的智能操作箱是基于传统操作箱原理，用软件逻辑取代传统操作箱中复杂的继电器回路，负责接受来自保护、测控装置的跳合闸指令，实现跳合闸动作。智能操作箱由主 CPU、通信、输入、输出和人机交互等模块组成，具有逻辑清晰、时延确定、电磁干扰小、节省电缆、调试维护方便等优点；智能操作箱以快速报文传输（GOOSE）机制实现与间隔层设备的信息交互；它采用先进的 GOOSE 通信技术，满足数字化过程所需要的智能二次设备，不仅能完成传统操作箱所具有的断路器操作功能，而且能完成隔离开关、接地开关的分合及闭锁操作，还能就地采集开关的一次设备的状态量。

（2）面向对象的统一建模 UML（统一建模技术是智能电网关键支撑技术），完整规定了变电站自动化系统涉及的数据模型，也是变电站信息模型标准化以及解决设备互操作性问题的基础。第一层为抽象通信服务接口 ACSI，第二层为公告数据类 CDC，第三层为兼容逻辑节点类和数据类。

（3）数据自描述和配置管理，定义了 SCL（变电站配置语言）信息自描述语言，规定了变电站膨胀文件格式、膨胀工具功能以及工程配置流程，使工程管理标准化，降低了工程数据管理及维护成本。

（4）具有面向未来、开放的体系结构，使用抽象通信服务接口 ACSI，定义了变电站应用功能所需要的通信服务模型及信息交换方式，并将 ACSI 映射到具体的特定通信服务映射 SCSM 来实现具体网络通信，使标准能适应未来网络和通信技术的发展。

（5）提供了设备之间的互操作性，GOOSE 服务模型得到广泛应用，采用最新的网络通信技术，改变了过去按点孤立传送信息的模式，使信息按对象整体传送，提高通信效率。网络化的通信平台简化了二次回路设计，可以减少保护、测控、录波器等装置之间大量电缆连线，并通过通信过程不断自检，避免了传统电缆回路故障无法发现的缺点，GOOSE 提高变电站的可靠性，具有推广应用的价值。

（6）实现了不同厂家设备之间的数据通信，降低了调试维护的难度；带来了一次变革，为变电站自动化系统整体实现无缝通信奠定了基础。并使得常规变电站在不更换一次设备的情况下实现数字化改造问题：用数字网代替传统的电缆，报文代替过去的电压信号，增加就地智能柜解决电压信号向数字信号的过渡问题；在不能全站停电的情况下，实现母差的改造并逐个实现机构的数字化改造。

10-34　IEC 61850 与通信协议的区别在哪里？

答：IEC 61850 不是另一个通信协议，而是一个协议标准，其涉及的范围更大；否则无法突出其本质意义，完全忽略这个标准在改变工程过程和把电缆接线改变为通信光纤方面的重要性及深远意义。IEC 61850 绝不是另外一个计算机监控系统 SCADA 协议，其内容要宽泛得多，通信协议只是其中一部分。数字化变电站重要特征是过程层设备数字化，因此实现数字化变电站自动化的核心在于站内通信网络，且采用智能化一次设备和网络化的二次设备；IEC 61850 作为变电站通信网络与系统的唯一国际标准和电力系统无缝通信体系的基础，且专门考虑了过程层通信。虽然 IEC 61850 没有定义任何 OSI 层的协议，所涉及的是现有的通信协议，比如应用层上的制造报文规范（MMS）或者传输层上的传输控制协议（TCP）以及数据链路层上的以太网。例如 GOOSE（面向对象的通用变电站事件）报文，定义了识别数据结构要素的标识，这些标识是此类信息寻址内容的一部分，这些可以视为一个通信协议，但当这套布置有了所定义的逻辑节点、数据对象以及所有相关的语义，就远远超出协议的范畴。大家都认识到实施 IEC 61850 布置的合理性体现在减少了整个变电站自动化系统设计与测试过程的工程量，而这是通信协议所无法做到的。

如果 IEC 61850 得到完整的应用，变电站的结构也将发生改变，装置之间模拟量和开关量信号交换所用的电缆接线被通过光纤所传递的通信报文所代替，IEC 61850 把外部的硬件接线逻辑转换成了 IED 装置内置的软件逻辑；弱化了各厂商设备型号，实现了通信无缝连接。如果不考虑变电站电池和 IED 之间的直流回路，变电站可以达到无二次电缆的变电站。

10-35　IEC 61850 应用有哪些难点和局限性？

答：（1）软件复杂性，需研发出符合服务模型。IEC 61850 产品难点主要在 MMS（manufacturing message specification，制造报文规范，另一个独立标准）、SCL（substation configution laguage，变电站描述语言，基于扩充的 XML 扩展标记语言）和报文传输 GSSE/GOOSE 等方面；这些都是国际上比较通用的技术，但国内软件缺少积累，目前大多采用进口中间件的办法。

（2）硬件升级代价，会导致用户初期采购成本增加，但减少了后期维护及改扩建费用，总成本减少。

（3）GOOSE 应用凸显网络重要性，通信设备可靠性将可能成为全站安全的瓶颈。GOOSE 是 IEC 61850 的特色之一，提供了网络通信条件下快速信息传输和交换的手段。GOOSE 网络承担着开关位置和保护跳合闸的任务，因此网络结构应确保具备高可靠性和高实时性。IEC 61850 规定了间隔闭锁和跳闸信号传输均通过 GOOSE 报文传输实现，GOOSE 的出发点是功能的分布式实现，以高速对等网络 Peer to Peer 通信为基础，替代了传统智能设备之间硬接线的通信方式，为逻辑节点之间的通信提供了快速且高效可靠的方法；通过以太网相连，由软件完成 GOOSE 数据集和报告的发送配置流程。GOOSE 信号的通信延迟应小于 4ms，在发送端、交换机、接收端尽可能地提高实时性。

（4）国内需求的切合度，因 IEC 61850 模型更多地考虑欧洲和美国需求，现必须与国内习惯磨合后方能探索出切合实际的办法。

（5）目前 IEC 61850 标准存在问题：首先是关于保护信息处理方面（定值、带参数信息的保护动作事件、录波），IEC 61850 版本规定得不够具体甚至矛盾（欧洲产品基本上在调试软件中回避该问题）；其次在 SCL 变电站描述语言部分已发现错误；另外，关于采样值通信部分有些超前当前网络及 CPU 硬件水平。

10-36　什么是云计算？　有什么优点？

答：云是信息网络一种比喻说法，云计算是一个以数据运算和处理为核心的系统，是近年来迅速发展的超大规模分布式计算技术，透过网络将庞大的计算处理程序自动分拆成无数个较小的子程序，再交由多部服务器所组成的庞大系统，经计算分析之后将处理结果回传给用户；通常利用互联网来提供动态易扩展的虚拟化资源，在远程数据中心将非常多的计算机和服务器连接成一片计算机云，能实现超级计算的功能。形成了一个抽象的、虚拟的、可动态扩展的"资源池"，具有可扩展性强、硬件投资少、便于软件开发和升级、便于用户使用等诸多优点。

10-37　在电网中如何应用云计算？

答：云计算已广泛应用于电力系统安全分析、潮流最优计算、系统恢复、可靠性分析等方面，今后需要研究的重点方向有：与云计算相适应的电力系统分析并行算法、云计算的负荷分配、云计算平台的设计、云计算的安全性等；此外，利用软件运营技术，很多电力系统分析软件都可以发布到云计算平台上，成为一个统一计算平台。

10-38　云计算中心的特点是什么？

答：云计算中心的特点：

（1）虚拟化。

（2）强大的计算能力。

（3）通用性和可扩展性。

（4）面向服务。

（5）高共享和协作性。

（6）整合资源按需服务。

（7）高安全性。

（8）高可靠性。

10 - 39　什么是海量数据处理技术？　其应用如何？

答：海量数据形容巨大的、空前浩瀚的数据，海量处理技术的理论基础主要包括数据库理论、数据压缩算法（如抖动滤除、平行四边形压缩、哈夫曼编码等）、数据索引技术（直接寻址、B＋树等）等。

海量数据处理技术可广泛应用于广域动态监测系统和调度自动化系统，实现所有实时数据带时标的变化存储。在实时数据采集和分析、故障预诊断、故障工程记录以及事后故障分析等方面有极大的应用价值。

10 - 40　什么是多媒体通信？　其在电网中的应用如何？

答：多媒体通信是指通信工程中能同时提供声音、图像、图形、文本等多媒体信息的新型通信方式，是通信技术和计算机技术相结合的产物。

在电网中的应用如下：

（1）多媒体数据压缩技术。以节省存储空间，提高通信线路的传输效率，可广泛应用于输变电线路可视化、变电站视频监控、网络直播及视频点播等。

（2）智能视频分析技术。使计算机能够提供数字图像处理和分析来理解视频画面中的内容，达到自动分析和抽取视频源中关键信息的目的。可应用于端到端整体视频监控系统中，实现自动视频监控和报警。

（3）流媒体技术。可应用于网络直播、视频点播、视频监控、视频会议、远程培训等。

10 - 41　什么是可视化技术？　其应用如何？

答：可视化技术是将抽象的事物或过程变成图像的表示方法。充分利用电力系统软件的分析计算结果，突出显示预警及告警信息，反映电网的安全运行状态和设备的影响状态，采用罗盘图、表计、饼图、棒图以及等高线等二维、三维图形展示潮流动态流动、线路负荷率、电压分布等。在调度自动化系统中可应用于对节点数据（如节点电压、电价、灵敏度等）、线路数据（如线路传输容量、线路负荷率、线路功率分布因子等）以及各种稳定域（如电压稳定域、功角稳定域等）相关信息的显示，在通信信息系统中可更直观地反映电网运行和企业经营状态，更形象地展现业务功率全过程，更清晰地辅助决策支持。

10-42　什么是空间信息技术？其应用如何？

答：空间信息技术是以地理信息系统、遥感系统和全球定位系统为主要内容，研究与地球和空间分布相关的数据采集、量测、整理、存储、传输、管理、显示、分析、应用等综合性科学技术。

（1）地理信息系统目前主要应用于电网调度、配电网生产管理等方面，在发电、输电、变电、用电、调度、通信信息、应急管理等领域的需求也很迫切。

（2）遥感系统主要应用于防灾的监控和分析。

（3）全球定位系统主要应用于工程测量、航空摄影测量、运载工具定位系统、工程变形监测、资源勘察、应急抢修和故障诊断等方面。

10-43　网络数字式视频监控系统有什么特点？

答：网络数字式视频监控系统除具有传统闭路电视监视系统的声像记录的全部功能以外，还具有远程视频传输与回放、自动异常检测与报警、结构化的视频数据存储等功能，主要的数字化技术有视频数据压缩、视频的分析与理解、视频流的传输与回放和视频数据的存储。数字式视频图像监视技术主要实现了环境及运行设备的监视、结合电气设备状态检测和故障诊断的红外图像测量、对防范区域的移动物体监测。

网络数字式视频监控系统有一个监控中心、一些监控前端和通信网络构成的分布式多媒体信息系统；整个系统的体系结构采用客户机/服务机模式。监控前端应作为服务器，包括摄像机、云台、视音频采集卡、解码器、直流电源、RS232-485转换器、报警设备和一台多媒体计算机（通常采用工控机或商用机）等组成的硬件，具有视音频信号采集、压缩、传输等功能，摄像机和话筒采集图像和声音信息通过同轴电缆和双绞线通信网络将信号传输给监控主机。而监控中心应作为客户机,配置较高的多媒体计算机和彩色显示器,是整个视频监控系统的管理和通信中心。

智能视频分析技术应用到端到端整体视频监控系统中,如运动识别、形状识别、人脸识别、偷盗识别、遗弃物识别等自动分析识别,实现自动视频监控和报警。

10-44 视频监控系统如何验收?

答: 网络视频监控系统验收分成工厂验收、工程初验、试运行和工程终验 4 个阶段。

工厂验收内容为检验系统集成、工程化工作、接口、功能、性能等。

工程初验内容为检验系统在现场环境中的接口、功能和性能。

试运行考核期不应少于 3 个月,对视频监控系统进行在线操作及信息转储可抽测各项功能和性能。

在试运行结束、遗留问题已有协商一致的处理意见并形成文件、工程资料齐全、技术培训完成后可进行工程终验,如不合格的应完成整改后延期不少于 1 个月复验。

第十一章　火灾自动报警系统

11-1　简述火灾自动报警系统的组成。

答：火灾自动报警系统由火灾探测报警系统、消防联动控制系统、可燃气体探测报警系统及电气火灾监控系统组成。

11-2　哪些水利工程应设置火灾自动报警系统？

答：大中型水力发电厂、泵站、水闸及其通航设施等水利工程，应设置火灾自动报警系统，系统设计应符合 GB 50116—2013《火灾自动报警系统设计规范》的规定。

11-3　水电工程中消防控制屏或控制终端可否设在中控室内？

答：大、中型水电工程按"无人值班、少人职守"原则设计，仅在中控室有人员值班。根据 GB 50872—2014《水电工程设计防火规范》的要求，水电工程中采用中控室兼作消防控制室，将消防控制屏或控制终端放在中控室内，有利于值班人员同事对火灾的监视。

11-4　消防产品的准入要求有哪些？

答：国家对消防产品是有准入制度的，并制定公布实行强制性产品认证的消防产品目录。对于尚未制定标准的新研制的消防产品，应经技术鉴定方可使用。经强制性产品认证合格或技术鉴定合格的消防产品，在中国消防产品信息网上予以公布。

11-5　简述火灾自动报警系统形式的选择方法。

答：火灾自动报警系统根据保护对象和设立的消防目标不同，分为区域报警系统、集中报警系统和控制中心报警系统 3 种形式。只需要报警不需要联动消防设备的保护对象可采用区域报警系统，需要报警同时联动消防设备可采用集中报警系统，设置两个或两个以上集中报警系统的保护对象可采用控制中心报警系统。

11－6　简述火灾自动报警系统的触发方式。

答：在系统设计中，火灾自动报警系统有两种触发方式：手动和自动。自动触发方式采用火灾探测器，手动触发方式采用手动报警按钮。

11－7　火灾自动报警系统的兼容性要求有哪些？

答：GB 22134—2008《火灾自动报警系统组件兼容性要求》规定了火灾自动报警系统组件兼容性和可连接性的要求。兼容性是指第一类组件之间的连接工作能力，可连接性是指第二类组件和第一类组件之间的连接工作能力，第一类组件是指国家标准或规范要求具有保护生命财产安全功能的装置，第二类组件是指国家标准或规范没有要求具有保护生命财产安全功能的装置。

11－8　火灾探测报警系统主要功能有哪些？

答：火灾报警控制器应能显示火灾探测器、火灾显示盘、手动火灾报警按钮的工作状态、火灾报警状态、屏蔽状态及故障状态等相关信息，并能控制火灾声、光报警器的启动和停止。

11－9　火灾自动报警设备和地址总数的要求有哪些？

答：根据多个火灾自动报警系统厂家检验结果，任一台火灾报警控制器所连接的设备总数和地址总数，均不应超过 3200 点，这样系统的稳定工作情况均能较好地满足系统设计要求。

目前，国内外火灾自动报警系统控制器均有多个总线回路，考虑工作稳定性，每条总线回路地址总数不应超过 200 点，每个地址点只能连接一个探测器，不允许一个编址探测器底座连接多个非编址探测器。

11－10　简述总线短路隔离器的作用及设置要求。

答：总线短路隔离器的主要作用是在总线制火灾自动报警系统中，当某个现场元件损坏而导致整个报警回路失效时可以把故障总线部分与整个回路隔离开来，保证回路的其他部分可以正常工作。当故障部分修复后，短路隔离器自动恢复工作并将隔离出去的部分重新纳入系统中。

每个总线回路，短路隔离器保护的消防设备不能超过 32 个，总线穿越防火分区时必须设置短路隔离器。

11-11 简述火灾探测器的主要分类。

答：根据探测火灾特征参数的不同可分为五大类：感烟、感温、感光、气体、复合。此外，还有一些特殊类型探测器应用在特殊场所。

根据监视范围的不同可分为点型火灾探测器和线型火灾探测器。

11-12 简述电气火灾监控系统的工作原理。

答：在发生中低压电气故障时，电气火灾探测器把所保护线路中的剩余电流、温度、故障电弧等故障信号转变为电信号，经数据处理并判断，将报警信息传输到电气火灾监控器。电气火灾监控器在接收到报警信号后，经确认判断，显示电气火灾探测器部位信息，记录报警时间，同时驱动保护区域现场的声光报警，提示运行人员采取相应措施，排除电气故障，防止电气火灾的发生。

11-13 简述电气火灾监控系统组成。

答：电气火灾监控系统由电气火灾监控器、剩余电流式电气火灾探测器、测温式电气火灾探测器、故障电弧式电气火灾探测器、热解粒子式电气火灾探测器、电气防火限流式保护器等组成。

11-14 简述剩余电流式电气火灾探测器设计理念。

答：剩余电流式电气火灾探测器不是直接用于探测火灾，而是主要用于规范建筑电气线路的施工与布线，监控线路破损等故障，从而降低电气火灾发生率。主要设置在一级配电出线端。

11-15 简述测温式电气火灾探测器设计理念。

答：测温式电气火灾探测器用于线路过负荷、接触不良、线间放电而引发火灾的探测，是探测电气故障引发火灾的重要手段，主要设置在各类配电柜电气线路的接头部位。对于低压配电柜可采用接触式温度传感器，对于高压柜可采用非接触式温度传感器。

11 - 16　简述故障电弧式电气火灾探测器设计理念。

答：故障电弧式电气火灾探测器设置在末端配电箱出线端，用于线路及用电设备接触不良、线间放电而引发火灾的探测。

11 - 17　简述热解粒子式电气火灾探测器设计理念。

答：热解粒子式电气火灾探测器用于电气故障引发火灾前导线外皮等有机物受热挥发出的热解粒子的探测，该产品对电线电缆、配电盘、开关插座等材质的产品局部异常温升后产生的异味有很好的响应。

11 - 18　简述电气防火限流式保护器设计理念。

答：电气防火限流式保护器一般设置在末端，主要用于快速切断线路用于短路、过负荷等引发的电气故障，适用于负荷变化较大且断电后没有损失场所的电气线路防护。

11 - 19　简述消防联动控制系统组成。

答：消防联动控制系统包括水喷雾灭火系统、消火栓系统、气体（泡沫）灭火系统、防排烟系统、防火门及防火卷帘系统、电梯、火灾警报和消防应急广播系统、消防应急照明和疏散指示系统等。

11 - 20　简述火灾自动报警系统的电源要求。

答：火灾自动报警系统应有交流电源和蓄电池备用电源。交流电源应采用消防设备应急电源，蓄电池备用电源主要用于停电条件下保证火灾自动报警系统的正常工作。消防设备应急电源的输出功率应大于火灾自动报警及消防联动系统全部负荷的 120%，蓄电池的容量应保证火灾自动报警及消防联动系统在火灾状态下满负荷连续工作 3h 以上。

11 - 21　简述火灾自动报警系统的接地要求。

答：采用共用接地装置时，接地电阻不应大于 1Ω；采用专用接地装置时，接地电阻不应大于 4Ω。消防控制室内电气和电子设备之间要采用等电位连接。接地板引至各消防电子设备的专用接地线应采用铜芯绝缘导线，其线芯截面不应小于 4mm^2。消防控制室接地板与建筑物之间应采用线芯截面不应小于 25mm^2 的铜芯绝缘导线。

参考文献

[1] 燕福龙．问道智能电网．北京：人民邮电出版社，2013.

[2] 程利军．智能配电网．北京：中国水利水电出版社，2013.

[3] 周裕厚．智能化变电所一专业技能入门与精通．北京：机械工业出版社，2010.

[4] 唐涛，诸伟楠，杨仪松，等．发电厂与变电站自动化技术及其应用．北京：中国电力出版社，2005.

[5] 李坚．电网运行及调度技术问答．北京：中国电力出版社，2004.

[6] 梁维燕，等．中国电气工程大典　第5卷　水力发电工程．北京：中国电力出版社，2009.

[7] 孟祥忠．变电站微机监控与保护技术．北京：中国电力出版社，2003.

[8] 朱松林．变电站计算机监控系统及其应用．北京：中国电力出版社，2008.

[9] 丁书文．变电站综合自动化现场技术．2版．北京：中国电力出版社，2010.

[10] 黄益庄．变电站综合自动化技术．北京：中国电力出版社，2000.

[11] 湖北省电力公司生产技能培训中心．变电站综合自动化模块化培训指导．北京：中国电力出版社，2010.

[12] 国家电力调度通信中心．电力系统继电保护实用技术问答．北京：中国电力出版社，1999.

[13] 邹森元．《电力系统继电保护及安全自动装置反事故措施要点》条例分析．北京：中国电力出版社，2005.

[14] 山东电力集团公司．生产技能人员普调考与离岗轮训试题库 继电保护分册．北京：中国电力出版社，2008.

[15] 山东电力集团公司．生产技能人员岗位学习指导书试题库 电力调度员分册．北京：中国电力出版社，2008.

[16] 山东电力集团公司．生产技能人员岗位学习指导书试题库 用电检查员分册．北京：中国电力出版社，2008.

[17] 高春如，等．发电厂厂用电及工业用电系统继电保护整定计算．北京：中国电力出版

社，2012.

[18] 方辉钦．现代水电厂计算机监控技术与试验．北京：中国电力出版社，2004.

[19] 郭宗仁，等．可编程控制器应用系统设计及通信网络技术．2版．北京：人民邮电出版社，2010.

[20] 鲁远栋．PLC 机电控制系统应用设计技术．北京：电子工业出版社，2006.

[21] 注册电气工程师执业资格考试复习指导教材编委会．注册电气工程师执业资格考试习题集（发输变电专业）．北京：中国电力出版社，2007.

[22] 仲明振，等．中国电气工程大典　第15卷　电气传动自动化．北京：中国电力出版社，2009.

[23] 湖北省电力公司信息通信分公司组编．电力信息通信实用技术 电力信息部分．北京：中国电力出版社，2013.

[24] 湖北省电力公司信息通信分公司．电力信息通信实用技术 电力通信部分．北京：中国电力出版社，2013.